Hadoop 大数据开发实战

HADOOP BIG DATA PRACTICE

杨力◉编著

人民邮电出版社

北京

图书在版编目（CIP）数据

Hadoop大数据开发实战 / 杨力编著. -- 北京 : 人民邮电出版社, 2019.3(2022.12重印)
ISBN 978-7-115-50217-9

Ⅰ. ①H… Ⅱ. ①杨… Ⅲ. ①数据处理软件一程序设计 Ⅳ. ①TP274

中国版本图书馆CIP数据核字(2018)第283129号

内 容 提 要

本书将大数据技术生态圈主流技术框架的应用与发展、搭建 Hadoop 大数据分布式系统集群平台、大数据分布式文件系统 HDFS、大数据分布式并行计算框架 MapReduce、大数据汽车销售数据统计分析项目 5 大模块分为 11 章内容进行阐述。具体分布情况如下：第 1 章是大数据概论，介绍大数据的发展背景及基本概念；第 2 章是搭建 Hadoop 分布式集群；第 3～6 章是 HDFS 分布式文件系统入门、HDFS 接口、HDFS 的运行机制、Hadoop I/O 流操作；第 7～10 章是初识 MapReduce 编程模型、MapReduce 应用编程开发、MapReduce 编程案例、MapReduce 运行机制与 YARN 平台；第 11 章是汽车销售数据统计分析项目实战。本书将理论与实践相结合，介绍了大数据的核心技术，并通过介绍一个企业的开发项目，深入讲解大数据技术在实际工作中的应用。

本书是为所有热爱大数据、打算从事大数据相关工作的读者而编写的，适合有 Java 编程基础的学习者参考使用，也适合作为高等院校、培训机构的大数据技术教材。

◆ 编　　著　杨　力
　责任编辑　刘　博
　责任印制　陈　犇

◆ 人民邮电出版社出版发行　　北京市丰台区成寿寺路 11 号
　邮编　100164　　电子邮件　315@ptpress.com.cn
　网址　http://www.ptpress.com.cn
　三河市君旺印务有限公司印刷

◆ 开本：787×1092　1/16
　印张：14.75　　　　2019 年 3 月第 1 版
　字数：381 千字　　　2022 年12月河北第13次印刷

定价：49.80 元

读者服务热线：(010)81055256　印装质量热线：(010)81055316
反盗版热线：(010)81055315
广告经营许可证：京东市监广登字 20170147 号

前　言

随着信息技术的发展，以及互联网、移动互联网、可穿戴式互联网时代的来临，数据爆炸式地产生。据统计，近几年人类产生的数据，比人类自有文字记载以来产生的所有数据的总和还要多，而且数据还在以惊人的速度增长着。

过去，各个企业都积累了大量丰富的数据，于是购买服务器来存储这些数据，企业面对不断增长的数据，开始思考：除了需要不断购买服务器，花巨大的硬件成本来存储这些数据，我们能从这些持续不断积累下来的数据中得到什么呢？怎样去挖掘和利用这些数据呢？就在这样一个境遇下，一个全新的技术进入了大众的视野，它提出了海量数据可以分布式存储在成本较低的商用服务器上，并且这些海量数据可以分布式地得到计算处理，这个技术称为大数据技术。本书将要介绍的大数据相关技术，可以帮助企业解决不断增长的海量数据的存储问题和计算处理问题；帮助企业从数据中获取经验，并得到巨大的潜在商业价值。

通过本书的学习，读者将对大数据技术有一个深刻的认识，并且掌握大数据技术中最核心的数据分布式存储系统 HDFS 和数据分布式并行计算框架 MapReduce；再通过对大数据项目案例的开发学习，对大数据技术应用进行训练。

本书共 11 章，第 1 ~ 2 章主要介绍了大数据的背景、大数据的学习基础、大数据的行业案例、大数据技术生态圈以及 Hadoop 的搭建，阅读这部分内容，读者将对大数据及其相关技术有一个全方位的宏观认识；第 3 ~ 6 章主要介绍了大数据存储分布式文件系统 HDFS，通过对这部分内容的学习，读者将学习分布式存储的核心原理，分布式文件系统 HDFS 的操作接口、运行机制及 I/O 操作；第 7 ~ 10 章主要介绍了大数据分布式计算处理框架 MapReduce，通过对这部分内容的学习，读者将理解 MapReduce 编程模型及应用、MapReduce 在 YARN 资源管理平台上的运行机制；第 11 章通过一个企业级的项目，带读者体验大数据技术的应用场景。全书按照大数据的技术流程，由浅入深，逐步引导读者掌握大数据技术的开发。

本书适用于对大数据技术感兴趣的读者。全书的编写力求内容科学准确、系统完整、通俗易懂，让初学者能快速掌握大数据技术，同时对专家级读者也具有一定的参考价值。

感谢曾经和我一起奋战在大数据一线的马延辉、唐刚、游大海、赵明栋、郑思成。最后，特别感谢我的父亲、母亲、岳父、岳母及我的妻子，你们的全力支持才使我能够顺利完成本书。

由于编者水平有限，书中难免出现疏漏和不足，敬请读者批评指正。

编　者

2018 年 8 月

目 录

第 8 章 MapReduce 应用编程开发……145

第 9 章 MapReduce 编程案例……167

第 10 章 MapReduce 运行机制与 YARN 平台……187

第 1 章 大数据概论

本章要点

- 大数据的学习基础
- 大数据的背景
- 对大数据的不同认识
- 大数据的行业案例
- 大数据的基本概念
- 大数据技术生态圈

本章将为大家解答以下问题：学习大数据之前应该具备哪些基础知识？大数据出现的时代背景是怎样的？大数据为什么产生？各行业人员对大数据的定义是什么？大数据有哪些实际应用场景？大数据有哪些基本的概念？大数据技术生态圈有哪些常见的应用技术？

1.1 大数据的学习基础

恭喜您，已经迈出学习大数据的第一步，相信通过您的努力，在不久的将来一定会在大数据领域有所成就。

学习大数据之前，读者先要了解一些基础知识，如果这些基础知识掌握得熟练、牢固和深刻，那么将在后续的大数据学习过程中感到得心应手，也会越来越喜欢钻研和探索层出不穷的大数据新技术，为大数据的后续学习奠定坚实可靠的基础。可以说，这些基础知识的掌握程度，直接关乎是否能够坚持学习大数据。

目前，大数据技术领域 80%以上的技术都是运用的 Java 语言。Java 语言自 1995 年诞生之初就备受青睐，后以迅猛之势发展，现已成为编程者的必备技能之一。今天，虽然计算机领域已有几百种编程语言，但 Java 语言依然充满了生命力。

从结构上来看，Java 语言有 3 大模块。

（1）Java 语言第 1 个模块是 Java Standard Edition（Java SE），也就是 Java 标准版，它是 Java 语言最重要、最关键、最能体现 Java 语言编程能力的模块。Java SE 是学习 Java 语言编程开发的第一步，包含 Java 语言的编译运行环境 JDK（Java Developer Kit）、Java 基本数据类型、流程控制、面向对象、I/O 流、网络编程、多线程、反射机制、泛型等非常重要的基础开发知识。

（2）Java 语言第 2 个模块是 Java Enterprise Edition（Java EE），也就是 Java 企业版，也称为 Java Web。它是在 Java SE 的基础上构建起来的基于互联网 Web 应用程序开发的一门语言。Web

应用从 Web 1.0 到 Web 2.0 得到了飞速的发展，Java Web 功不可没，它包含的技术有 HTML、CSS、JavaScript、JQuery、JSP 开发、Servlet 开发、Tomcat 服务器、Struts2、Hibernate、MyBatis、Spring 和 Spring MVC 等，这些都是 Web 开发的主流技术，熟练掌握它们，对大数据技术的学习大有帮助，也有助于大数据可视化、大数据文件系统中的 Web 接口模块等的学习。

（3）Java 语言第 3 个模块是 Java Micro Edition（Java ME），也就是 Java 微缩版，它适合做一些微型平台上的开发。例如，2G 手机中的知名游戏“贪吃蛇”就是用 Java ME 版本开发的。Java ME 也是在 Java SE 的基础上构建的，但后来 Google 发布了一款基于移动平台终端的操作系统——Android 系统，Java ME 因此退出了舞台。

总之，学习大数据技术，一定要先掌握一门操作大数据技术的利器，这个利器就是一门编程语言，比如 Java、Python、R 等。本书就是以 Java 语言为基础编写的。

具备了 Java SE 和 Java EE 的编程技术之后，还需要掌握一门数据库知识，建议学习 MySQL 数据库，包括基本概念、表的设计、视图、索引、函数、存储过程等。

掌握以上技术后，还需掌握一门操作系统技术，那就是在服务器领域占主导地位的 Linux 操作系统，只要能够熟练使用 Linux 常用系统命令、文件操作命令和一些基本的 Linux Shell 编程即可。大数据处理的数据是业务系统服务器产生的海量日志数据信息，这些数据都是存储在服务器端的数据，人们常用的操作系统就是在实际工作中安全性和稳定性都很高的 Linux 或 UNIX 操作系统。大数据 Hadoop 本身提供了 Linux 版本和 Windows 版本。由于数据一般存储在服务器端，因此我们学习大数据也是选择 Linux 版本的 Hadoop，大家学会了 Linux 版本，那么 Windows 版本基本也就掌握了。

1.2 大数据的背景

在讲解“大数据”定义前，首先我们要理解什么是数据。

你用手机发了一条朋友圈，想让大家为你点赞，此时就产生了数据。

你用百度搜索了关键词，找到了想要的结果，此时就产生了数据。

你的智能手环，告诉你一天走了多少步，此时就产生了数据。

……

这样的情况不仅发生在你一个人身上，而且每天发生在几亿甚至十几亿人的身上。可以想象，现在这个时代产生的数据量是多么惊人！也许你对这些数据不太敏感，但是换个角度，假如你是那些提供互联网服务的公司，那么，就需要考虑这些数据的存储问题了。

1.3 对大数据的不同认识

我们所处的时代，数据以惊人的速度产生，数据的存储设备也在以惊人的速度发展，那么到底什么是大数据？这个问题再一次摆在我们眼前，接下来，看看不同领域的人们对大数据的认识。

1.3.1 资深编程者眼中的大数据

图 1-1 所示的都是公司的 Logo，这些是正在使用大数据技术的公司，如 Google、IBM 等世

界著名企业。编程者最关心的是，目前哪些公司在使用大数据技术？这门技术的应用普遍性如何？值不值得学习这门技术？

图 1-1

计算机存储数据的方式是二进制，海量数据存储在一个大型的计算机集群上，在集群上可以搭建各种数据处理平台，比如后面将要讲的 Flume 海量日志采集平台、Hadoop 分布式文件系统、MapReduce 分布式并行处理计算框架、Hive 数据仓库、Storm 流式计算，HBase 分布式实时数据库、Kafka 消息队列、Spark 内存计算等。利用这些平台，可以对数据进行采集、存储、计算和展示，将二进制数处理成人们能够识别的数字，或者人们视觉能够感受的图片或者视频。但是，在这个处理过程中也会出现各种各样的问题，如资源丢失、节点宕机等。

所以，编程者眼中的大数据，其实就是技术。

1.3.2　营销者和学者眼中的大数据

营销者是站在市场前沿的人，他们负责销售大数据产品和宣传大数据的价值；学者是站在科技前沿进行学术研究的人，比如各大研究机构的科研人员、各大高校的教授专家等。他们认为，大数据有 4 个特征，如图 1-2 所示。

第 1 特征是数据体量（Volume）巨大，大到什么程度呢？PB 级别起步！很多人对 PB 可能没什么概念，那么我们就来换算一下：1024MB= 1GB，1024GB =1TB，1024TB=1PB。

第 2 个特征是数据类型多样（Variety），大数据能支持文本、图像、视频、音频等几乎所有的文件类型的存储。关系型数据库只支持结构化的数据存储，而且关系型数据库存储的数据体量的峰值在 GB 级别。

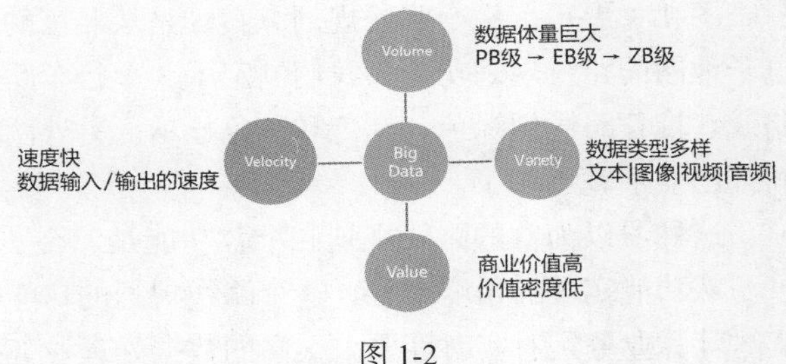

图 1-2

第 3 个特征是商业价值（Value）高，也就是大数据中所蕴含的价值高。

第 4 个特征是速度（Velocity）快，数据输入/输出的速度要快。这也是大数据最核心的一个特征，可以说，如果没有这个特征，就不能称之为大数据了。从某种意义上讲，前 3 个特征都属于大数据本身的固有特征，只有速度快是大数据技术层面的独有特征。营销者和学者，敏锐地捕捉到了大数据的特征——4 个 V。4 个 V 紧密相连，缺一不可，构成了大数据的初步原型。

1.3.3 商家看大数据

如果买啤酒和尿布这类商品，人们一般会去超市购买。

有一天，美国某沃尔玛分店的数据分析员意外发现，每逢周五，尿布和啤酒的销量便会大大增加，后来他在超市计算机的数据库后台中发现，购买者多为年轻男性。虽然这两种商品似乎“风马牛不相及”，但这名细心的数据分析员在周五进行了现场观察，终于发现了一个秘密。原来这些购买尿布的年轻男性，假日会狂欢玩乐，没时间购买孩子用的东西，所以他们每到周五下班后，会一次买齐孩子周末和下一周使用的尿布，以及聚会时豪饮的啤酒。

原本啤酒在一层摆放，尿布在地下一层摆放。发现这个秘密后，沃尔玛超市及时调整了商店的货品摆放位置，把尿布放在啤酒的旁边卖，这一个小小的位置调整，带来了奇迹，沃尔玛超市的啤酒和尿布的销售业绩增长了十几倍。通过数据分析竟然能发现这么大的潜在商业价值，看来这些数据里藏着很多宝藏，等待着我们去挖掘。自此，超市开始重视积累销售记录数据。

过去，人们不重视数据，因为它们不仅无法为企业创造直接的价值，而且存储数据还要花费很大成本，数据成了企业沉重的包袱。但当我们的思维发生变化后，去挖掘数据，才发现数据的价值极其珍贵。

所以，大数据不仅是技术，是商业价值，它更是一种思维方式。

1.4 大数据的行业案例

前面介绍了学习大数据技术所要具备的基础知识、大数据的背景及不同领域人对大数据的不同认识，本节将通过大数据的行业案例，使读者再一次认识大数据。

1.4.1 电子地图

电子地图，是人们非常熟悉的应用，甚至有的人天天都在使用，如百度地图、高德地图、Google 地图等。基于地图，又涌现出了一个大批优秀的 O2O 应用与服务。利用电子地图，可以导航和获取实时路况信息，可以快速顺利地到达目的地。电子地图已经成为一个公共平台，满足商业和个人的需要。

图 1-3 展示了一个路线规划方案，是从北京的北苑附近驾车到三里屯的行车路线。实际上，电子地图的路线规划功能为我们制定了 3 个行车路线方案，并且将排在第一的路线方案设为推荐路线。推荐路线用绿色、红色和黄色显示，另外两条路线则用灰色表示，并且每条路线的行驶时间都已经估算出来了。

这种习以为常的路线规划和推荐功能是怎么实现的呢？

从功能实现的角度来看，这个路线规划的功能叫实时路况，属于大数据实时计算业务范畴。实时计算业务是对实时性要求很高的数据处理业务。试想一下，如果路况信息做不到实时处理，使用的还是昨天的历史数据，那么它对当前的路况来说还有意义吗？显然没有。

实时路况的底层实现首先需要车辆在行驶过程中产生的 GPS 数据，这些数据可以通过卫星定位进行采集。注意，在 GPS 数据中有一个很重要的参数值——速度信息。有了速度信息，地图厂商才可以判断某一个路段的拥堵情况。例如，发现某一路段上所有车辆的行驶速度小于 10km/h，在绘制地图的时候就可以用红色表示，告诉使用电子地图的用户，这个路段处于拥堵状态。

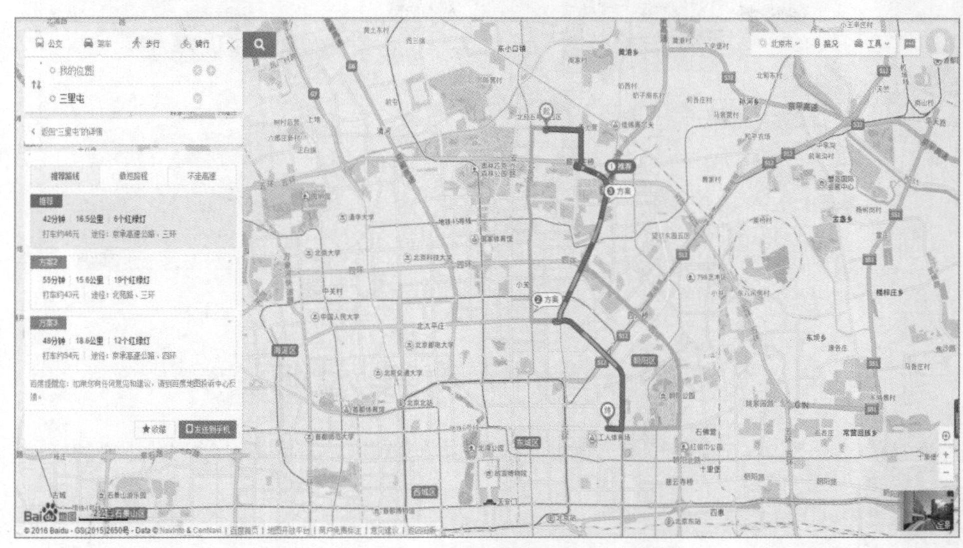

图 1-3

通过各个阶段路况的状态信息及该路段在地图上标注的长度，经过比例尺的计算，就能够计算出实际各个路段长度的总和，再根据各个路段的行驶速度，算出经过各个路程所要花费的时间，从而为使用者寻找一个合适的路线规划。

电子地图实时路况功能的业务实现过程，理解起来并不难，但要真正用大数据技术实现这项功能，就没有那么容易了。如果没有大数据分布式集群的数据处理平台做支撑，单靠传统的数据库技术是做不到上述功能的。在后续的章节中，我们会详细阐述这些技术的实现细节。

1.4.2　电子商务——用户画像

大数据在电子商务平台的应用已经非常成熟，经常在网上购物的你，会发现在电商平台经常会有你喜欢的类似产品的精准推荐。举个例子，最近想购买一双篮球鞋，你在某个电商平台上浏览了很多款式，过一段时间再次打开该电商平台时，你会发现主页上出现了很多你曾经浏览过的篮球鞋或者你喜欢的款式和颜色的篮球鞋，这时你就可以从中挑选一双最喜欢的下单购买了。这里仅简单描述了一下购物场景，但在这背后究竟发生了什么呢?

实际上，该电商平台应用了大数据的用户分析技术，对曾在该平台上浏览或者购买过产品的每个用户信息进行详细分析，如图 1-4 所示。这种将用户的个人信息、家庭信息、喜好信息等进行详细提炼的行为，称为用户画像分析。当然，这些信息都是用户的私密信息，是不对外开放的，但这些信息可以帮助电商平台更好地了解用户，为其提供最好的产品推荐服务，也就是精准营销。正如这个用户购买篮球鞋的案例，如果分析后知道当前用户喜欢的颜色是白色，电商平台就不会为用户推荐黑色或其他颜色的球鞋了。在大数据技术领域，我们可以分析总结出用户的基本信息、购买能力、行为特征、社交网络、心理特征以及兴趣爱好等信息，在绝大多数电商平台中销售额的百分之二十来自大数据电商技术的推荐。

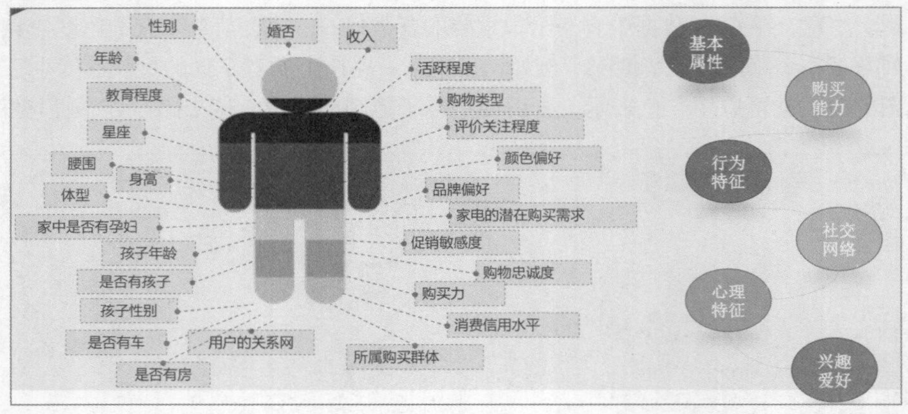

图 1-4

1.5 大数据的基本概念

通过上述介绍，读者应该已经对大数据有了基本的认识。接下来，学习大数据中一些具体的基本概念。

1.5.1 两个核心

大数据的核心技术主要是两大部分内容：一是数据的存储，二是数据的计算（处理）。对于数据的存储和计算处理，传统数据库、数据仓库等产品已经做得非常好了，为什么还要使用大数据技术呢？究其原因，不难发现，传统数据库和数据仓库的底层存储和处理结构采用的是 B+树算法。这种算法有个特性，那就是在数据量不大的时候性能非常好，但当数据量超过某一阈值，此算法的性能就会急剧下降。即使增加服务器扩展集群存储，也不能从根本上解决问题，因为这种解决方案类似于在一个数据库服务器的基础上购买大量磁盘做扩展存储，它不是真正意义上的分布式存储。

这里提到了一个关键词——磁盘。磁盘就是我们经常说的硬盘，也是计算机中常用的一种存储设备。可以向磁盘中存储数据，也可以从磁盘中读取数据。也就是说，处理数据时，是先把数据从磁盘上读到内存中，然后利用 CPU 资源进行计算，从磁盘上读数据的过程称为磁盘寻址。当磁盘中存储了海量数据之后，磁盘寻址的过程将会耗费大量时间。

所以，当数据量非常大时，传统的数据库和数据仓库虽然可以勉强存储，但也很难对这些数据做进一步的统计和分析应用。

大数据要解决的问题就是进行真正意义上的“分布式存储”和“分布式计算”。

1.5.2 分布式存储

“分布式”思想在 20 世纪甚至更早时期就已被提出来了，本节所讲的大数据在架构上并不是一种创新，但要真正实现这个架构并不容易。Google 公司研发出了世界上第一款真正意义上的大数据分布式存储和分布式计算产品，即 Google File System 和 Google MapReduce。

根据分布式思想，当文件数据的体量超过某一台服务器所能够存储的最大容量时，如果要继续存储，则首先根据数据整体规模的大小，以及单台服务器能够存储的最大容量，计算出存储该文件数据需要的服务器总台数，从而实现服务器节点数量的规划；其次将这些规划好的服务器以网络的形式组织起来，变成一个集群，在这个集群上部署一个“分布式文件系统”，统一管理集群中的各个服务器存储资源；然后，将这个文件数据切分为很多“块”（Block），即计算机操作系统存储文件数据的基本单位，类似于计算机存储数据大小的基本单位字节；最后将这些数据块平均分配到各个服务器节点进行存储，并记录每个块的存放名字及位置信息。

该分布式文件系统提供了统一的操作入口和出口。用户每次访问文件数据的时候，分布式文件系统会临时拼装来自不同机器上的块，呈现给用户一个完整的文件。这样，用户就会感觉自己访问的是一台服务器。

关于分布式存储的细节，后面的章节会进行详细的介绍。

1.5.3 分布式计算

将文件数据分布式地存储在多台服务器上，那么，如何分布式地在这些由多台服务器组成的文件系统上进行数据并行计算处理呢？

举一个简单的例子，一个班级有 100 个学生参加考试，老师需要一个一个地批改他们的试卷并计算其分数，结果花费了将近 300min 才批改完成。为了节省时间，老师把试卷分给年级组的 100 位老师同时批改，结果每位老师平均只用 3min 就批改完成了。如果把批改试卷看作一个作业（Job），该例相当于将这个作业分解成了 100 个任务，并行计算处理，本次批改试卷的完成时间由原来的 300min 缩短到现在的 3min，效率显著提高。

这个例子展示了分布式计算的效果。不过，分布式计算面临着许多挑战：作业的任务如何平均分发到各个节点？计算过程中各个节点上的资源如何统一分配和回收？中间产生的计算结果如何及时地统计汇总？集群服务器计算完成的最终结果如何统一地组织输出？这些令人棘手的问题将在后续的章节中一一得到解答。

1.6 大数据技术生态圈

自然界生态圈和谐统一，为人类提供稳定的自然生态环境。那么，大数据技术生态圈提供了什么呢？首先来看图 1-5，这是一个完整的大数据项目模块设计架构图，要完成图 1-5 所示的各个模块的业务开发，就需要大数据领域中各类技术的支撑，我们把这些为大数据项目提供稳定、安全、可靠的完整技术解决方案的技术总集称为大数据技术生态圈。

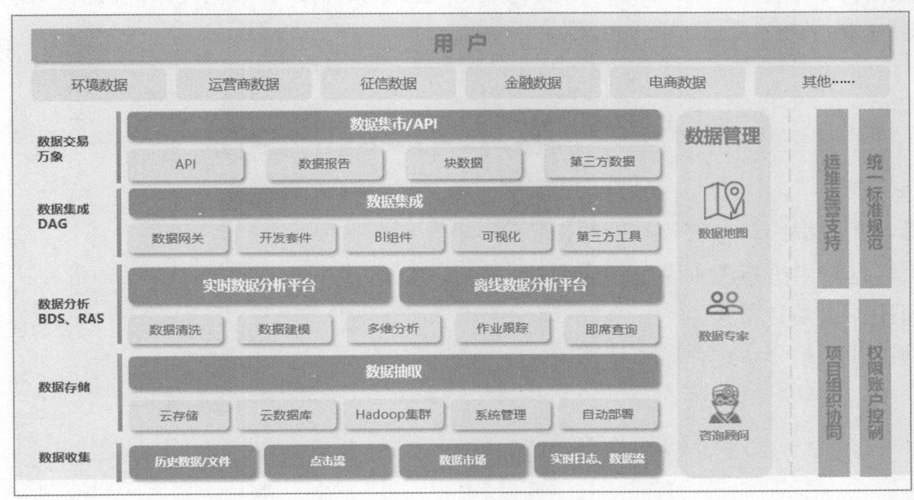

图 1-5

此项目模块设计架构自下而上分为 5 个模块，分别介绍如下。

（1）第 1 个模块是数据收集，即考虑数据的种类有哪些，要利用什么样的技术来采集这些数据。数据类型有历史数据/文件、点击流、数据市场、实时日志和数据流等。主流的大数据日志数据采集系统平台有 Flume、kafka、Scribe 和 S-qoop 等。

（2）第 2 个模块是数据存储，其方式有云存储、云数据库、Hadoop 集群、系统管理和自动部署等。从项目的业务角度看，这一块要解决的核心问题是如何存储通过采集平台采集的各种类型的数据。

（3）第 3 个模块是数据分析 BDS、RAS。在大数据领域，对于数据的分析分为两类，一类是离线计算，比如计算电商系统每时每刻产生的历史数据等，这也是目前大数据领域占比最大的一项处理业务；另一类是实时计算，这是相对于离线计算而言的。实时计算的应用，例如实时到账或实时付款这种业务，当业务系统产生数据，大数据平台能够立刻采集、存储并进行计算处理。如今，实时计算的需求越来越多。数据分析领域涌现出了大量优秀的大数据计算框架。离线计算框架有 Hadoop MapReduce 分布式并行计算框架、Hive 分布式数据仓库、Spark-SQL 等；实时计算框架有 HBase 分布式实时数据库、Storm 分布式流式计算框架、Spark-Streaming 等。

（4）第 4 个和第 5 个模块是数据集成 DAG 和数据交易万象。这两个模块侧重于上层的业务处理。经过数据分析处理，会得到不同的结果，将这些结果集根据业务的需求进行组装集成，形成数据网关、开发套件、BI 组件、可视化第三方工具等，为数据交易万象提供服务，形成数据集市层。

然后，用户就可以通过外围的业务系统，根据自己的需要，来这个数据集市上购买需要的数据产品，也就是图 1-4 中的环境数据、运营商数据、征信数据、金融数据、电商数据等。

相信将来会涌现出更多、更优秀的技术框架，大数据的生态圈将会不断更新、不断丰富。

本章总结

本章主要分享了大数据的学习基础、大数据的背景、对大数据的不同认识、大数据的行业案例、大数据的基本概念和大数据技术生态圈，系统全面地剖析了大数据技术的从前、现在和未来，为读者学习大数据技术打下坚实的基础。

本章习题

1. 学习大数据应具备哪些基础知识？
2. 大数据技术生态圈中常见的应用技术有哪些？
3. 简述什么是分布式。
4. 简述什么是分布式存储和计算。

第2章 搭建 Hadoop 分布式集群

本章要点

- 云平台
- 安装 CentOS 6
- Linux 系统配置
- Hadoop 的配置部署

在本章，我们将围绕如何搭建 Hadoop 分布式集群环境来讲解大数据技术，这就如同学习开车，得先有一辆车，才能了解车的发动机、变速箱以及方向盘等。

2.1 云平台

2.1.1 了解云平台

读者应该听过阿里云、百度云、京东云等云产品信息，这就是我们常说的云计算，那么大数据和云计算是什么关系呢？实际上，大数据平台软件需要部署在云平台提供的服务器主机上，云计算是大数据的坚实基础。有了云计算，大数据平台才可以稳定、快速地运行。

云产品会为客户提供灵活的服务器主机配置方案。以阿里云为例，客户可以根据自己的需求，在阿里云上选择自己所需的服务器台数，以及每台服务器的配置等。那么，阿里云是如何做到的呢？很简单，阿里云购买了很多台服务器，并在这些服务器上安装了云平台软件，比如 VMware、Docker 等。然后利用这些云平台软件在每一台物理机器上虚拟化出多台虚拟服务器（也叫虚拟机），进而为客户提供灵活的服务器配置，就好像在阿里云可以定制各种各样不同类别的物理主机一样。

也就是说，通过云平台软件，在一台或者多台配置较高的服务器上虚拟化出更多台普通服务器，这种方式和购买多台物理主机的计算、存储性能的效果是完全一样的。

2.1.2 安装 VMware 软件

接下来，请把手里的笔记本电脑看成一台独立的物理主机，我们要在这台独立的物理主机上安装云平台软件 VMware，进而虚拟化出 3 台独立的物理主机，这样就可以搭建 Hadoop 分布式集群环境了。

一台或者两台服务器无法组成集群，集群至少需要 3 台服务器。目前，百度、腾讯等一线互联网公司已经达到了万台集群的规模，携程、去哪儿、苏宁等企业的集群也已有了近千台的规模。而对于我们初学者，搭建一个 3 台服务器的集群就可以了。

如果你的操作系统是 Windows 7，则可选择 VMware 10 版本；如果操作系统是 Windows 8/10，则可选择 VMware 12 版本。VMware 的安装过程与其他软件类似，这里不再赘述。

2.2 安装 CentOS 6

成功安装云平台软件 VMware 之后，就可以在这个云平台上虚拟化服务器了，进而在这些服务器上安装操作系统。

在云平台软件中虚拟化服务器的时候，可以选择每个虚拟机所需要的操作系统。原则上可以任意选择 Windows 或 Linux 系统，大数据平台也支持多种操作系统，不过，大数据处理的数据一般来自企业内部的服务器，而其服务器所用的操作系统大多是 Linux 系统，所以这里也建议选择 Linux 操作系统，将它作为每个虚拟机的操作系统。本节将以 Linux 服务器为例，介绍如何搭建 Hadoop 分布式集群环境。

确定了服务器所应用的操作系统为 Linux 后，我们要选择 Linux 操作系统的哪个版本呢？RedHat？Ubuntu？还是 CentOS？其实，选择哪个版本都可以。本书选择的是 CentOS 6.5 版本，这是阿里云的一个发布版。

接下来，将围绕以下几个专题阐述 CentOS 6 的安装步骤。

（1）安装 CentOS 系统。

（2）安装中的关键问题。

（3）克隆 HadoopSlave 和 HadoopSlave1。

（4）安装 SSH Secure Shell Client 传输软件。

2.2.1 安装 CentOS 6

① 打开之前安装好的 VMware，单击【文件】-【新建虚拟机】，即可通过 VMware 10 创建虚拟机，如图 2-1 所示。

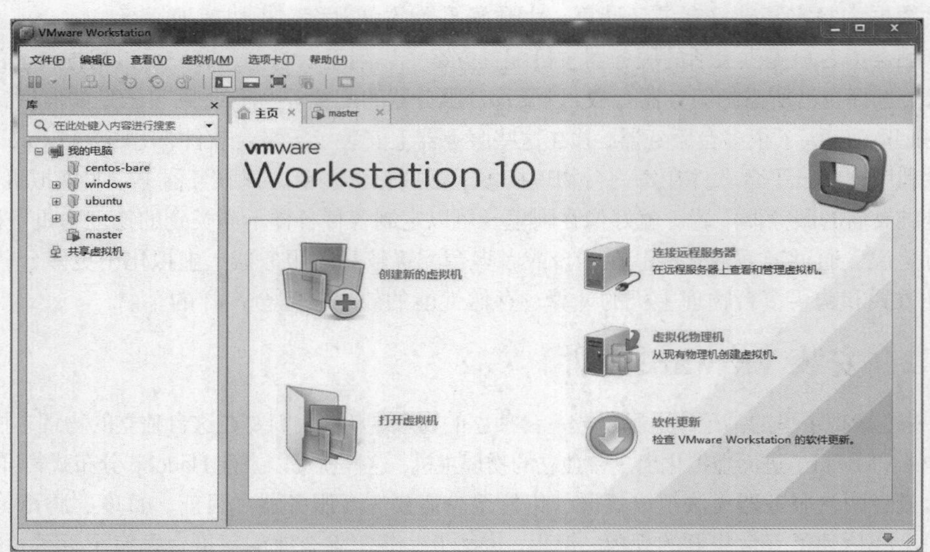

图 2-1

② 选择【典型（推荐)】选项，然后单击【下一步】，如图 2-2 所示。

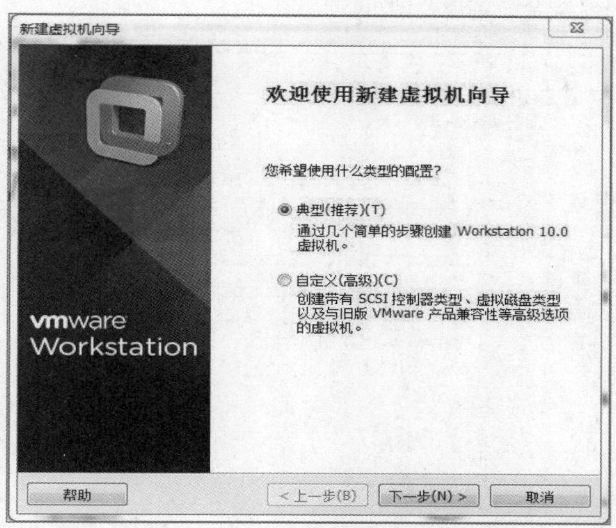

图 2-2

③ 选择【安装程序光盘映像文件（iso)】，选择指定的 CentOS 系统的.iso 文件，单击【下一步】，如图 2-3 所示。这里的映像文件，就是我们为该新建的虚拟机选择的 CentOS 6.5 Linux 操作系统。

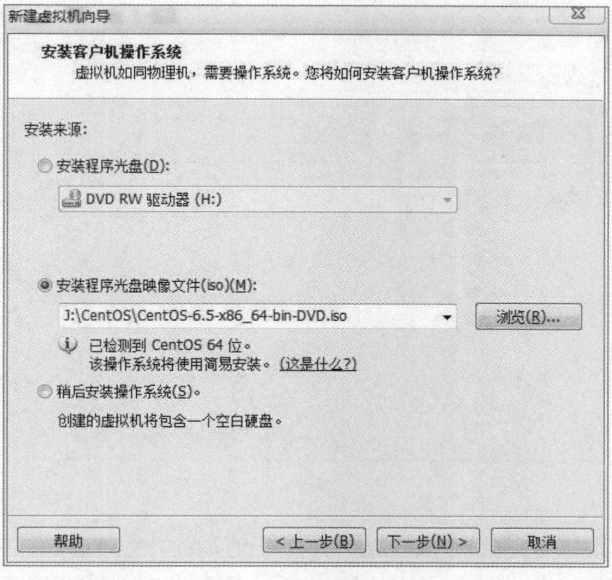

新建虚拟机向导
安装客户机操作系统
虚拟机如同物理机，需要操作系统。您将如何安装客户机操作系统?
安装来源:
安装程序光盘(D):
DVD RW 驱动器 (H:)
安装程序光盘映像文件(iso)(M):
J:\CentOS\CentOS-6.5-x86_64-bin-DVD.iso
浏览(R)...
已检测到 CentOS 64 位。
该操作系统将使用简易安装。(这是什么?)
稍后安装操作系统(S)。
创建的虚拟机将包含一个空白硬盘。
帮助
< 上一步(B)
下一步(N) >
取消

图 2-3

④ 接下来填写一些信息，然后单击【下一步】，如图 2-4 所示。

注意，这里的全名指的是 Linux 操作系统的全称，类似于 Windows 操作系统也有一个全称一样，这个名字可以随意取，只要符合命名规范就行。用户名，指的是在本服务器上装 Linux 操作系统时需要指定一个默认的用户，随后通过这个默认的用户名才能登录操作系统，进而操作本台服务器。下面的两个文本框就是指定当前用户名的密码和确认密码，用户名或者密码都可以根据个人的喜好自定义，只要符合命名规范即可。

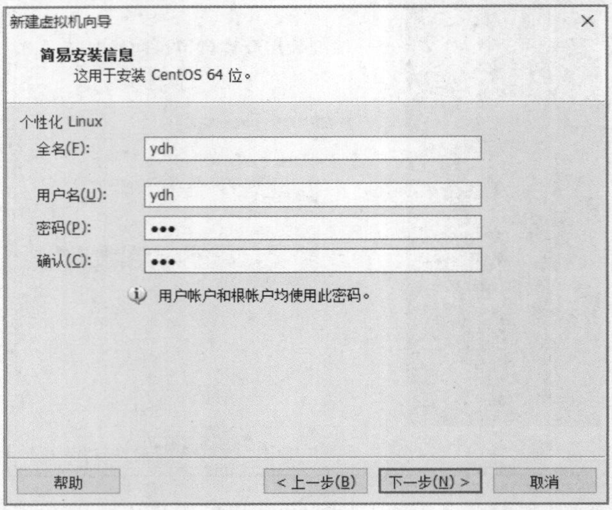

图 2-4

⑤ 填写虚拟机名称，选择安装位置，然后单击【下一步】按钮，如图 2-5 所示。

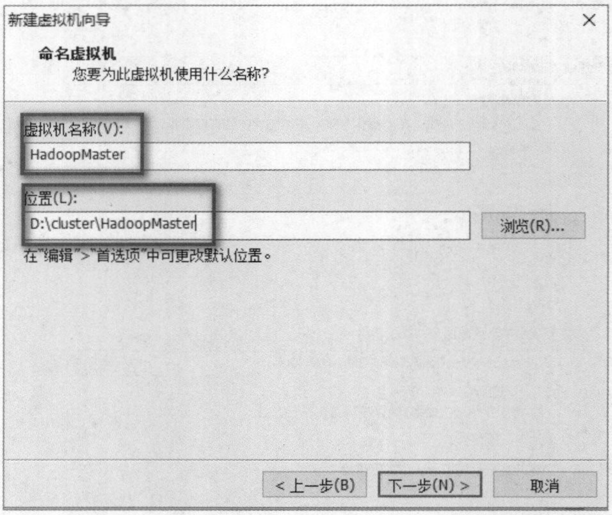

图 2-5

注意，在这里要为即将创建的虚拟机起名，这个名字的叫法很重要，虽然只要符合命名规范原则即可，不过我们给它起名为 HadoopMaster，因为后续还要创建两台一模一样的服务器，组成一个 3 台的集群。

Hadoop 分布式集群架构是主从架构，所以有主节点（即主服务器）和从节点（即从服务器）。为了从名字上区分主从，更好地使用集群，主节点一般就叫 HadoopMaster，Master 表示此服务器担任主节点。后面创建的两台服务器可以叫 HadoopSlave 和 HadoopSlave1，Slave 就是从属、奴隶的意思，这样便于理解。

建议读者在某磁盘上新建一个“cluster”文件夹代表集群，然后在 cluster 内部创建虚拟机的目录，即大家从图 2-5 中看到的 D:\cluster\HadoopMaster。

⑥ 最大磁盘大小不要直接使用默认值，应调大该值，如设置为【30.0】，随后单击【下一步】，如图 2-6 所示。

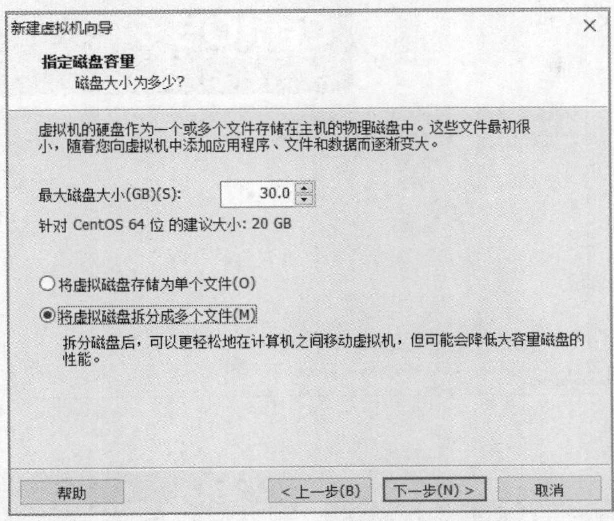

图 2-6

注意，这里的“磁盘大小”表示通过云平台创建的虚拟机的磁盘存储空间大小。这个值一般设置为 30.0GB 即可，如果计算机的磁盘容量特别大，可以将这个值再设置得大一些。

⑦ 使用默认值，单击【完成】按钮，如图 2-7 所示。

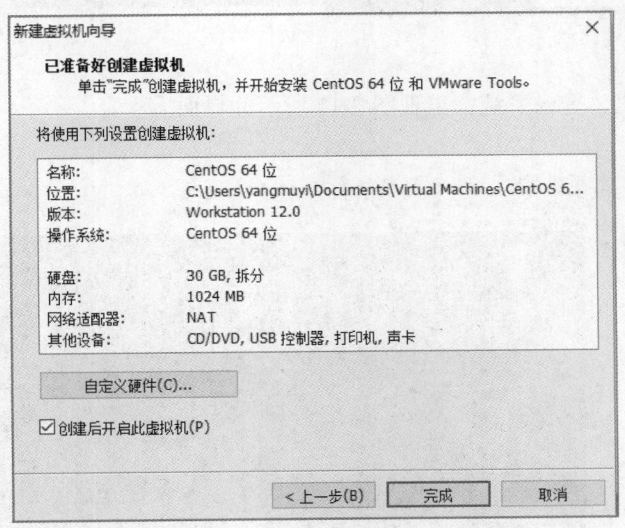

图 2-7

⑧ 正常情况下，此时进入图 2-8 所示的界面。

⑨ 直接等待安装完成，系统将会自动重启，如图 2-9 和图 2-10 所示。

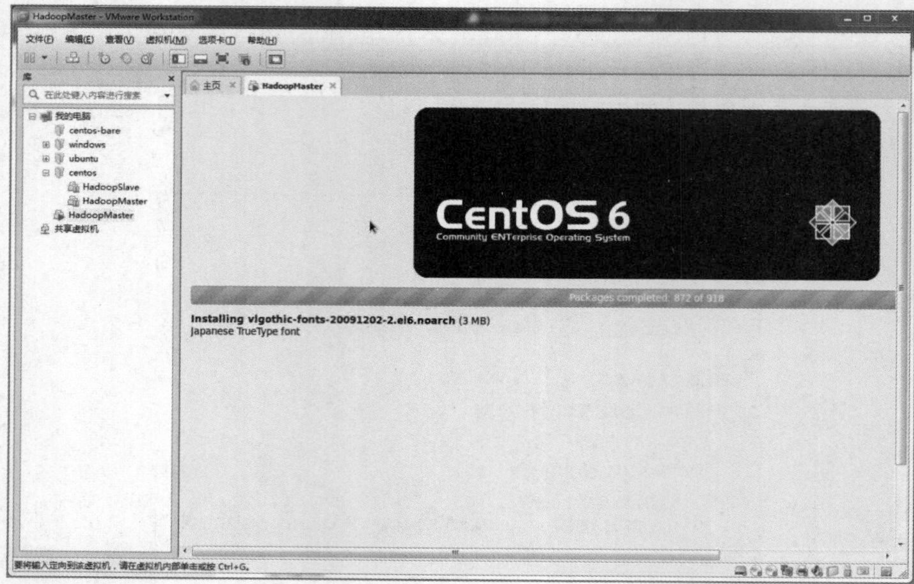

图 2-8

图 2-9

图 2-10

⑩ 再次输入密码，登录系统，出现图 2-11 所示的界面。

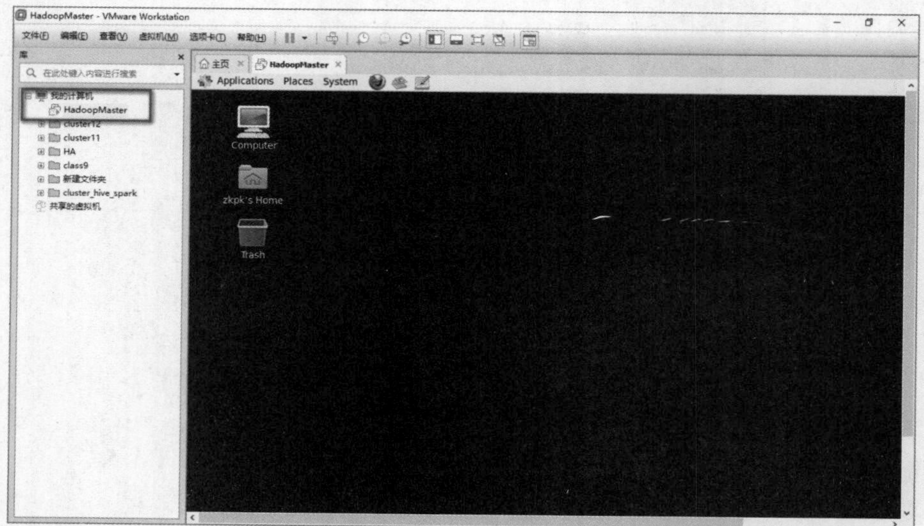

图 2-11

至此，CentOS 6 系统安装完毕。此时可以看到一台全新的服务器，它的操作系统是 Linux CentOS 6。接下来，我们就可以利用这台崭新的 HadoopMaster 服务器，通过云平台 VMware 提供的克隆功能，再虚拟化出两台一模一样的服务器，即 HadoopSlave 和 HadoopSlave1。

2.2.2　安装中的关键问题

在使用 CentOS 6 创建虚拟机的过程中，如果出现图 2-12 所示的界面，说明 BIOS 中没有打开 VT-x 功能，所以就不能用 VT-x 进行加速。

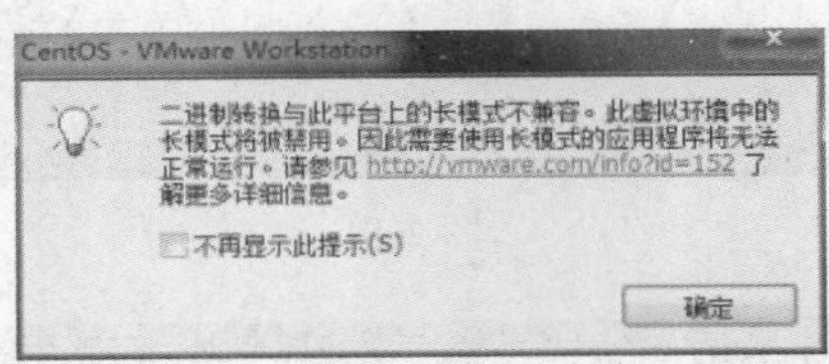

图 2-12

VT-x 是 Intel 虚拟化（Virtualization）技术中的一个指令集。也就是说，之前安装的云平台软件 VMware 之所以能够在一台物理主机上虚拟出多台服务器主机，就是因为安装云平台软件的物理主机本身支持 VT-x 功能，即 CPU 虚拟化技术。

如果计算机不支持 CPU 虚拟化技术，那么即使安装了 VMware，也无法虚拟出多台虚拟机。所以，要保证个人计算机支持 CPU 虚拟化技术。学习大数据，对个人计算机的基本要求是：内存为 8GB 及以上，硬盘闲置至少在 30GB 以上，64 位 Windows 系统。

理解了上述问题之后，如果在安装 CentOS 6 的过程中仍无法虚拟出多台虚拟机，说明还没有打开 CPU 的虚拟化技术，接下来按照以下方法即可开启 BIOS 中的 VT-x 功能。

① 首先在开机或者重启计算机时持续按 F2 键（注意：不同品牌的计算机进入 BIOS 的热键各不相同，有的计算机的快捷键是 F1、F8 或 F12）进入 BIOS。

② 选择【Configuration】-【Intel Virtual Technology】，并按回车键。

③ 将光标移动至【Disabled】处，并按回车键确定，如图 2-13 所示。

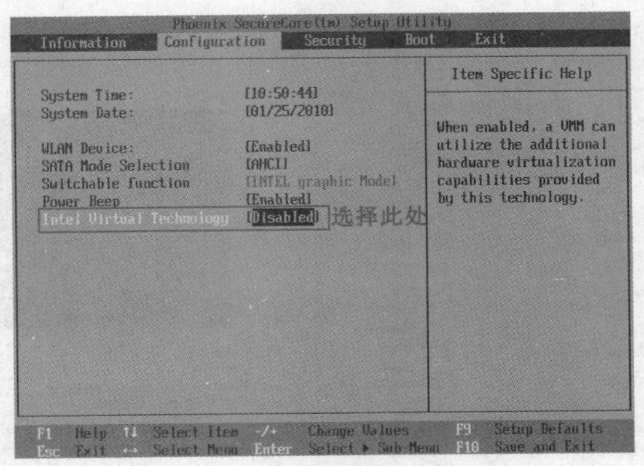

图 2-13

④ 使用键盘上的方向键，将选项调整为【Enabled】，如图 2-14 所示。

⑤ 此时该选项将变为【Enabled】，如图 2-15 所示，最后按 F10 键保存并退出，即可开启 VT-x 功能。

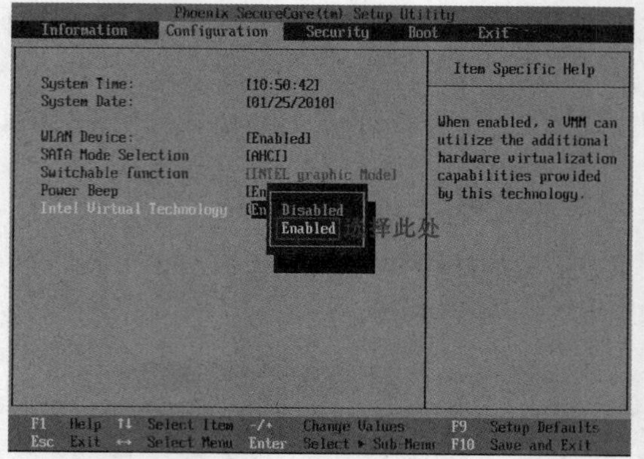

图 2-14

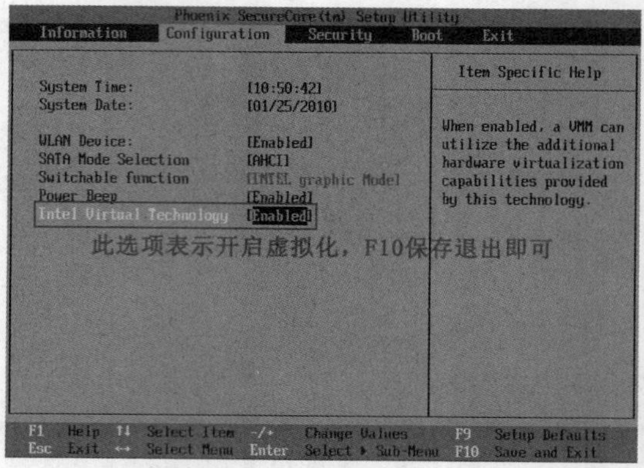

图 2-15

2.2.3 克隆 HadoopSlave 和 HadoopSlave1

① 关闭 HadoopMaster 服务器，在该节点单击鼠标右键，选择【管理】-【克隆】选项，如图 2-16 所示。

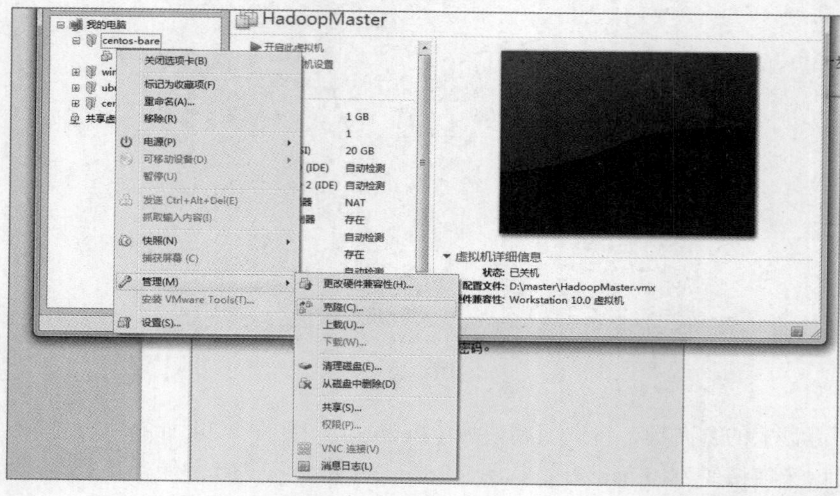

图 2-16

② 保持界面中的默认选项，继续单击【下一步】按钮，如图 2-17 所示。

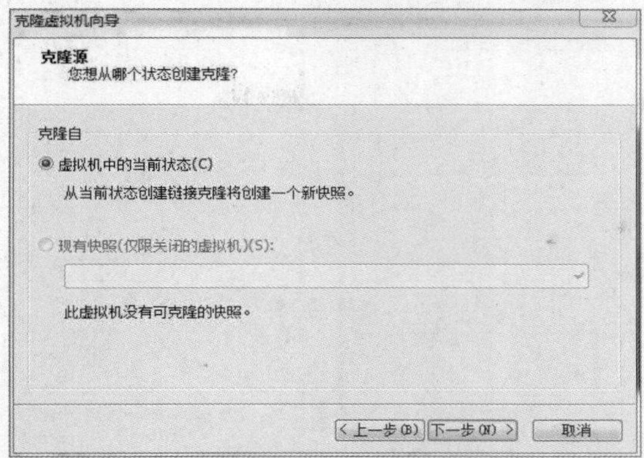

图 2-17

③ 选择【创建完整克隆】，单击【下一步】按钮，如图 2-18 所示。

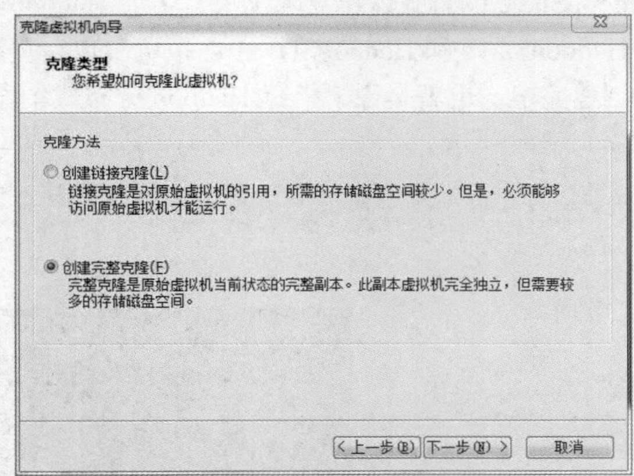

图 2-18

④ 将虚拟机重命名为 HadoopSlave，并选择一个存储位置（占用空间 10GB 左右），单击【完成】按钮，如图 2-19 所示。

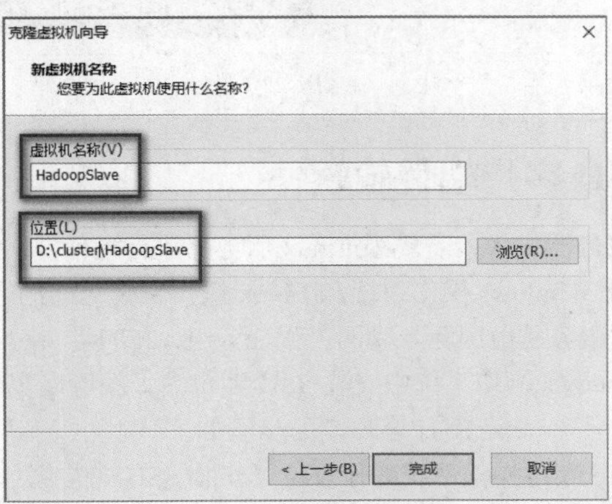

图 2-19

⑤ 系统会自动完成克隆，随后单击【关闭】按钮，如图 2-20 和图 2-21 所示。

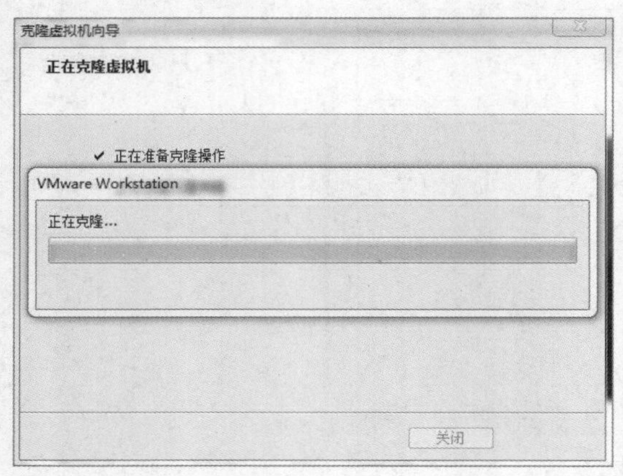

图 2-20

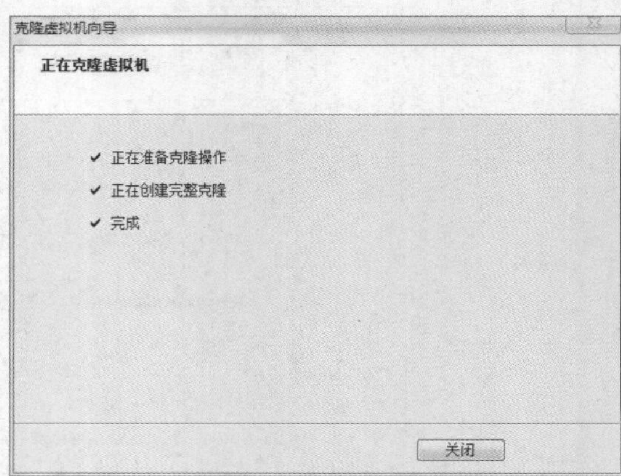

图 2-21

⑥ 按照刚才克隆 HadoopSlave 的方式，再克隆出一台名为 HadoopSlave1 的服务器。最后单击【关闭】按钮后，发现 HadoopSlave 和 HadoopSlave1 虚拟机出现在左侧的列表栏中，如图 2-22 所示。至此，3 台服务器创建完毕，也就是说，搭建 Hadoop 分布式集群的硬件环境准备完毕。

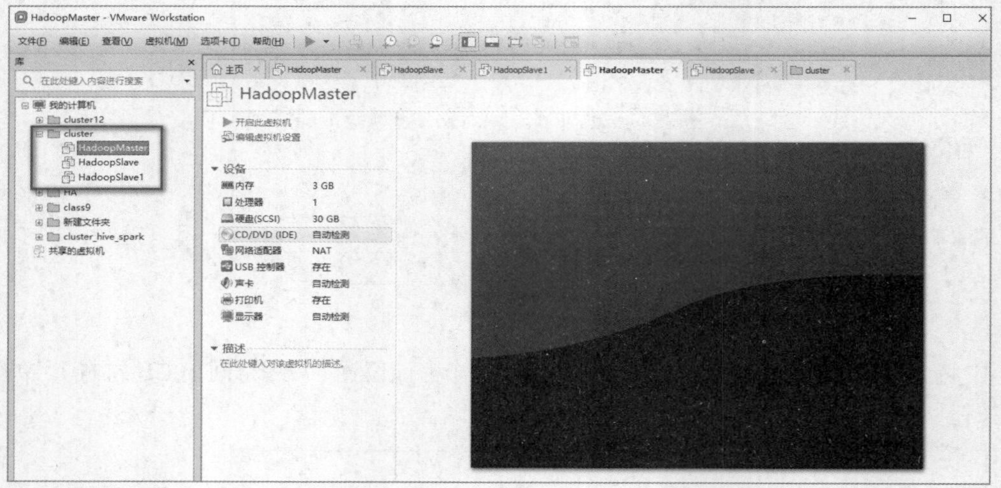

图 2-22

2.2.4 安装 SSH 客户端传输软件

安装好 3 台 Linux 服务器之后，需要跟 Linux 服务器进行通信。由于个人计算机是 Windows 系统，所以，此时就涉及 Windows 操作系统和 Linux 操作系统之间的通信。

SSH（Secure Shell）服务是由国际互联网工程任务组（IETF）制定的，建立在应用层基础上的安全协议。通过在 Windows 操作系统中安装 SSH 客户端，就可以实现 Windows 与 Linux 操作系统之间的文件数据交换了。安装 SSH 客户端的步骤如下。

① 在个人计算机 Windows 操作系统的任意位置安装 SSH 非常简单，不断单击【Next】按钮直至安装完成，至此在 Windows 桌面上会看到图 2-23 所示的快捷方式。

图 2-23

② 打开并传输文件测试：单击黄色文件夹快捷方式【SSH Secure File Transfer Client】，会出现图 2-24 所示的界面，单击【Quick Connect】按钮。

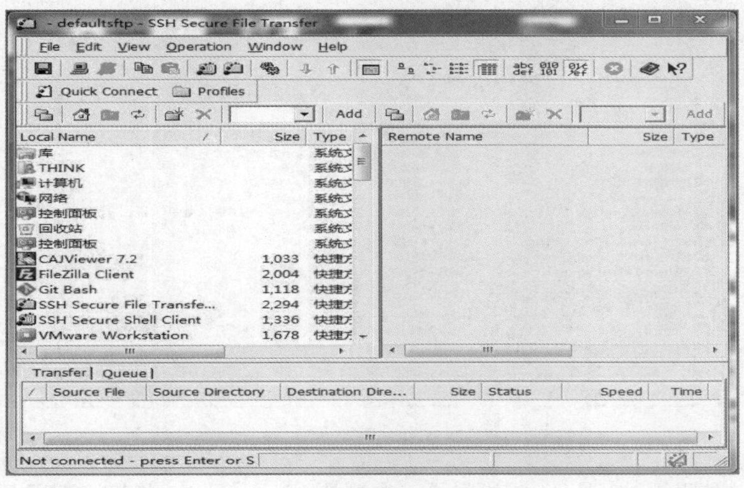

图 2-24

③ 在弹出的连接对话框中，分别输入 CentOS 主机的 IP 地址和用户名，如图 2-25 所示。其中 IP 地址需要进入 Linux 系统中通过 ifconfig 命令进行查看，用户名是安装 Linux 操作系统时设置的用户名称。

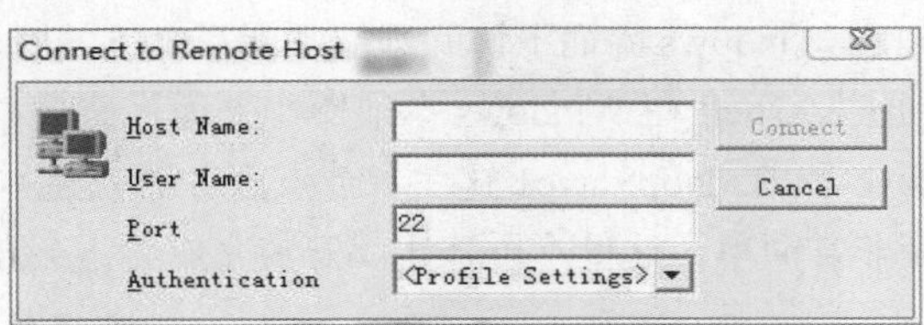

图 2-25

④ 填写完毕后，单击【Connect】按钮，如图 2-26 所示。

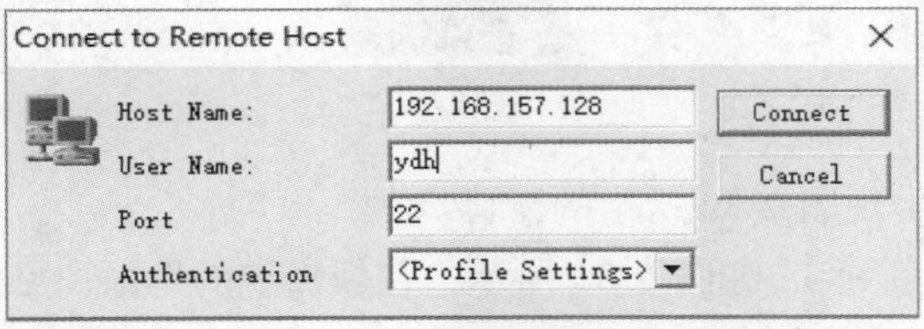

图 2-26

⑤ 此时会弹出密码（Password）输入对话框，输入之前新建虚拟机时设定的密码，然后单击【OK】按钮，如图 2-27 所示。

图 2-27

⑥ 当看到图 2-28 所示的对话框时，表示连接成功。

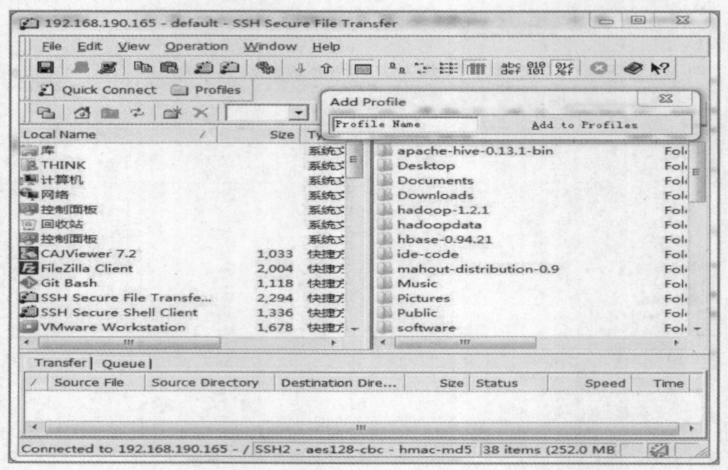

图 2-28

图 2-28 中，左侧是 Windows 本机目录，右侧是 Linux 目录，拖曳文件即可实现复制。也就是说，此时 Windows 系统和 Linux 系统可以进行文件的交换。

2.2.5 安装 Xshell

Xshell 是一款强大的安全终端模拟软件，支持 SSH1、SSH2 以及 Microsoft Windows 平台的 TELNET 协议。Xshell 可以在 Windows 界面下访问远端不同系统下的服务器，进而远程控制终端。安装 Xshell 之后，就可以通过 Xshell 在 Windows 本地操作来远程控制 Linux 服务器了。虽然此时 HadoopMaster、HadoopSlave 和 HadoopSlave1 这 3 台节点服务器就在本地。

① Xshell 工具的安装非常简单，这里不再赘述。安装完成后，会在桌面上出现图 2-29 所示的快捷图标。

图 2-29

② 双击该图标，会出现图 2-30 所示的窗口。

③ 选择【文件】-【新建】，如图 2-31 所示，在新出现的界面（见图 2-32）中的【名称】处输入 HadoopMaster，表示连接的主机是 HadoopMaster，【协议】为 SSH，【主机】处输入本机 IP 地址，【端口号】为默认的 22。【说明】可以自己填写，比如“连接到主机 HadoopMaster 节点”，最后单击【确定】按钮。

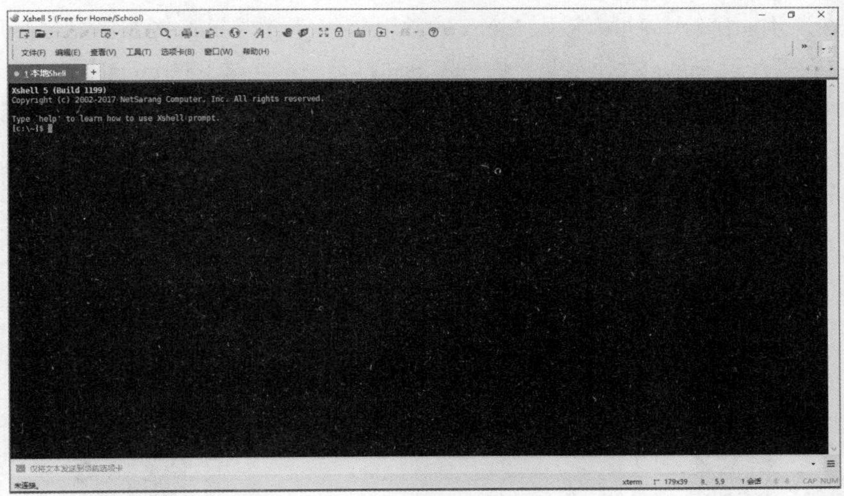

图 2-30

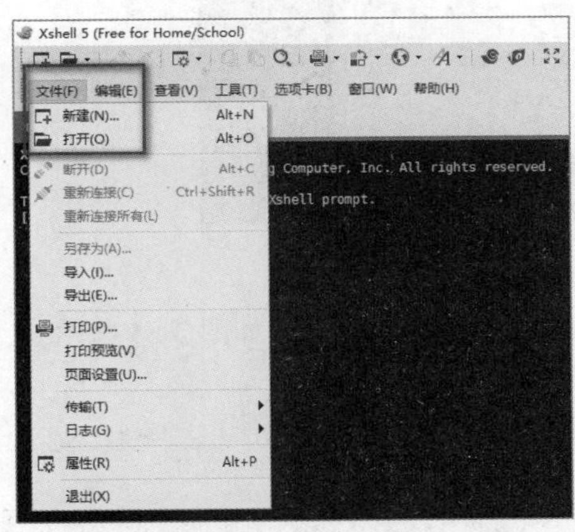

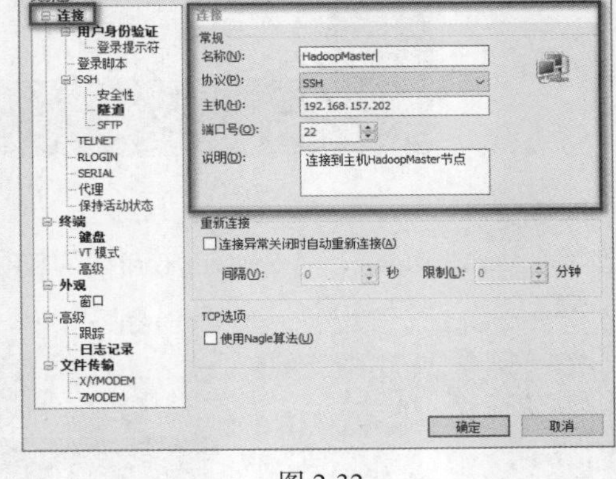

图 2-31　　图 2-32

现在就和远程 Linux 服务器连接上了，只不过此时的远程 Linux 服务器就在本机上。在实际工作中，本地 Windows 系统上安装的 Xshell 就是远程 Linux 服务器的一个终端，如图 2-33 所示。

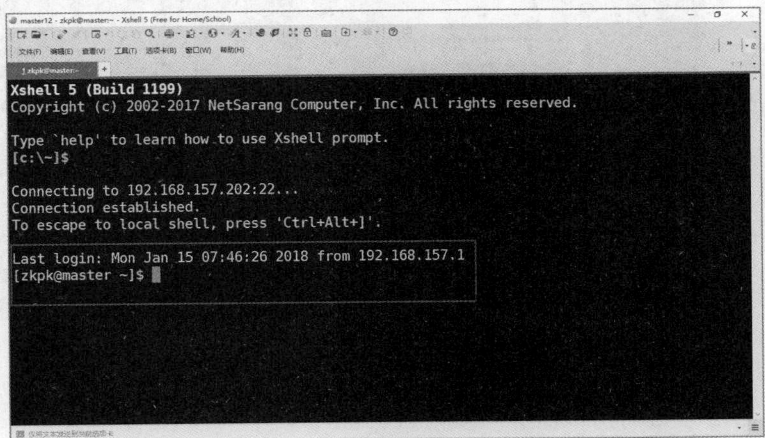

图 2-33

在图 2-33 所示的窗口中，可以输入 Linux 的常用命令。操作 Linux 操作系统，除了安装 Xshell 终端，还可以直接登录 Linux 操作系统桌面，在桌面打开一个终端（Terminal）来操作 Linux 服务器，因为 HadoopMaster 这台服务器就在本地。当然，在实际工作中，Linux 操作系统桌面是无法直接登录的，只能通过类似 Xshell 的终端去操作 Linux 服务器。

接下来，直接输入用户名和密码，登录 HadoopMaster Linux 服务器，如图 2-34 所示。

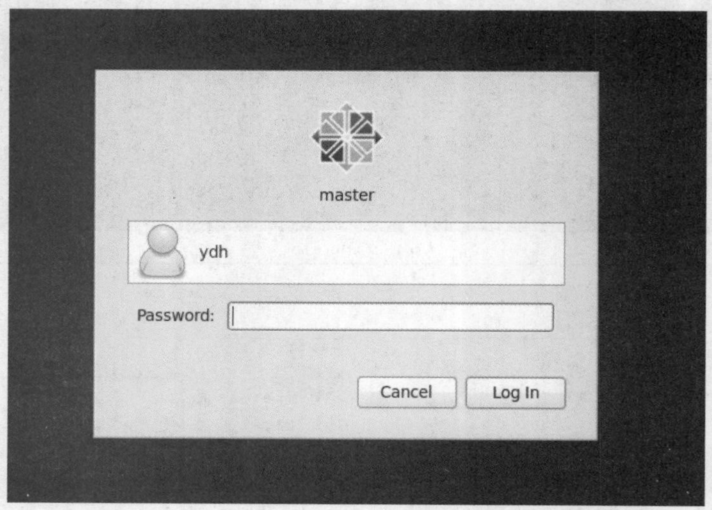

图 2-34

选择【Applications】-【System Tools】-【Terminal】，打开 Terminal，如图 2-35 所示。

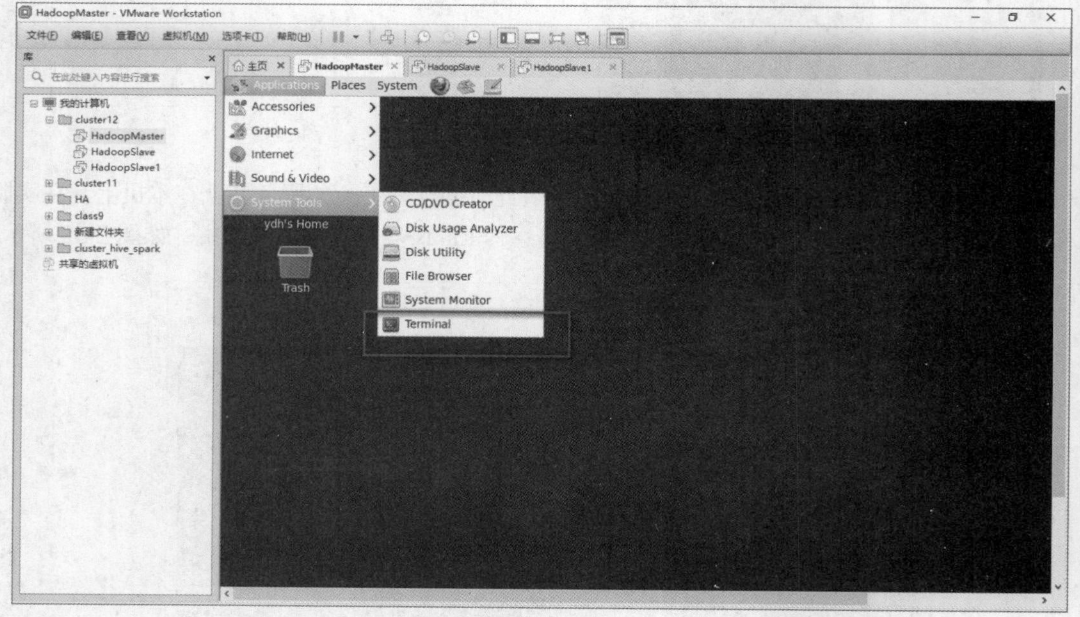

图 2-35

命令行窗口如图 2-36 所示。

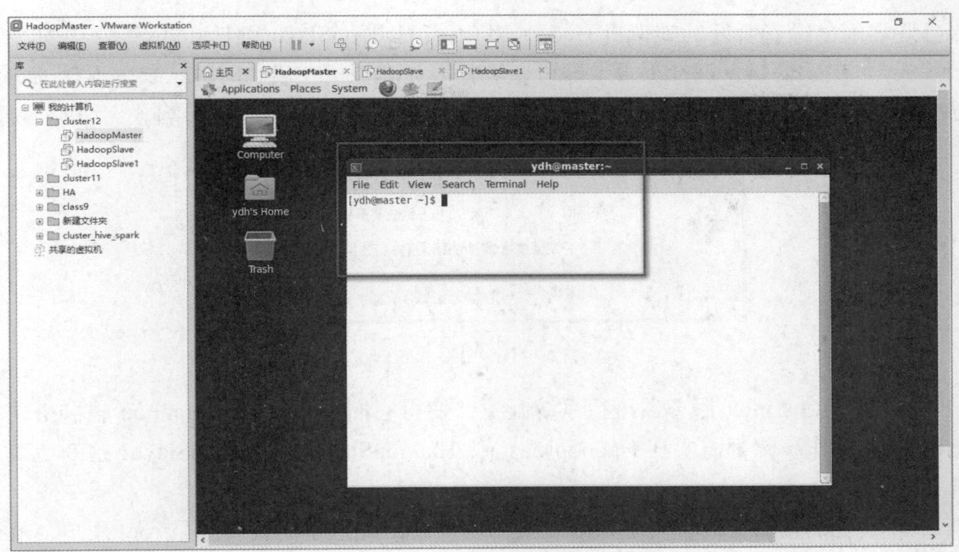

图 2-36

2.3　Linux 系统配置

通过安装云平台软件和在云平台基础上虚拟化出 HadoopMaster、HadoopSlave 和 HadoopSlave1 这 3 台节点，我们就可以安装和部署 Hadoop 集群了。Windows 系统到 Linux 系统之间的文件传输使用 SSH，操作 Linux 使用的终端为 Xshell。

1．启动两台虚拟客户机

① 打开 VMware WorkStation，如图 2-37 所示。

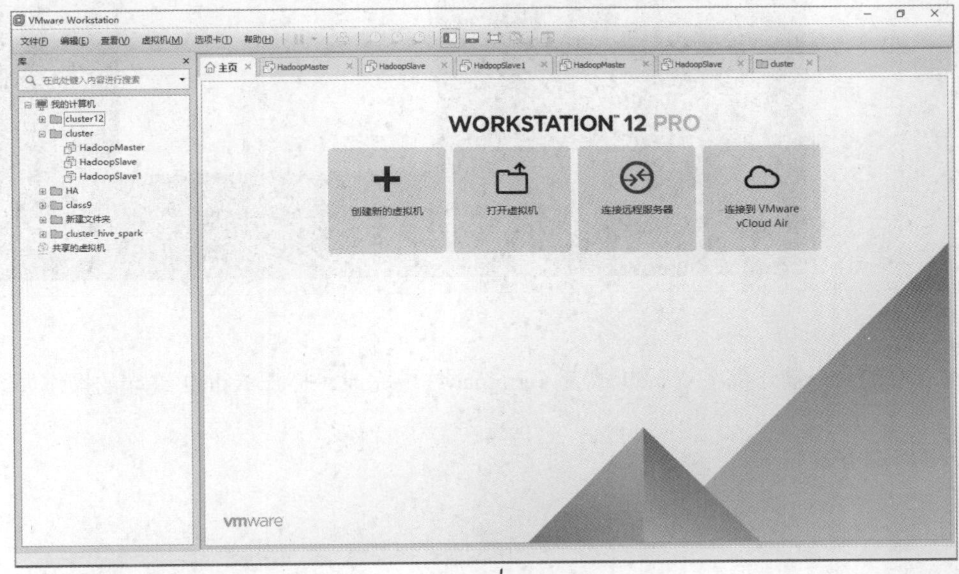

图 2-37

② 打开之前已经安装好的虚拟机 HadoopMaster、HadoopSlave 和 HadoopSlave1，如果出现图 2-38 所示的异常提示窗口，选择【否】即可。这是因为虚拟机在启动时默认要去连接 ide1:0 的设备，但此时没有，所以我们选择不连接，这不会对后面的集群搭建产生影响。

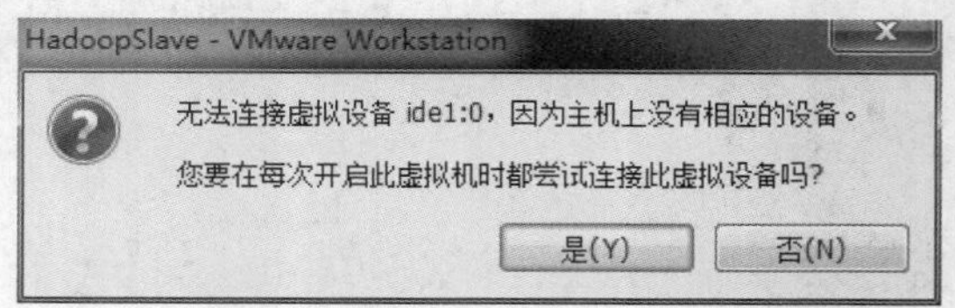

图 2-38

接下来，对 3 台 Linux 服务器进行系统配置，使得它们符合大数据 Hadoop 集群搭建的软件环境要求。以下操作步骤都需要在 HadoopMaster、HadoopSlave 和 HadoopSlave1 这 3 台节点上分别完成操作。

对 Linux 系统配置的更改，需要权限更大的用户，因此这里需要管理员 root 用户。从当前用户切换到系统管理员 root 用户的命令如下：

```
su root
```

然后输入密码，如图 2-39 所示。

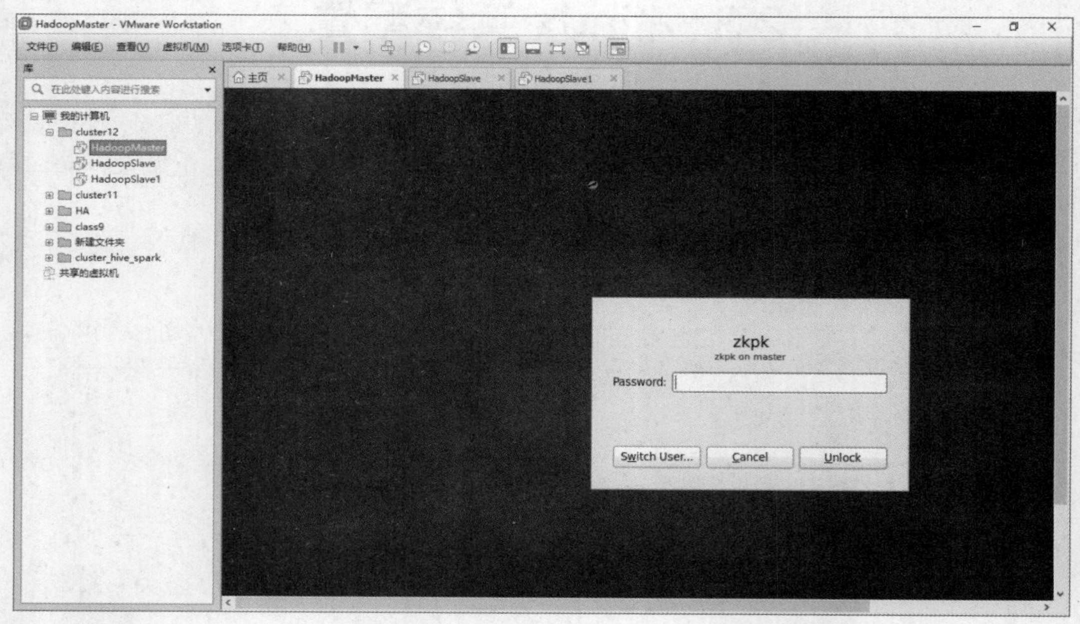

图 2-39

本节所有的命令操作都在 Xshell 或者 Terminal 终端完成，打开 Xshell 终端的操作如图 2-40 所示。

Xshell 终端方式如下。

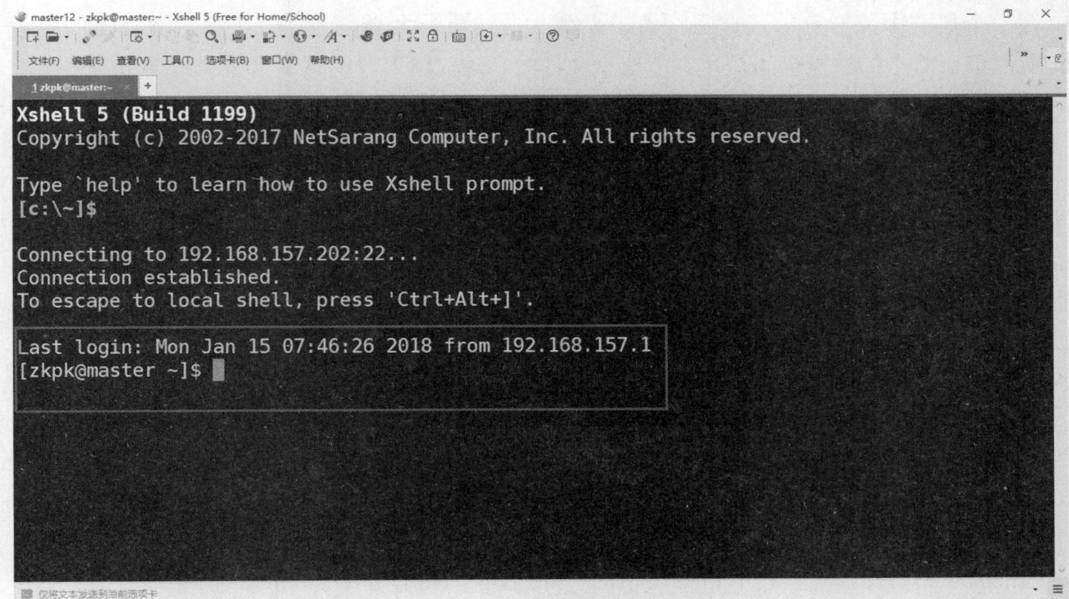

图 2-40

打开 Terminal 终端的操作如图 2-41 所示。

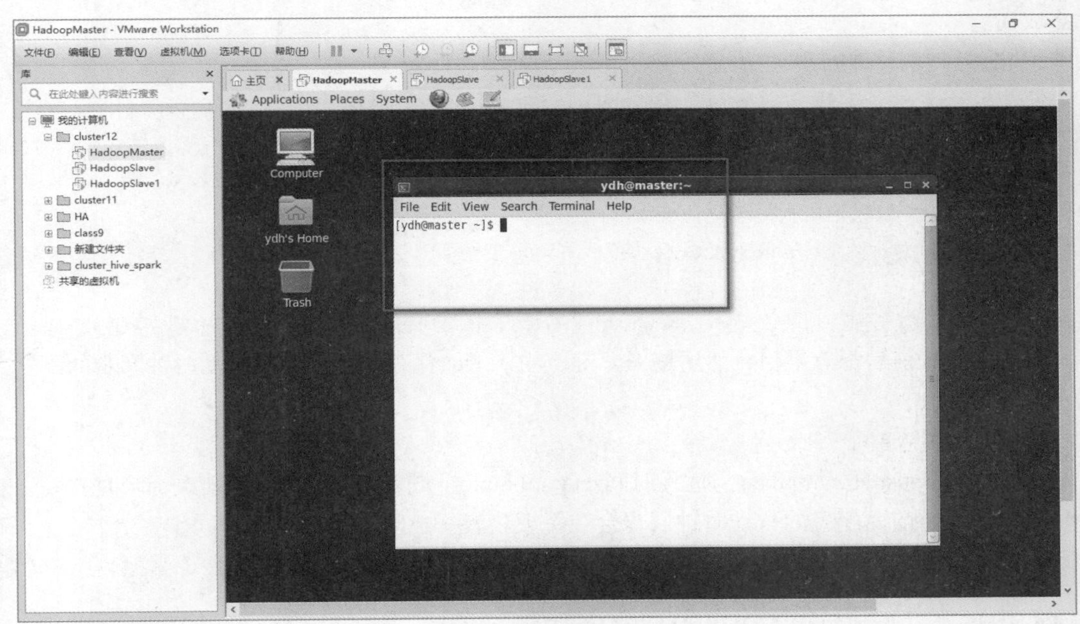

图 2-41

2. 配置时钟同步

配置时钟同步同样需要在 HadoopSlave 和 HadoopSlave1 节点上分别完成，因为在分布式的集群环境中，集群中每台节点的配置需要是一模一样的。

那么，什么是时钟同步？为什么要配置时钟同步？

即将搭建的 Hadoop 集群需要解决两个问题：数据的存储和数据的计算。

在一个集群中怎样存储数据呢？由于大型文件的数据大小已经超过了单台服务器的磁盘空间，所以单台节点的磁盘空间是存不下这个文件的，这时就需要将这个大型文件切分成多个块，以块为单位，分发到各个节点上进行存储。

假如这些块被分发到了 HadoopMaster、HadoopSlave 和 HadoopSlave1 上，如果客户端要访问这个文件，那么实际上集群需要从这 3 台节点上分别拿出块数据，然后在内存中进行临时的组合。如果这 3 台服务器的时间不一致，就会导致在拿块数据的时候出现不同的时间延迟，这可能导致访问文件时间很长甚至失败。因为计算机之间的通信和数据的传输一般都是以时间为约定条件的，所以让 3 台服务器的时钟保持一致非常重要！

Linux 服务器提供了配置时钟的操作命令：

```
crontab -e
```

crontab 命令常见于 UNIX 和类 UNIX 操作系统中，用于设置周期性被执行的指令。该命令从标准输入设备读取指令，并将其存放于 crontab 文件中，供之后读取和执行。该词来源于希腊语 chronos(χρνο)，原意是时间。

接下来的问题是：对表。

以谁的时间为标准呢？是 HadoopMaster、HadoopSlave 还是 HadoopSlave1？答案是不确定，因为这些机器都不是稳定的，那么就需要找一个标准的时钟。例如，使用的统一时钟是北京时间。这里可以选择国际上的一个标准时间服务器，即 cn.pool.ntp.org；也可以选择阿里云的时间服务器 aliyun.com。这些时间服务器都是域名，所以 3 台 Linux 服务器都必须接入互联网，否则时钟同步无法成功。

① 配置自动时钟同步

使用 Linux 命令配置，以 root 用户登录 HadoopMaster 节点的命令行，输入：

```
crontab -e
```

此时就会打开一个名为/tmp/crontab.HNLfTD 的时钟文件，按 i 进入插入模式，输入下面一行代码：

```
01 * * * /usr/sbin/ntpdate cn.pool.ntp.org
```

或者

```
01 * * * /usr/sbin/ntpdate aliyun.com
```

星号之间和前后都有空格，然后按 Esc 键，输入:wq 保存退出，此时自动时钟同步的配置完成。

② 手动同步时间

再通过命令/usr/sbin/ntpdate 与远程时间 cn.pool.ntp.org 或者 aliyun.com 手动执行当时立刻生效的时钟同步。而前面配置的自动时钟同步会在每天凌晨一点时自动执行时钟同步。

```
/usr/sbin/ntpdate cn.pool.ntp.org
```

或者

```
/usr/sbin/ntpdate cn.pool.ntp.org
```

按回车键，如果出现图 2-42 所示的命令，则表示时钟同步配置成功。

```
16 Jan 01:17:48 ntpdate[5638]: adjust time server 203.135.184.123 offset -0.057165 sec
```

图 2-42

再进入 HadoopSlave 和 HadoopSlave1 节点，分别执行上述时钟同步的操作。

最终 HadoopMaster、HadoopSlave 和 HadoopSlave1 的时钟都和 cn.pool.ntp.org 或者 aliyun.com

时钟保持同步，这 3 个节点上的时钟也就同步了。

3. 配置主机名

同步时钟之后，需要配置主机名。主机名，顾名思义，就是主机的名字。我们之前已经设置过 3 台服务器的名字，分别为 HadoopMaster、HadoopSlave 和 HadoopSlave1，但它们只是这 3 台服务器的业务名称，那么主机名是什么呢？在计算机网络中，能够唯一标识主机的是它自己的 IP 地址，而每台主机都有一个网络的主机名，它跟 IP 地址的作用是一样的。通过 IP 地址或者网络主机名，都可以访问这台主机。HadoopMaster、HadoopSlave 和 HadoopSlave1 都不是它们各自的网络主机名，这 3 台的网络主机名默认都是 LOCALHOST。它们的名字是重复的，因为这是它们的默认网络主机名。此时，不可能单从名字上区分这 3 台主机，因此，需要改变这 3 台主机的名称，根据集群的架构来命名。将这三台主机分别命名为 master、slave 和 slave1。

① 将 HadoopMaster 节点的主机名配置为 master。

以 root 用户身份登录 HadoopMaster 节点，直接使用 vim 编辑器打开 network 网络配置文件，命令如下：

```
vim /etc/sysconfig/network
```

打开 network 文件，配置信息如下，将 HadoopMaster 节点的主机名修改为 master，即下面第二行代码所示：

```
NETWORKING=yes   #启动网络
HOSTNAME=master   #主机名
```

按 Esc 键，输入:wq 保存退出。

确认修改生效，命令如下：

```
hostname master
```

在操作之前要关闭当前的终端，重新打开一个终端：

```
hostname
```

执行完命令，会看到图 2-43 所示的输出。

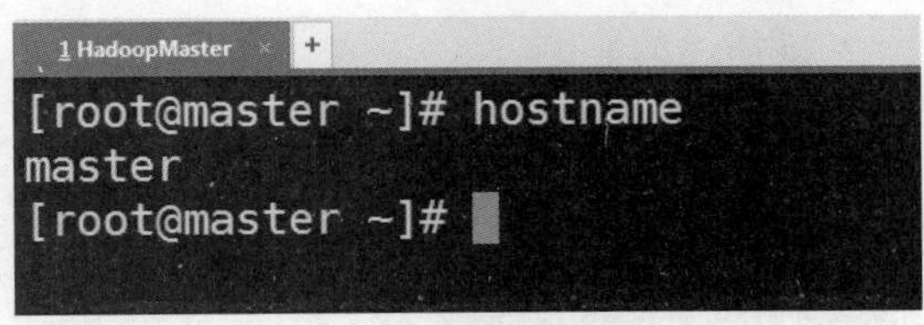

图 2-43

② 将 HadoopSlave 节点的主机名配置为 slave。

以 root 用户身份登录 HadoopSlave 节点，直接使用 vim 编辑器打开 network 网络配置文件，命令如下：

```
vim /etc/sysconfig/network
```

打开 network 文件，配置信息如下，将 HadoopSlave 节点的主机名修改为 slave，即下面代码的第二行所示：

```
NETWORKING=yes   #启动网络
HOSTNAME=slave   #主机名
```

按 Esc 键，输入:wq 保存退出。

确认修改生效，命令如下：

```
hostname slave
```

检测主机名是否已经成功修改，命令为 hostname，在操作之前要关闭当前的终端，重新打开一个终端：

```
hostname
```

执行完命令，会看到图 2-44 所示的输出。

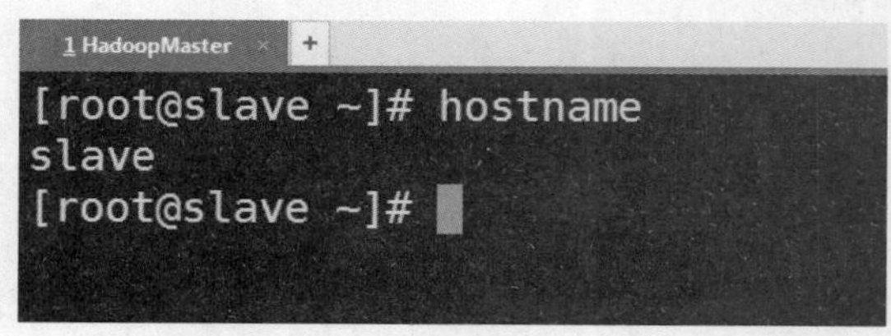

图 2-44

③ 将 HadoopSlave1 节点的主机名配置为 slave1。

以 root 用户身份登录 HadoopSlave1 节点，直接使用 vim 编辑器打开 network 网络配置文件，命令如下：

```
vim /etc/sysconfig/network
```

打开 network 文件，配置信息如下，将 HadoopSlave1 节点的主机名修改为 slave1，即下面代码的第二行所示：

```
NETWORKING=yes   #启动网络
HOSTNAME=slave1   #主机名
```

按 Esc 键，输入:wq 保存退出。

确认修改生效，命令如下：

```
hostname slave1
```

检测主机名是否已经成功修改，命令为 hostname，在操作之前要关闭当前的终端，重新打开一个终端。

执行完命令，会看到图 2-45 所示的输出。

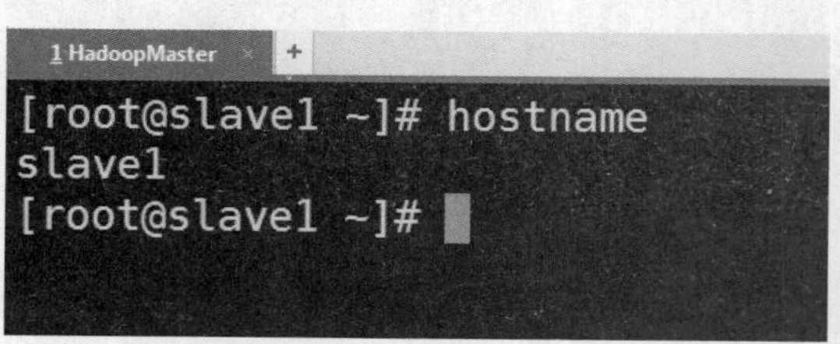

图 2-45

至此，HadoopMaster、HadoopSlave 和 HadoopSlave1 网络主机名就已配置成功，分别为 master、slave 和 slave1。

4. 使用 setup 命令配置网络环境

配置网络环境，这里指的是配置网络 IP 地址，该项也需要在 HadoopSlave 和 HadoopSlave1 节点上配置。

① 以 root 用户身份登录 HadoopMaster，打开一个 Terminal 终端，如图 2-46 和图 2-47 所示。

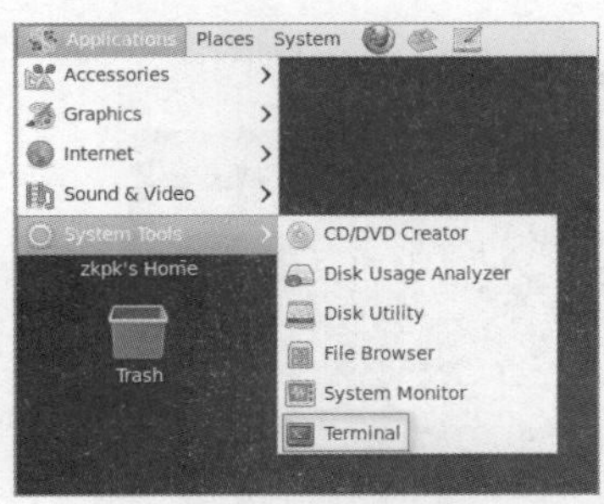

图 2-46

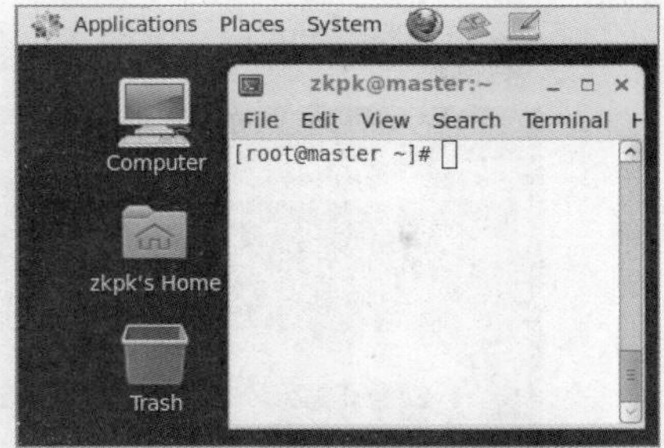

图 2-47

② 在终端中执行 ifconfig 命令，就会看到图 2-48 所示的输出。

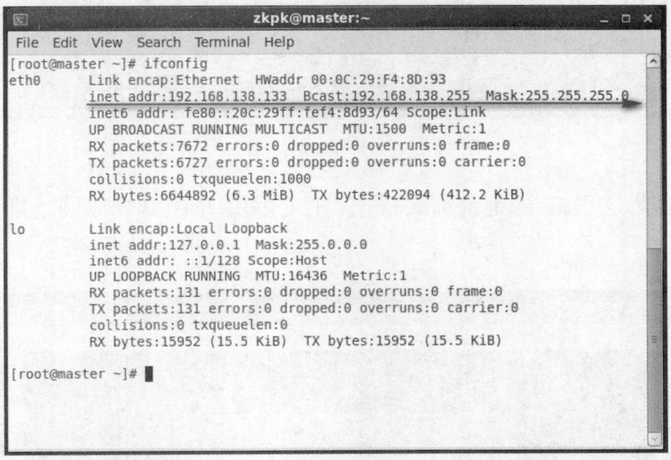

```
zkpk@master:~
File  Edit  View  Search  Terminal  Help
[root@master ~]# ifconfig
eth0      Link encap:Ethernet  HWaddr 00:0C:29:F4:8D:93
          inet addr:192.168.138.133  Bcast:192.168.138.255  Mask:255.255.255.0
          inet6 addr: fe80::20c:29ff:fef4:8d93/64 Scope:Link
          UP BROADCAST RUNNING MULTICAST  MTU:1500  Metric:1
          RX packets:7672 errors:0 dropped:0 overruns:0 frame:0
          TX packets:6727 errors:0 dropped:0 overruns:0 carrier:0
          collisions:0 txqueuelen:1000
          RX bytes:6644892 (6.3 MiB)  TX bytes:422094 (412.2 KiB)

lo        Link encap:Local Loopback
          inet addr:127.0.0.1  Mask:255.0.0.0
          inet6 addr: ::1/128 Scope:Host
          UP LOOPBACK RUNNING  MTU:16436  Metric:1
          RX packets:131 errors:0 dropped:0 overruns:0 frame:0
          TX packets:131 errors:0 dropped:0 overruns:0 carrier:0
          collisions:0 txqueuelen:0
          RX bytes:15952 (15.5 KiB)  TX bytes:15952 (15.5 KiB)

[root@master ~]#
```

图 2-48

③ 如果看到图 2-48 中红线箭头标注的部分出现，即存在内网 IP、广播地址和子网掩码，说明该节点的网络环境正常，不需要配置。否则，进行如下操作。

④ 在终端中执行 setup 命令，会出现图 2-49 所示的内容。使用光标键移动选择【Network configuration】，按回车键进入该项。

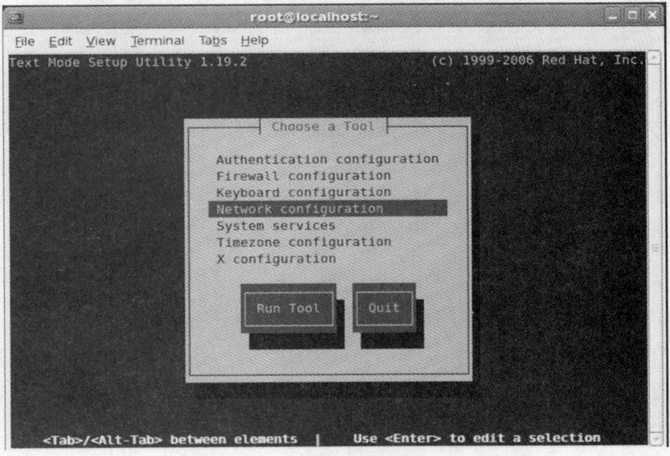

图 2-49

⑤ 使用光标键移动选择【eth0】，按回车键进入该项，如图 2-50 所示。

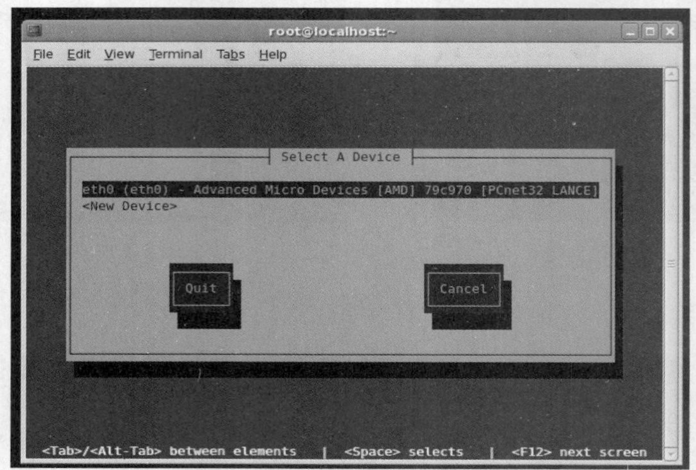

图 2-50

⑥ 输入各项内容,这里 IP 的地址需要根据自己的网络环境和局域网地址进行修改,如图 2-51 所示。

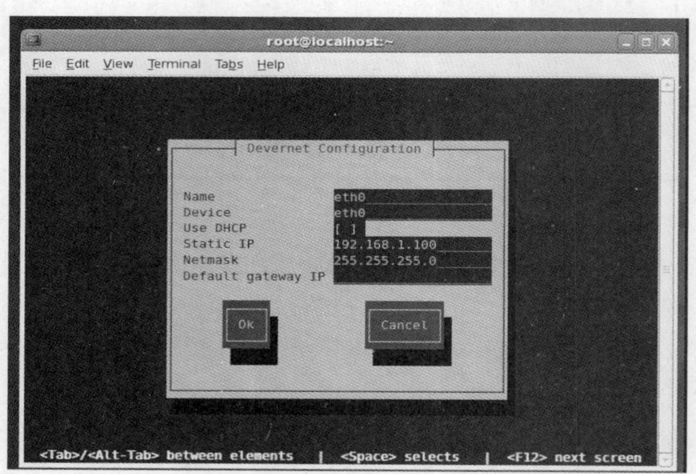

图 2-51

⑦ 修改完成后，退出操作界面，切换到 Terminal 终端，输入重启网络服务的命令：

```
/sbin/service network restart
```

检查是否修改成功，在 Terminal 终端输入：

```
ifconfig
```

如果看到图 2-52 所示的内容（IP 不一定和图 2-52 中的内容相同，根据之前的配置检验就可以），说明网络环境配置成功，请特别关注红线部分的内容。

HadoopMaster 节点的 IP 地址配置完毕后，需要继续登录 HadoopSlave 和 HadoopSlave1 节点，分别进行网络环境的配置。配置的方法与在 HadoopMaster 节点上的配置一样。

这样，在集群环境中，就可以通过 IP 地址访问到任何一台主机。

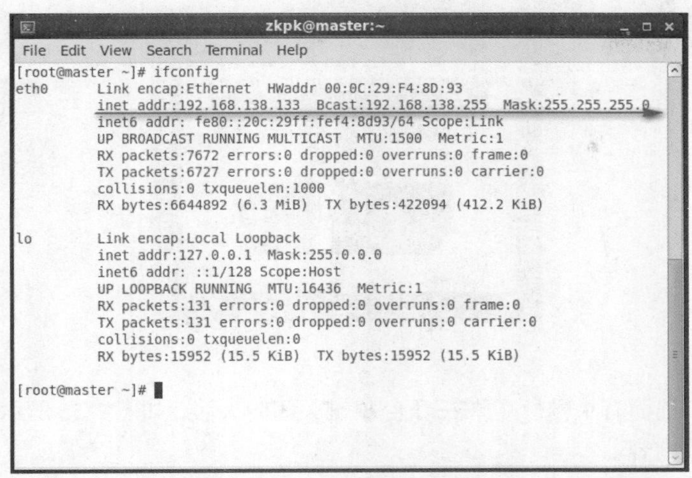

图 2-52

5. 关闭防火墙

防火墙是计算机系统中位于内部网络与外部网络之间的一道防线。任何计算机操作系统都有防火墙，它依照特定的规则，允许或限制传输的数据通过。刚刚新建的 HadoopMaster、HadoopSlave 和 HadoopSlave1 都有防火墙。那么，为什么要把它们的防火墙关闭呢？

在分布式集群环境中，每个节点的防火墙若不关闭，那么集群中节点之间就会受到防火墙的阻碍，无法进行通信。在分布式集群中，各个节点之间的通信，即数据同步，是频繁发生的，如果每个节点都有防火墙，那么势必会造成通信成本的大大增加，不利于集群的分布式存储和计算。

基于这样的原因，一般会将分布式集群环境中各个节点的防火墙全部关闭。

那么怎么解决网络安全问题？其实，在分布式集群环境中，会采用统一的集群安全管理配置，由专业的网络安全平台在外围实现防火墙的功能，这涉及分布式集群运维的问题，在这里暂不阐述。总之，若要实现分布式集群的分布式存储和计算，各个节点之间的通信和数据的同步是必须要做的，那么首先就是要将各个节点上的防火墙关闭。

关闭防火墙的操作需要在 HadoopMaster、HadoopSlave 和 HadoopSlave1 上分别执行。

① 首先在 HadoopMaster 节点上以 root 用户身份登录，打开一个 Terminal 终端，如图 2-53 所示。

图 2-53

② 在终端中执行命令 setup，会出现图 2-54 所示的内容。使用光标选择【Firewall configuration】选项，按回车键进入选项。

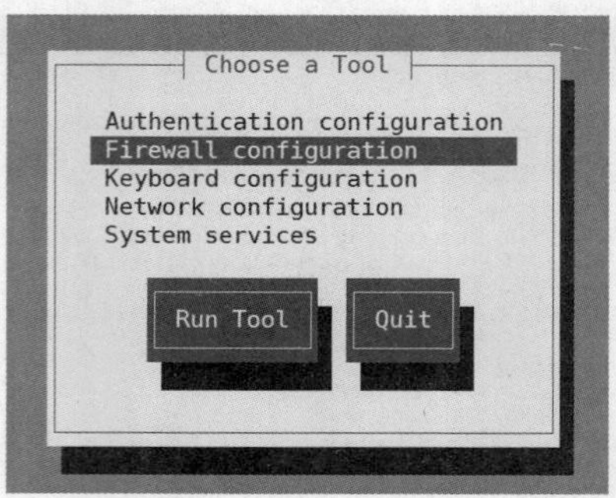

图 2-54

③ 如果该选项前面有星号*，再按一下空格键关闭防火墙，如图 2-55 所示，然后使用光标选择【OK】保存修改内容。

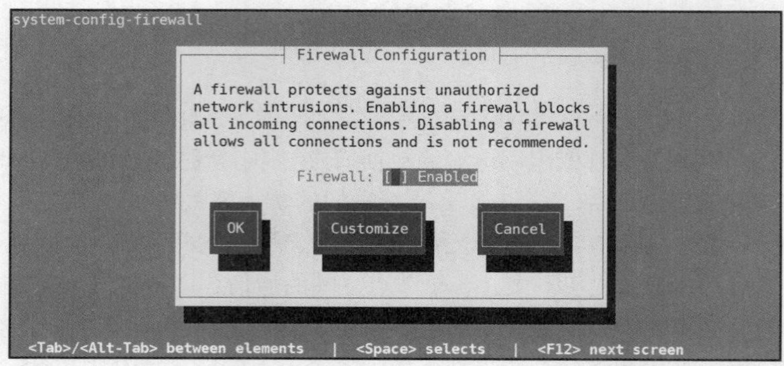

图 2-55

④ 选择【Yes】，如图 2-56 所示，此时 HadoopMaster 的防火墙就被关闭了。继续登录 HadoopSlave 和 HadoopSlave1，依照上述操作步骤将其防火墙一一关闭。

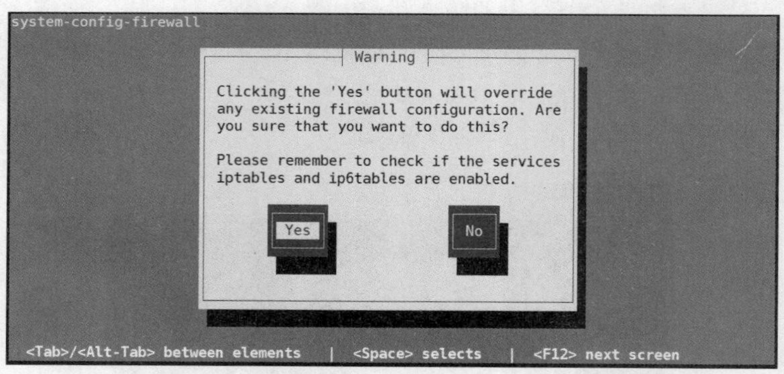

图 2-56

6. 配置 hosts 列表

配置 hosts 列表，就是配置服务器的主机列表，主机列表的作用是让集群中的每台服务器彼此之间都知道对方的主机名和 IP 地址。目前，我们的集群规模是 3 台，它们是 HadoopMaster、HadoopSlave 和 HadoopSlave1，它们之间都需要知道彼此的主机名和 IP 地址，因为在 Hadoop 分布式集群中，各服务器之间会频繁通信，做数据的同步和负载均衡。

主机 hosts 列表需要在 HadoopMaster、HadoopSlave 和 HadoopSlave1 上都进行配置。

① 首先以 root 用户身份登录 HadoopMaster 节点，如图 2-57 所示。

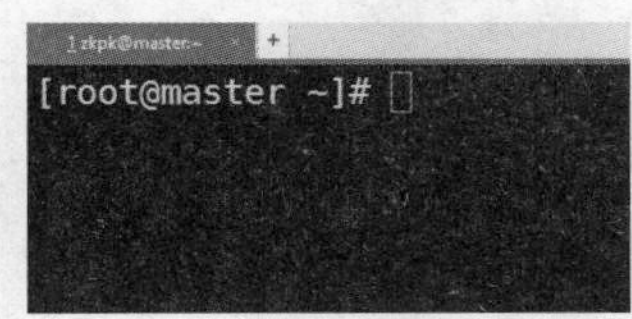

图 2-57

② 输入编辑主机名列表的命令 vim/etc/hosts，然后将下面 3 行代码添加到主机列表 /etc/hosts 文件中，如图 2-58 所示。

```
192.168.157.195 master # IP 地址和主机名
192.168.157.196 slave  # IP 地址和主机名
192.168.157.197 slave1 # IP 地址和主机名
```

```
127.0.0.1   localhost localhost.localdomain localhost4 localhost4.localdomain4
::1         localhost localhost.localdomain localhost6 localhost6.localdomain6
192.168.157.195 master
192.168.157.196 slave
192.168.157.197 slave1
~
~
```

图 2-58

③ 输入:wq 保存退出，配置完毕。

注意，这里 HadoopMaster 节点的主机名为 master，IP 地址为 192.168.157.195，在配置的时候，要根据自己机器上的 IP 地址来配置。在 Terminal 终端中输入命令 ifconfig，即可查看，如图 2-59 所示。查看 HadoopSlave 和 HadoopSlave1 节点的 IP 地址同样可使用这个方法。

```
[root@master ~]# ifconfig
eth0      Link encap:Ethernet  HWaddr 00:0C:29:7C:62:56
          inet addr:192.168.157.195  Bcast:192.168.157.255  Mask:255.255.255.0
          inet6 addr: fe80::20c:29ff:fe7c:6256/64 Scope:Link
          UP BROADCAST RUNNING MULTICAST  MTU:1500  Metric:1
          RX packets:1304 errors:0 dropped:0 overruns:0 frame:0
          TX packets:390 errors:0 dropped:0 overruns:0 carrier:0
          collisions:0 txqueuelen:1000
          RX bytes:92573 (90.4 KiB)  TX bytes:49585 (48.4 KiB)

lo        Link encap:Local Loopback
          inet addr:127.0.0.1  Mask:255.0.0.0
          inet6 addr: ::1/128 Scope:Host
          UP LOOPBACK RUNNING  MTU:16436  Metric:1
          RX packets:192 errors:0 dropped:0 overruns:0 frame:0
          TX packets:192 errors:0 dropped:0 overruns:0 carrier:0
          collisions:0 txqueuelen:0
          RX bytes:18384 (17.9 KiB)  TX bytes:18384 (17.9 KiB)
```

图 2-59

④ 验证主机 hosts 是否配置成功的命令如下：

```
ping master
ping slave
ping slave1
```

如果出现图 2-60 所示的内容，则表示配置成功。

```
[root@master ~]# vim /etc/hosts
[root@master ~]# ping master
PING master (192.168.157.195) 56(84) bytes of data.
64 bytes from master (192.168.157.195): icmp_seq=1 ttl=64 time=0.051 ms
64 bytes from master (192.168.157.195): icmp_seq=2 ttl=64 time=0.045 ms
64 bytes from master (192.168.157.195): icmp_seq=3 ttl=64 time=0.045 ms
64 bytes from master (192.168.157.195): icmp_seq=4 ttl=64 time=0.043 ms
64 bytes from master (192.168.157.195): icmp_seq=5 ttl=64 time=0.171 ms
64 bytes from master (192.168.157.195): icmp_seq=6 ttl=64 time=0.057 ms
64 bytes from master (192.168.157.195): icmp_seq=7 ttl=64 time=0.057 ms
64 bytes from master (192.168.157.195): icmp_seq=8 ttl=64 time=0.062 ms
64 bytes from master (192.168.157.195): icmp_seq=9 ttl=64 time=0.059 ms
64 bytes from master (192.168.157.195): icmp_seq=10 ttl=64 time=1.18 ms
```

图 2-60

如果出现图 2-61 所示的内容，则表示配置失败。

```
[root@master ~]# ping slave
PING slave (192.168.157.196) 56(84) bytes of data.
From master (192.168.157.195) icmp_seq=1 Destination Host Unreachable
From master (192.168.157.195) icmp_seq=2 Destination Host Unreachable
From master (192.168.157.195) icmp_seq=3 Destination Host Unreachable
From master (192.168.157.195) icmp_seq=5 Destination Host Unreachable
From master (192.168.157.195) icmp_seq=6 Destination Host Unreachable
From master (192.168.157.195) icmp_seq=7 Destination Host Unreachable
From master (192.168.157.195) icmp_seq=8 Destination Host Unreachable
From master (192.168.157.195) icmp_seq=9 Destination Host Unreachable
From master (192.168.157.195) icmp_seq=10 Destination Host Unreachable
From master (192.168.157.195) icmp_seq=11 Destination Host Unreachable
From master (192.168.157.195) icmp_seq=12 Destination Host Unreachable
From master (192.168.157.195) icmp_seq=13 Destination Host Unreachable
```

图 2-61

⑤ 至此，HadoopMaster 节点的主机 hosts 配置成功。采用上述方法登录 HadoopSlave 和 HadoopSlave1 节点，继续配置各自的主机 hosts。

HadoopSlave 节点的主机 hosts 配置文件/etc/hosts 的内容如图 2-62 所示。

```
127.0.0.1   localhost localhost.localdomain localhost4 localhost4.localdomain4
::1         localhost localhost.localdomain localhost6 localhost6.localdomain6
192.168.157.195 master
192.168.157.196 slave
192.168.157.197 slave1
~
~
~
```

图 2-62

HadoopSlave1 节点的主机 hosts 配置文件/etc/hosts 的内容如图 2-63 所示。

```
127.0.0.1   localhost localhost.localdomain localhost4 localhost4.localdomain4
::1         localhost localhost.localdomain localhost6 localhost6.localdomain6
192.168.157.195 master
192.168.157.196 slave
192.168.157.197 slave1
~
~
~
```

图 2-63

7. 安装 JDK

JDK（Java SE Development Kit）是 Java 的开发工具箱，是整个 Java 的核心，包括了 Java 运行环境、Java 工具和 Java 基础类库，JDK 是学习大数据技术的基础。我们将要搭建的 Hadoop 分布式集群的安装程序就是用 Java 语言开发出来的，所以，Hadoop 分布式集群要正常运行，需要有 Java 运行时的环境。在 Linux 操作系统的 HadoopMaster 节点中安装 JDK 的步骤如下。

① 首先通过 SSH Secure File Transfer 将 jdk-7u71-linux-x64.gz 安装程序上传到 HadoopMaster 节点的/home/ydh/目录中，如图 2-64 所示。

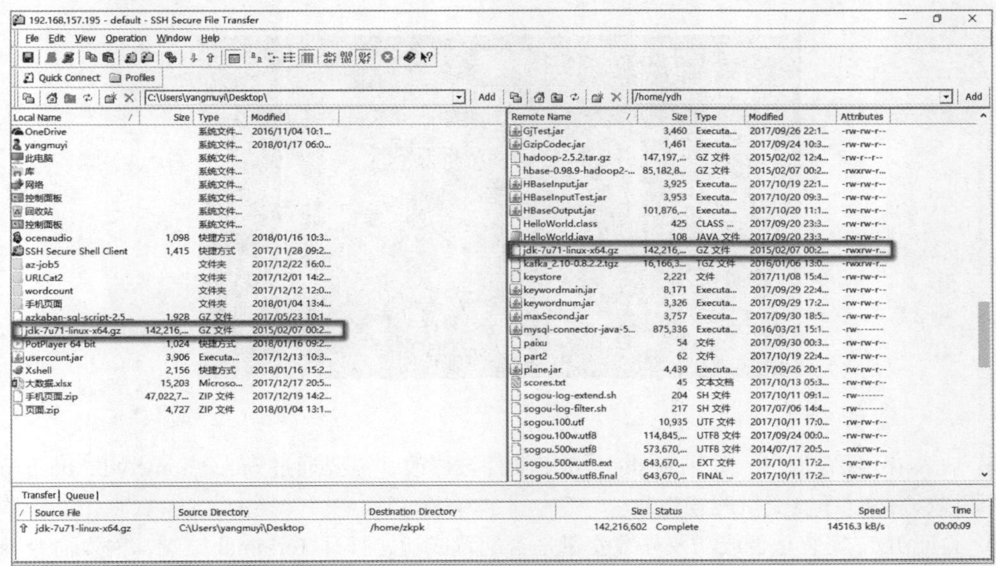

图 2-64

② 以 root 用户身份登录 HadoopMaster 节点，如图 2-65 所示。

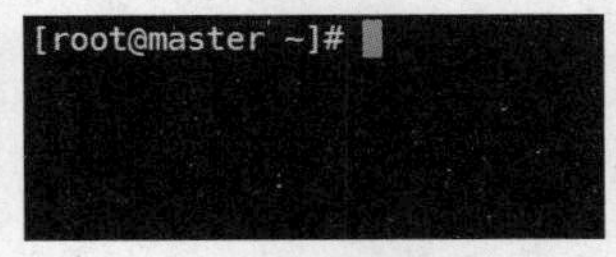

图 2-65

③ 将 jdk-7u71-linux-x64.gz 从/home/ydh 目录下复制到新建的/usr/java 目录下，进行解压安装，输入下面的命令：

```
mkdir /usr/java
cp /home/ydh/jdk-7u71-linux-x64.gz /usr/java
cd /usr/java
tar -zxvf jdk-7u71-linux-x64.gz
```

结果如图 2-66 所示。

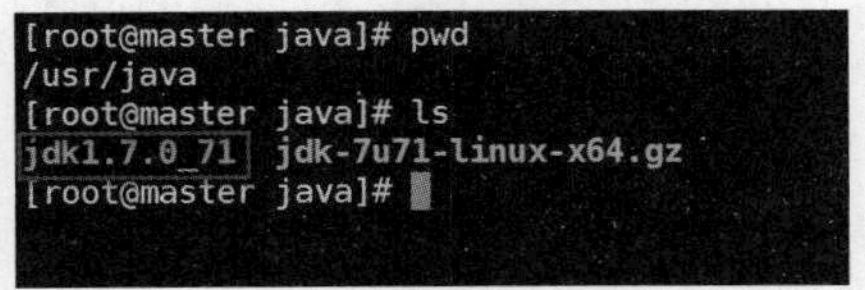

图 2-66

配置 Linux 操作系统 JDK 的 PATH 环境变量，此时需要从 root 用户切换到普通用户 ydh。因为后面我们将要在 ydh 这个用户下安装 Hadoop 集群，所以要给 ydh 这个用户配置 JDK 环境变量，这一点需要注意。安装时把 JDK 当成系统程序，是为了更多的用户可以使用 JDK。当然，目前我们是在 ydh 用户下安装 Hadoop，所以给 ydh 用户来配置 JDK 的环境变量。

④ 输入 vim /home/ydh/.bash_profile 打开 ydh 用户的系统环境变量文件/home/ydh/.bash_profile，输入下面两行内容（见图 2-67）：

```
export JAVA_HOME=/usr/java/jdk1.7.0_71
export PATH=$JAVA_HOME/bin:$PATH
```

```
# .bash_profile

# Get the aliases and functions
if [ -f ~/.bashrc ]; then
        . ~/.bashrc
fi

# User specific environment and startup programs

PATH=$PATH:$HOME/bin

export PATH

export JAVA_HOME=/usr/java/jdk1.7.0_71
export PATH=$JAVA_HOME/bin:$PATH
```

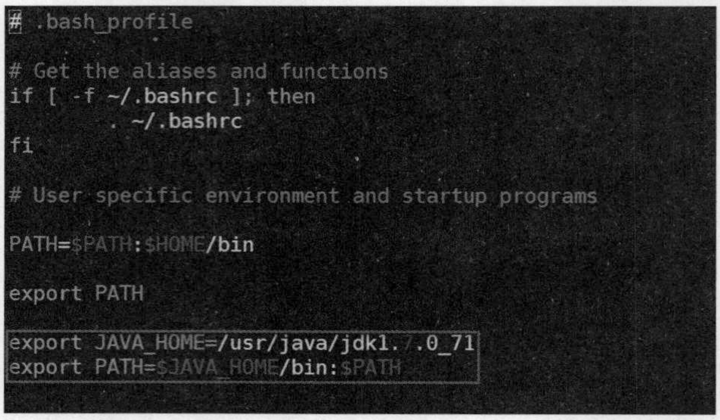

图 2-67

⑤ 输入:wq 保存退出，如果.bash_profile 文件被修改，需要通过 ource/home/ydh/.bash_profile 使命令生效，此时环境变量配置生效。

⑥ 验证 JDK 安装是否成功及环境变量是否配置成功，打开 Terminal 终端，输入命令 javac。如果出现图 2-68 所示的信息，说明 HadoopMaster 节点上 ydh 用户的 JDK 环境变量配置成功，至此 HadoopMaster 节点上 JDK 安装成功。

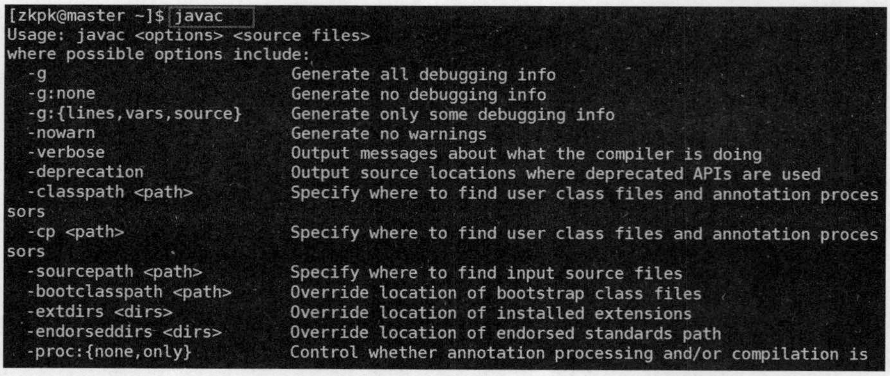

```
[zkpk@master ~]$ javac
Usage: javac <options> <source files>
where possible options include:
  -g                         Generate all debugging info
  -g:none                    Generate no debugging info
  -g:{lines,vars,source}     Generate only some debugging info
  -nowarn                    Generate no warnings
  -verbose                   Output messages about what the compiler is doing
  -deprecation               Output source locations where deprecated APIs are used
  -classpath <path>          Specify where to find user class files and annotation proces
sors
  -cp <path>                 Specify where to find user class files and annotation proces
sors
  -sourcepath <path>         Specify where to find input source files
  -bootclasspath <path>      Override location of bootstrap class files
  -extdirs <dirs>            Override location of installed extensions
  -endorseddirs <dirs>       Override location of endorsed standards path
  -proc:{none,only}          Control whether annotation processing and/or compilation is
```

图 2-68

继续登录 HadoopSlave 和 HadoopSlave1 节点，以同样的方式完成各节点上 JDK 的安装和部署。

8. 免密钥登录配置

什么是免密钥登录？为什么要配置免密钥登录？

免密钥登录是指从一台节点通过 SSH 方式登录另外一台节点时，不用输入该节点的用户名和密码，就可以直接登录进去，对其中的文件内容直接进行操作。没有任何校验和拦截。

为什么要配置免密钥登录呢？这跟 Hadoop 集群的架构有关。搭建的 Hadoop 集群是主从架构，那么，Hadoop 集群搭建成功之后，启动集群的时候，需要在主节点 HadoopMaster 上执行启动命令，主节点带动从节点，从而启动整个 Hadoop 分布式集群。那么在集群启动过程中，主节点就需要访问从节点，即 HadoopMaster 要分别访问 HadoopSlave 和 HadoopSlave1 节点。如果此时配置了 HadoopMaster 到 HadoopSlave 和 HadoopSlave1 节点的免密钥登录，集群的启动就会非常顺利，即主节点不用输入从节点的用户名和密码，就可以直接登录从节点，带动从节点启动整个集群。如果没有配置免密钥登录，那么就需要人为手动输入子节点的用户名和密码，当从节点的个数增多时，由于输入密码的延迟性，有可能集群启动失败，这就是要配置免密钥登录的原因。

接下来，就进行免密钥登录的配置。需要注意的是，配置的是 HadoopMaster 登录 HadoopSlave 和 HadoopSlave1 节点的免密钥登录，所以需要在 HadoopMaster 节点生成密钥。密钥包含两部分：公钥和私钥，公钥是开放给别人的，私钥是留给自己的。当把公钥放在某一个节点时，可以通过私钥的方式直接访问该节点。公钥和放在该节点上的私钥进行解锁，就会自动登录，无须输入任何用户名和密码。例如，我们将 HadoopMaster 节点生成的公钥文件复制到 HadoopSlave 和 HadoopSlave1 上，就可以直接通过私钥打开 HadoopSlave 和 HadoopSlave1 节点上的私钥的校验锁，进而自动登录 HadoopSlave 和 HadoopSlave1 节点。

（1）HadoopMaster 节点

① 该部分的内容需要在普通用户身份下完成，在 HadoopMaster 节点上，从 root 用户切换到 ydh 用户，输入 su ydh，在终端生成密钥，输入以下命令（见图 2-69）：

```
ssh-keygen -t rsa
```

ssh-keygen 是生成密钥的命令；-t rsa 表示使用 rsa 算法进行加密。

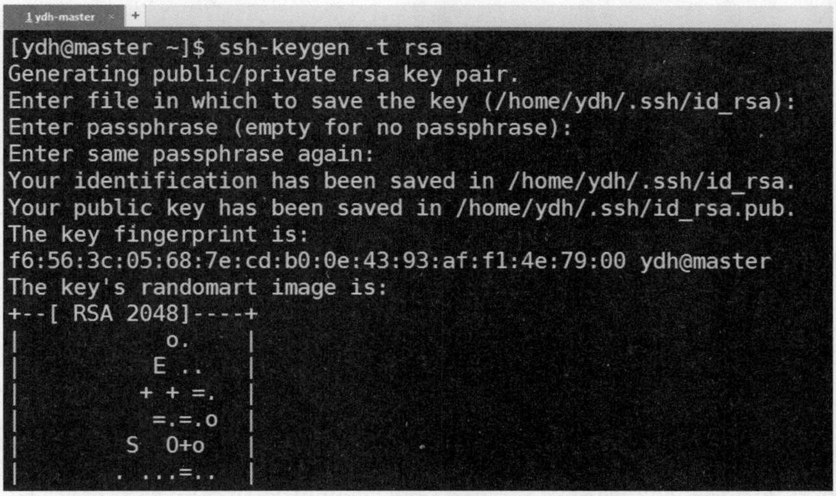

```
1 ydh-master
[ydh@master ~]$ ssh-keygen -t rsa
Generating public/private rsa key pair.
Enter file in which to save the key (/home/ydh/.ssh/id_rsa):
Enter passphrase (empty for no passphrase):
Enter same passphrase again:
Your identification has been saved in /home/ydh/.ssh/id_rsa.
Your public key has been saved in /home/ydh/.ssh/id_rsa.pub.
The key fingerprint is:
f6:56:3c:05:68:7e:cd:b0:0e:43:93:af:f1:4e:79:00 ydh@master
The key's randomart image is:
+--[ RSA 2048]----+
|          o.     |
|         E ..    |
|        + + =.   |
|         =.=.o   |
|       S  O+o    |
|      . ...=..   |
```

图 2-69

② 生成的密钥在/home/ydh/.ssh/目录下，私钥为 id_rsa，公钥为 id_rsa.pub，如图 2-70 所示。

③ 复制公钥文件到 authorized_keys 文件中，命令如下：

```
cat /home/ydh/.ssh/id_rsa.pub >> /home/ydh/.ssh/authorized_keys
```

命令如图 2-71 所示。

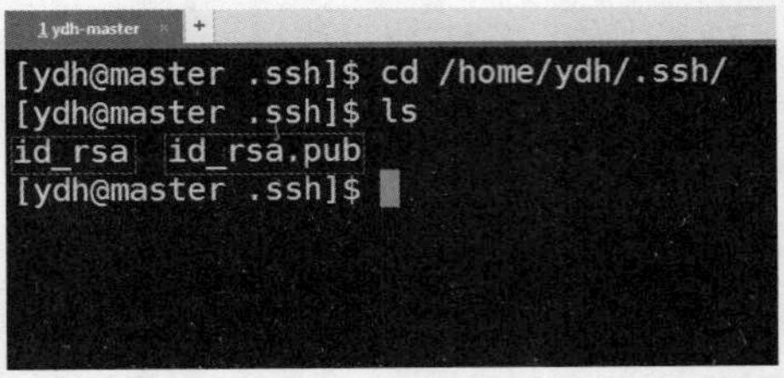

```
[ydh@master .ssh]$ cd /home/ydh/.ssh/
[ydh@master .ssh]$ ls
id_rsa  id_rsa.pub
[ydh@master .ssh]$
```

图 2-70

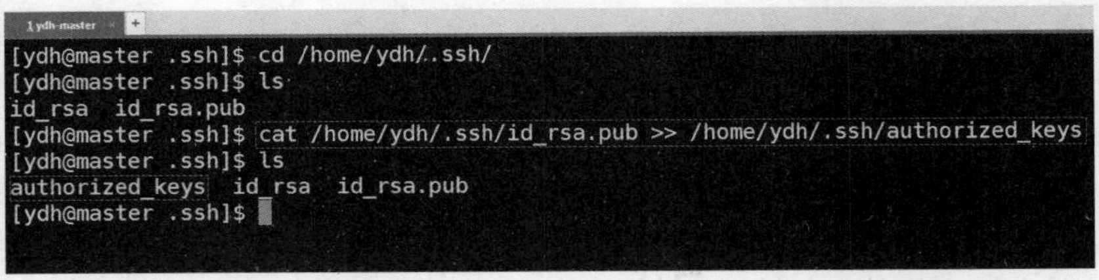

```
[ydh@master .ssh]$ cd /home/ydh/.ssh/
[ydh@master .ssh]$ ls
id_rsa  id_rsa.pub
[ydh@master .ssh]$ cat /home/ydh/.ssh/id_rsa.pub >> /home/ydh/.ssh/authorized_keys
[ydh@master .ssh]$ ls
authorized_keys  id_rsa  id_rsa.pub
[ydh@master .ssh]$
```

图 2-71

④ 修改 authorized_keys 文件的权限，只有当前用户 ydh 有权限操作 authorized_keys 文件，命令如下：

```
chmod 600 /home/ydh/.ssh/authorized_keys
```

命令如图 2-72 所示。

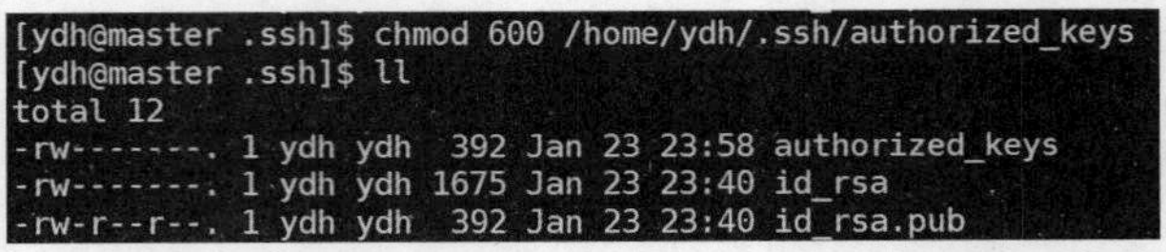

```
[ydh@master .ssh]$ chmod 600 /home/ydh/.ssh/authorized_keys
[ydh@master .ssh]$ ll
total 12
-rw-------. 1 ydh ydh  392 Jan 23 23:58 authorized_keys
-rw-------. 1 ydh ydh 1675 Jan 23 23:40 id_rsa
-rw-r--r--. 1 ydh ydh  392 Jan 23 23:40 id_rsa.pub
```

图 2-72

⑤ 将 HadoopMaster 主节点生成的 authorized_keys 公钥文件复制到 HadoopSlave 和 HadoopSlave1 从节点，命令如下：

```
scp /home/ydh/.ssh/authorized_keys ydh@slave:/home/ydh/.ssh/
scp /home/ydh/.ssh/authorized_keys ydh@slave1:/home/ydh/.ssh/
```

如果出现提示，则输入 yes 并按回车键，输入密码，这里密码是 ydh。

⑥ 此时，HadoopMaster 节点的公钥文件信息就被复制到 HadoopSlave 和 HadoopSlave1 节点上了。

（2）HadoopSlave 节点

① 以 ydh 用户身份登录 HadoopSlave 节点，进入到/home/ydh/.ssh 目录，输入以下命令：

```
cd /home/ydh/.ssh/
ll /home/ydh/.ssh/
```

此时就会看到从 HadoopMaster 节点复制过来的 authorized_keys 文件在当前目录下。

② 修改 authorized_keys 文件的权限为当前用户可读可写，输入以下命令：

```
chmod 600 /home/ydh/.ssh/authorized_keys
```

③ 此时，在 HadoopSlave 节点上就存放了 HadoopMaster 节点的公钥，那么 HadoopMaster 节点就可以以 SSH 方式直接登录 HadoopSlave 节点。

（3）HadoopSlave1 节点

① 以 ydh 用户身份登录 HadoopSlave1 节点，进入到/home/ydh/.ssh 目录，输入以下命令：

```
cd /home/ydh/.ssh/
ll /home/ydh/.ssh/
```

此时就会看到从 HadoopMaster 节点复制过来的 authorized_keys 文件在当前目录下。

② 修改 authorized_keys 文件的权限为当前用户可读可写，输入以下命令：

```
chmod 600 /home/ydh/.ssh/authorized_keys
```

③ 此时，在 HadoopSlave1 节点上就存放了 HadoopMaster 节点的公钥，那么 HadoopMaster 节点就可以以 SSH 的方式直接登录 HadoopSlave1 节点。

（4）验证免密钥登录

在 HadoopMaster 节点的 Terminal 终端上输入以下命令验证免密钥登录，如图 2-73 和图 2-74 所示。

```
ssh slave
```

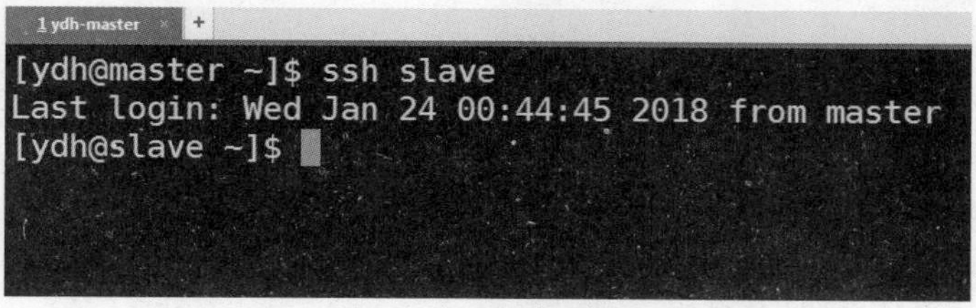

```
[ydh@master ~]$ ssh slave
Last login: Wed Jan 24 00:44:45 2018 from master
[ydh@slave ~]$
```

图 2-73

```
ssh slave1
```

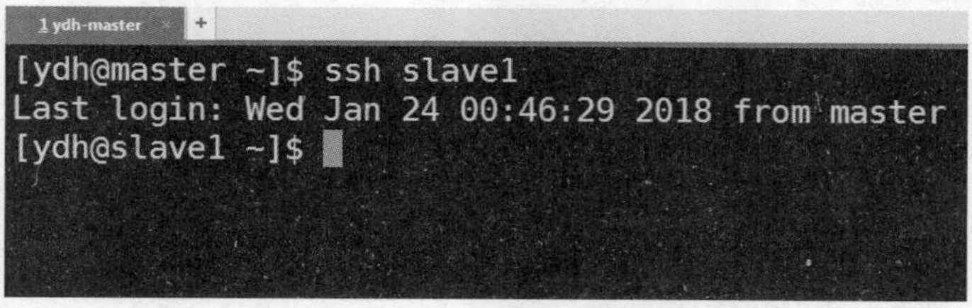

```
[ydh@master ~]$ ssh slave1
Last login: Wed Jan 24 00:46:29 2018 from master
[ydh@slave1 ~]$
```

图 2-74

至此，从 HadoopMaster 到 HadoopSlave、HadoopSlave1 节点的免密钥登录配置就成功了。

2.4　Hadoop 的配置部署

经过之前的操作，我们已经完成了 3 台服务器 HadoopMaster、HadoopSlave 和 HadoopSlave1 的创建和搭建以及集群所要求的系统配置。接下来，将学习在这 3 台服务器上搭建 Hadoop 分布式集群。

本部分的安装部署都是在普通用户身份下完成的，下面所有的操作都使用 ydh 用户，切换 ydh 用户的命令是：

```
su ydh
```

Hadoop 集群搭建时，每个节点上的 Hadoop 配置都基本相同，所以只需要在 HadoopMaster 节点操作，配置完成之后复制到 HadoopSlave 和 HadoopSlave1 节点上就可以了。

1. 解压 Hadoop 安装文件

首先，将 Hadoop 安装文件通过 SSH 工具上传到 HadoopMaster 节点 ydh 用户的主目录下。进入 ydh 用户主目录，输入以下命令进行解压：

```
tar -zxvf hadoop-2.5.2.tar.gz
cd hadoop-2.5.2
ls -l
```

2. 配置环境变量 hadoop-env.sh

① 输入以下命令，打开 Hadoop 的环境变量文件，只需要配置 JDK 的路径。

```
vim /home/ydh/Hadoop-2.5.2/etc/hadoop/hadoop-env.sh
```

② 在文件靠前的部分找到以下代码：

```
export JAVA_HOME=${JAVA_HOME}
```

③ 将这行代码修改为：

```
export JAVA_HOME=/usr/java/jdk1.7.0_71
```

④ 保存文件，Hadoop 的环境变量 hadoop-env.sh 配置成功，此时 Hadoop 具备了运行时的环境。

3. 配置环境变量 yarn-env.sh

关于 YARN，我们将会在后面章节详细介绍，在此，我们先简单了解一下即可。YARN 是 Hadoop 1.0 升级到 Hadoop 2.0 时新加的一个功能模块，它主要负责管理 Hadoop 集群的资源。这个模块也是用 Java 语言开发出来的，所以也要配置其运行时的环境变量 JDK。

① 输入以下命令，打开 Hadoop 的 YARN 模块的环境变量文件 yarn-env.sh，只需要配置 JDK 的路径。

```
vim /home/ydh/Hadoop-2.5.2/etc/hadoop/yarn-env.sh
```

② 在文件靠前的部分找到以下代码：

```
#export JAVA_HOME=/home/y/libexec/jdk1.6.0/
```

③ 将这行代码修改为：

```
export JAVA_HOME=/usr/java/jdk1.7.0_71
```

④ 保存文件，Hadoop 的 YARN 的环境变量 yarn-env.sh 配置成功。此时，Hadoop 的 YARN 模块具备了运行时的环境。

4. 配置核心组件 core-site.xml

这个 xml 文件是 Hadoop 集群的核心配置，是关于集群中分布式文件系统的入口地址和分布式文件系统中数据落地到服务器本地磁盘位置的配置。

分布式文件系统（Hadoop Distributed FileSystem，HDFS）是集群中分布式存储文件的核心系统，将在后面章节详细介绍，其入口地址决定了 Hadoop 集群架构的主节点，其值为 hdfs://master:9000，协议为 hdfs，主机为 master，即 HadoopMaster 节点，端口号为 9000。故而，我们将 HadoopMaster 节点称为集群架构中的主节点。

① 输入下面的命令打开 Hadoop 的核心配置文件 core-site.xml。

```
vim /home/ydh/Hadoop-2.5.2/etc/hadoop/core-site.xml
```

② 使用下面的代码替换 core-site.xml 文件中的内容。

```
<?xml version="1.0" encoding="UTF-8"?>
<?xml-stylesheet type="text/xsl" href="configuration.xsl"?>
<!-- Put site-specific property overrides in this file. -->
<configuration>
        <!--HDFS 文件系统的入口地址信息-->
```

```
        <property>
                <name>fs.defaultFS</name>
                <value>hdfs://master:9000</value>
        </property>
        <!--HDFS 文件系统数据落地到本地磁盘的路径信息，/home/zkpk/hadoopdata 该目录需要单独创建，后面将在启动 hadoop 集群时统一创建 -->
        <property>
                <name>hadoop.tmp.dir</name>
                <value>/home/zkpk/hadoopdata</value>
        </property>
</configuration>
```

③ 至此，Hadoop 集群的核心配置完成。

5. 配置文件系统 hdfs-site.xml

前面介绍了 HDFS 分布式文件系统的入口地址配置信息，现在介绍 HDFS 文件系统属性配置。这里的属性指 HDFS 文件系统的数据块副本。数据块副本这个概念关系到 HDFS 文件系统存储数据的机制。其实在任何一个文件系统中，比如 Linux 文件系统或者 Windows 文件系统中，都有数据块的概念，它是文件系统存储数据的基本单位。

在 HDFS 分布式文件系统中也有数据块的概念，它就是 HDFS 文件系统存储数据的基本单位。只是这个数据块比普通的文件系统的数据块要大得多，HDFS 文件系统的数据块的大小为 128MB。

在分布式的文件系统中，由于集群规模很大，所以集群中会频繁出现节点宕机的问题，例如，现在的集群规模是 HadooopMaster、HadoopSlave 和 HadoopSlave1，如果 slave 或者 slave1 突然宕机了，那么其上存储的数据就会丢失。所以在分布式的文件系统中，可通过数据块副本冗余的方式来保证数据的安全性，即对于同一块数据，会在 HadoopSlave 和 HadoopSlave1 节点上各保存一份。这样，即使 HadoopSlave 节点宕机导致数据块副本丢失，HadoopSlave1 节点上的数据块副本还在，就不会造成数据的丢失。

所以，配置文件 hdfs-site.xml 有一个属性，就是用来配置数据块副本个数的。在生产环境中，配置数是 3，也就是同一份数据会在分布式文件系统中保存 3 份，即它的冗余度为 3。也就是说，至少需要 3 台从节点来存储这 3 份数据块副本。为什么是从节点呢？因为在 Hadoop 集群中，主节点是不存储数据副本的，数据的副本都存储在从节点上，由于现在集群的规模是 3 台服务器，其中从节点只有两台，所以这里只能配置成 1 或者 2。

① 输入以下命令，打开 hdfs-site.xml 配置文件。

```
vim /home/ydh/hadoop-2.5.2/etc/hadoop/hdfs-site.xml
```

② 用下面的代码替换 hdfs-site.xml 中的内容。

```
<?xml version="1.0" encoding="UTF-8"?>
<?xml-stylesheet type="text/xsl" href="configuration.xsl"?>

<!-- Put site-specific property overrides in this file. -->

<configuration>
   <property>
      <!--配置数据块的副因子（即副本数）为 2-->
      <name>dfs.replication</name>
      <value>2</value>
   </property>
</configuration>
```

③ 至此，Hadoop 集群 HDFS 分布式文件系统的数据块副本配置完成。

6. 配置 YARN 资源系统 yarn-site.xml

YARN 的全称是 Yet Another Resource Negotiator，即另一种资源协调者，那么它是如何协调管理整个集群资源的呢？我们将在下面的配置文件中对 YARN 进行配置。

YARN 也是主从架构，运行在主节点上的守护进程是 ResourceManager，负责整个集群资源的管理协调；运行在从节点上的守护进程是 NodeManager，负责从节点本地的资源管理协调。

每隔 3 秒，NodeManager 就会把它自己管理的本地服务器上的资源使用情况以数据包的形式发送给主节点上的守护进程 ResourceManager，这样，ResourceManager 就可以随时知道所有从节点上的资源使用情况，这个机制叫“心跳”。当“心跳”回来的时候，ResourceManager 就会根据各个从节点资源的使用情况，把相应的任务分配下去。“心跳”回来时，携带了 ResourceManager 分配给各个从节点的任务信息，从节点 NodeManager 就会处理主节点 ResourceManager 分配下来的任务，这就是 YARN 的基本工作原理。

客户端向整个集群发起具体的计算任务，然后 ResourceManager 获得具体的任务信息，所以 ResourceManager 是接受和处理客户端请求的入口。

Hadoop 集群有两大核心模块：一个是 HDFS 分布式文件系统；另一个是分布式并行计算框架 MapReduce，简称 MR。

MR 在运行一个计算任务的时候需要集群的内存和 CPU 的资源，这时候 MR 就会向 ResourceManager 申请计算所需要的集群的资源。

明白了以上 YARN 的基本工作原理，即可开始配置 yarn-site.xml 中的配置项。

① 使用以下命令打开 yarn-site.xml 配置文件。

```
vim /home/ydh/hadoop-2.5.2/etc/hadoop/yarn-site.xml
```

② 用下面的代码替换 yarn-site.xml 中的内容。

```
<?xml version="1.0"?>
<configuration>
    <!-- yarn.nodemanager.aux-services 是 NodeManager 上运行的附属服务，其值需要配置成
mapreduce_shuffle，才可以运行 MapReduce 程序-->
     <property>
        <name>yarn.nodemanager.aux-services</name>
        <value>mapreduce_shuffle</value>
     </property>

    <!-- yarn.resourcemanager.address 是 ResourceManager 对客户端暴露的访问地址，客户端通过
该地址向 ResourceManager 提交或结束 MapReduce 应用程序-->
     <property>
         <name>yarn.resourcemanager.address</name>
         <value>master:18040</value>
     </property>

    <!-- yarn.resourcemanager.scheduler.address 是 ResourceManager 对 ApplicationMaster
（客户端将 MapReduce 应用程序提交到集群中，ResourceManager 接受客户端应用程序的提交后，将该应用程序分配
给某一个 NodeManager，对该 MapReduce 应用程序进行初始化，进而产生一个应用程序初始化 Java 对象，将这个
Java 对象称为 ApplicationMaster）暴露的访问地址，ApplicationMaster 通过该地址向 ResourceManager
申请 MapReduce 应用程序在运行过程中所需要的资源，以及程序运行结束后对使用资源的释放等-->
     <property>
         <name>yarn.resourcemanager.scheduler.address</name>
```

```
        <value>master:18030</value>
    </property>

    <!-- yarn.resourcemanager.resource-tracker.address 是 ResourceManager 对
NodeManager 暴露的访问地址，NodeManager 通过该地址向 ResourceManager 发送心跳数据，汇报资源使用情况
以及领取 ResourceManager 将要分配给自己的任务等-->
    <property>
        <name>yarn.resourcemanager.resource-tracker.address</name>
        <value>master:18025</value>
    </property>

    <!-- yarn.resourcemanager.admin.address 是 ResourceManager 对管理员 admin 暴露的访问地
址，管理员可通过该地址向 ResourceManager 发送管理命令等-->
    <property>
        <name>yarn.resourcemanager.admin.address</name>
        <value>master:18141</value>
    </property>

    <!-- yarn.resourcemanager.webapp.address 是 ResourceManager YARN 平台提供用户查看正
在运行的 MapReduce 程序的进度和状态的 WEB UI 系统的访问地址，可通过该地址在浏览器中查看应用程序的运行状
态信息 -->
    <property>
        <name>yarn.resourcemanager.webapp.address</name>
        <value>master:18088</value>
</property>
```

7. 配置计算框架 mapred–site.xml

前面在配置 YARN 的时候，它主要负责分布式集群的资源管理。此时，将 Hadoop MapReduce 分布式并行计算框架在运行中所需要的内存、CPU 等资源交给 YARN 来协调和分配，通过对 mapred-site.xml 配置文件的修改来完成这个配置。

① 通过以下命令打开 mapred-site.xml 配置文件。

```
vim /home/ydh/hadoop-2.5.2/etc/hadoop/mapred-site.xml
```

② 用下面的代码替换 mapred-site.xml 中的内容：

```
<?xml version="1.0"?>
<?xml-stylesheet type="text/xsl" href="configuration.xsl"?>
<configuration>
    <!–MapReduce 计算框架的资源交给 YARN 来管理-->
    <property>
        <name>mapreduce.framework.name</name>
        <value>yarn</value>
    </property>
</configuration>
```

（1）在 HadoopMaster 节点配置 slaves

主节点的角色 HadoopMaster 已在配置 HDFS 分布式文件系统的入口地址时进行了配置说明，从节点的角色也需要配置，此时，slaves 文件就是用来配置 Hadoop 集群中各个从节点角色的。

① 使用以下命令打开 slaves 配置文件。

```
vim /home/ydh/hadoop-2.5.2/etc/hadoop/slaves
```

② 用下面的内容替换 slaves 文件中的内容：

```
slave
slave1
```

（2）复制到从节点

在 Hadoop 集群中，每个节点上的配置和安装的应用都是一样的，这是分布式集群的特性，所以，此时我们已经在 HadoopMaster 节点上安装了 Hadoop-2.5.2 的应用，只需要将此应用复制到各个从节点（即 HadoopSlave 节点和 HadoopSlave1 节点）即可。

使用下面的命令将已经配置完成的 Hadoop 复制到从节点 HadoopSlave 和 HadoopSlave1 上。

```
scp -r /home/ydh/hadoop-2.5.2 ydh@slave:~/
scp -r /home/ydh/hadoop-2.5.2 ydh@slave1:~/
```

以上我们完成了 HadoopMaster、HadoopSlave 和 HadoopSlave1 的 Hadoop 安装部署，接下来就让我们一起见证 Hadoop 集群的启动时刻吧！

8. 配置 Hadoop 启动的系统环境变量

Hadoop 集群需要通过/home/ydh/hadoop-2.5.2/sbin/start-all.sh 脚本启动，如果每次都要进入这个目录下启动，非常麻烦，所以和 JDK 的配置环境变量一样，也要配置一个 Hadoop 集群的启动环境变量 PATH。

① 此配置需要同时在 HadoopMaster、HadoopSlave 和 HadoopSlave1 上进行操作，操作命令如下：

```
vim /home/ydh/.bash_profile
```

② 将下面的代码追加到.bash_profile 文件的末尾：

```
#Hadoop Path configuration
export HADOOP_HOME=/home/ydh/hadoop-2.5.2
export PATH=$HADOOP_HOME/bin:$HADOOP_HOME/sbin:$PATH
```

③ 输入:wq 保存退出，并执行生效命令：

```
source /home/ydh/.bash_profile
```

④ 登录 HadoopSlave 和 HadoopSlave1 节点，依照上述配置方法，配置 Hadoop 启动环境变量。

9. 创建数据目录

创建数据目录指的是什么？还记得 Hadoop 核心配置文件 core-site.xml 里的内容吗？配置 Hadoop 集群 HDFS 分布式文件系统的入口地址 hdfs://master:9000，以及 HDFS 分布式文件系统存储数据最终落地到各个数据节点上的本地磁盘位置信息/home/ydh/hadoopdata，该目录是需要自己创建的。

所以，要在 HadoopMaster、HadoopSlave 和 HadoopSlave1 上分别创建数据目录/home/ydh/hadoopdata。

① 在 HadoopMaster 节点的主目录下输入以下命令创建数据目录：

```
mkdir /home/ydh/hadoopdata
```

② 登录 HadoopSlave 和 HadoopSlave1 节点的主目录，输入同样的命令来创建数据目录。

10. 启动 Hadoop 集群

（1）格式化文件系统

Hadoop 集群包含两个基本模块：分布式文件系统 HDFS 和分布式并行计算框架 MapReduce。启动集群时，首先要做的就是在 HadoopMaster 节点上格式化分布式文件系统 HDFS：

```
hdfs namenode -format
```

输入命令如图 2-75 所示。

图 2-75

（2）启动 Hadoop

HDFS 分布式文件格式化成功之后，就可以输入启动命令来启动 Hadoop 集群了。Hadoop 是主从架构，启动时由主节点带动从节点，所以启动集群的操作需要在主节点 HadoopMaster 完成，命令如下：

```
cd /home/ydh/hadoop-2.5.2
sbin/start-all.sh
```

执行命令后，在提示处输入 yes。

（3）查看进程是否启动

在 HadoopMaster 的 Terminal 终端执行 jps 命令，在打印结果中会看到 4 个进程，分别是 ResourceManager、Jps、NameNode 和 SecondaryNameNode，如图 2-76 所示。如果出现了这 4 个进程，就表示主节点进程启动成功。

```
8363 Jps
8083 ResourceManager
7930 SecondaryNameNode
7751 NameNode
```

图 2-76

在 HadoopSlave 的终端执行 jps 命令，在打印结果中会看到 3 个进程，分别是 NodeManager、DataNode 和 Jps，如图 2-77 所示。如果出现了这 3 个进程，就表示从节点进程启动成功。

```
6160 Jps
5901 DataNode
6004 NodeManager
```

图 2-77

在 HadoopSlave1 的终端执行 jps 命令，在打印结果中会看到 3 个进程，分别是 NodeManager、DataNode 和 Jps，如图 2-78 所示。如果出现了这 3 个进程，就表示从节点进程启动成功。

```
6167 DataNode
6426 Jps
6270 NodeManager
```

图 2-78

（4）Web UI 查看集群是否成功启动

在 HadoopMaster 上启动 Firefox 浏览器，在浏览器地址栏中输入 http://master:50070/，检查 NameNode 和 DataNode 是否正常，UI 页面如图 2-79 所示。

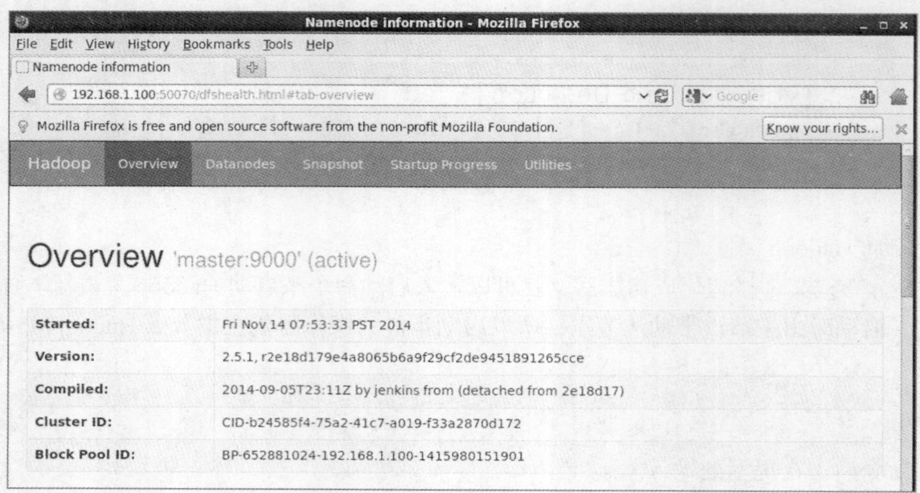

图 2-79

在 HadoopMaster 上启动 Firefox 浏览器，在浏览器地址栏中输入 http://master:18088/，检查 YARN 是否正常，页面如图 2-80 所示。

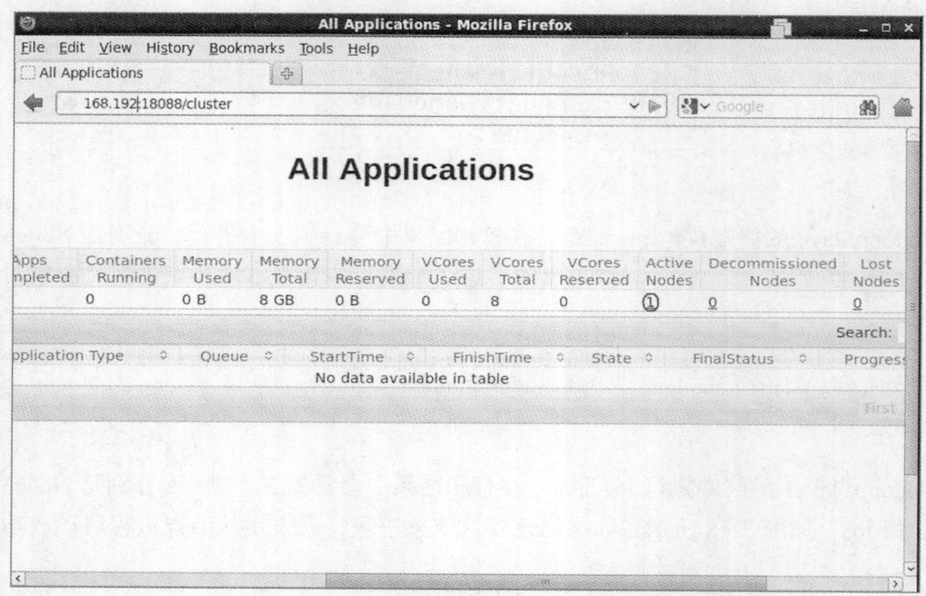

图 2-80

（5）运行 PI 实例检查集群是否启动成功

在 HadoopMaster 节点上，进入 hadoop 安装主目录，执行下面的命令，会看到图 2-81 所示的执行结果。

```
cd hadoop-2.5.2/share/hadoop/mapreduce/
hadoop jar hadoop-mapreduce-examples-2.5.1.jar pi 10 10
```

最后输出为：

```
Estimated value of Pi is 3.20000000000000000000
```

如果以上验证步骤都没有问题，说明 Hadoop 集群已正常启动。

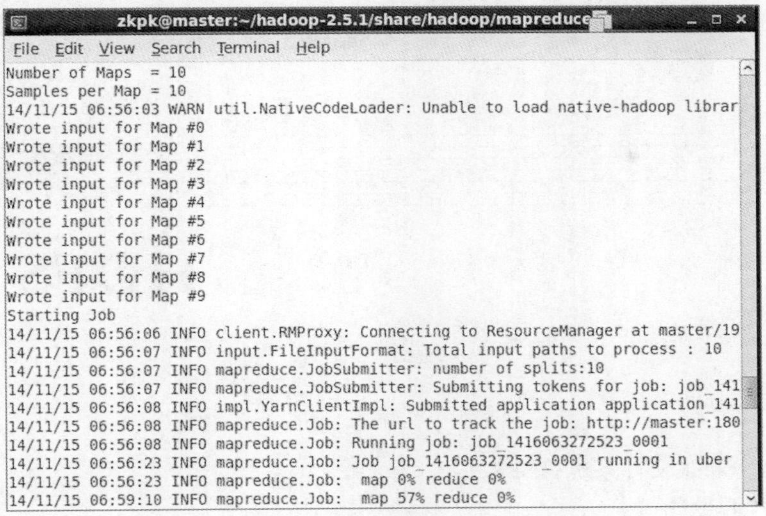

```
zkpk@master:~/hadoop-2.5.1/share/hadoop/mapreduce
File Edit View Search Terminal Help
Number of Maps  = 10
Samples per Map = 10
14/11/15 06:56:03 WARN util.NativeCodeLoader: Unable to load native-hadoop librar
Wrote input for Map #0
Wrote input for Map #1
Wrote input for Map #2
Wrote input for Map #3
Wrote input for Map #4
Wrote input for Map #5
Wrote input for Map #6
Wrote input for Map #7
Wrote input for Map #8
Wrote input for Map #9
Starting Job
14/11/15 06:56:06 INFO client.RMProxy: Connecting to ResourceManager at master/19
14/11/15 06:56:07 INFO input.FileInputFormat: Total input paths to process : 10
14/11/15 06:56:07 INFO mapreduce.JobSubmitter: number of splits:10
14/11/15 06:56:07 INFO mapreduce.JobSubmitter: Submitting tokens for job: job_141
14/11/15 06:56:08 INFO impl.YarnClientImpl: Submitted application application_141
14/11/15 06:56:08 INFO mapreduce.Job: The url to track the job: http://master:180
14/11/15 06:56:08 INFO mapreduce.Job: Running job: job_1416063272523_0001
14/11/15 06:56:23 INFO mapreduce.Job: Job job_1416063272523_0001 running in uber
14/11/15 06:56:23 INFO mapreduce.Job:  map 0% reduce 0%
14/11/15 06:59:10 INFO mapreduce.Job:  map 57% reduce 0%
```

图 2-81

本章总结

本章主要介绍了 Hadoop 分布式集群的搭建，从 Linux 服务的配置到 Hadoop 集群的配置，以及各个配置项的含义，都进行了详细的介绍。随后，通过运行分布式计算应用程序来测试分布式环境的应用。熟练掌握 Hadoop 集群的搭建和各个步骤的含义是本章的学习重点，务必熟练掌握。

本章习题

1. 为什么要关闭 Linux 服务器的防火墙？
2. 为什么要进行 Linux 服务器之间的时钟同步？
3. 简述 YARN 与 HDFS 之间的关系。

第 3 章 HDFS 入门

本章要点

- Hadoop 分布式文件系统 HDFS
- HDFS 核心设计
- HDFS 体系结构

从官方网站上可以看到，Hadoop 主要包含 5 个方面的内容：Hadoop 分布式文件系统、分布式并行计算框架 MapReduce、HDFS 接口、HDFS 运行机制，以及 Hadoop 的 I/O 操作。

本章将围绕 HDFS 分布式文件系统展开，重点介绍 HDFS 分布式文件系统的基本概念、核心设计和体系结构。

3.1 Hadoop 分布式文件系统 HDFS

Hadoop 分布式文件系统（Hadoop Distributed File System，HDFS）类似于 Windows、Linux 文件系统，只不过 Hadoop 文件系统的存储容量、存储性能及组织架构与 Windows、Linux 系统的截然不同，可以说 Hadoop 的文件系统是一个打破了传统思维方式的文件系统。本节将从 HDFS 的基础知识、优劣势及特性 3 方面进行详细讲解。

3.1.1 认识 HDFS

当单台服务器的存储容量和计算性能已经无法处理超大文件时，分布式文件系统应运而生。为了存储超大文件，可将文件切分成很多“块”，将这些“块”均匀地存储在多台服务器上，然后，通过一套系统来维护这些文件数据块。当用户需要访问这些超大文件时，该系统将后台多个服务器上存储的“块”进行临时拼装，并返回给统一的客户端，用户就像操作一台计算机一样，自然地访问该超大文件。这套系统就是“分布式文件系统”。

HDFS 是基于流式数据访问模式，为处理超大文件的需求而设计的。流式数据访问模式的关键是流式数据，所谓“流式数据”就是将数据序列化为字节流，如同将冰融化成水，类似于 Java 语言中对象的序列化接口，即 Java.io.Serializable。

HDFS 中存放的数据一定是流式数据，是可序列化和反序列化的数据。HDFS 是不支持存储和访问非序列化的数据的。在企业生产环境中，绝大多数数据都是流式数据，都是可序列化和反序列化的。HDFS 也有自己的序列化工具，这将在第 6 章中介绍。

当 HDFS 设计为流式数据访问模式时，就可以将超大文件序列化为字节的序列或者字节数组来存储，这样不会破坏文件的结构和内容。另外，超大规模的文件本身就已经超越了任何一台普通服务器的存储空间，为了能够把它存储下来，需要通过集群中的多台服务器同时存储，这时就要将文件序列化为字节的序列，然后按照字节的顺序进行切分之后分布式地存储在各个服务器上。若要将一个大的文件进行切分，该文件必须支持序列化（即流化）；若要存储在文件系统中，该文件系统必须是流式数据访问模式的。

HDFS 适合应用在大规模的数据集上。大规模的数据以分布式的方式均匀存储在集群中的各个服务器上，然后分布式并行计算框架 MapReduce 就可以利用各个服务器的本地计算资源（如内存、CPU 等），在本地服务器上对大规模数据集的一个子集数据进行计算。分布式计算框架的基本工作原理如图 3-1 所示。

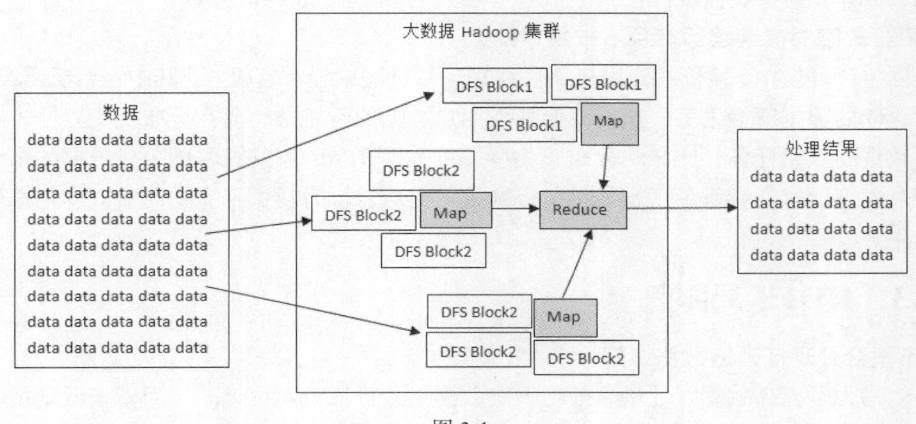

图 3-1

3.1.2 HDFS 的优势

1. 处理超大文件

HDFS 可以处理超大文件，存储管理 PB 级别的数据。

2. 处理非结构化数据

数据分为结构化的数据、半结构化的数据和非结构化数据 3 种。

结构化的数据指传统的数据库或者数据仓库中以表的方式存储的数据，有行有列，组织得非常有条理，可以通过 SQL 直接查询；半结构化的数据指人们经常写的 Word、PPT 等文档类的数据；非结构化的数据指视频、音频和图片等数据。

3. 流式数据访问模式

流式数据访问模式的工作原理是一次写入，多次读取。一次写入，指一个超大文件是一次性写入 HDFS，并且写完之后就不允许再对其进行修改。假如要对已经写入 HDFS 的文件进行修改，就需要将文件从 HDFS 中下载到本地文件系统，进行修改后再一次性写入 HDFS。

对一个超大文件的一小部分进行修改，意义实属不大，所以在实际生产环境中这样的需求也不多。对超大文件的修改从生产业务角度来考虑，其意义很小，几乎可以忽略。

当把超大文件存储到 HDFS 之后，基于实际业务的需求，要频繁地读取这些数据，分析和挖掘其潜在的商业价值。例如，一个电商平台每时每刻都有订单生成，有的用户在注册，有的用户在浏览商品等，这些实际的业务都在时刻产生着各自的业务数据，这些数据会被存储到大数据平台 HDFS 中。有了这些数据，就可以进行用户画像、用户分群、用户购买行为习惯分析，从而进行精准化营销。这些业务需求的实现离不开数据的支撑，需要频繁访问这些电商数据，对其进行各个维度的分析和汇总，所以，多次读取的需求就再明显不过了。

HDFS 一次写入多次读取的访问模式设计，跟实际业务的需求是紧密联系在一起的，它屏蔽了频繁的修改且提供了高效的多次读取，堪称 HDFS 的一大优势。

4. 运行于廉价的商用机器集群

在实际生产环境中，HDFS 可运行于廉价的商用机器集群。例如，一台廉价的 x86 商用高配服务器的价格在 5 万 ~ 10 万元，其基本配置是两颗 CPU（即双路四核），64GB 内存，搭载 16 块硬盘，总存储量 32TB，此服务器与几十万元的高性能商用服务器在存储空间容量上几乎一样。由此可见，HDFS 为企业在硬件投入上节省了巨大的成本。

5. 发生故障时能继续运行且不被用户察觉

在实际生产环境中，廉价的商用机器往往在运行过程中经常宕机，若其中一台机器突然宕机，则其上所存储的数据就会丢失，这样就会造成用户数据的不完整。而在分布式集群中，各个节点都承担了数据的存储任务，HDFS 分布式集群通过数据冗余的方式，将同一份数据的多个副本存储在多个节点上，这样就避免了当某一节点的机器突然宕机时数据不完整而造成客户端访问中断的情况发生。

3.1.3 HDFS 局限性

1. 不适合处理低延迟数据访问

HDFS 是为了提高数据吞吐量来处理大型数据集分析任务而设计的，而对于低延迟时的访问需求，HBase 是更好的选择。关于 HBase 的内容将会在后续章节中介绍。

什么是低延迟数据访问呢？比如关系型数据库（RDBMS）可以支持对数据的查询、新增、修改、删除等操作，数据库对这一类操作的响应时间基本在毫秒级别，延迟性非常低，故而称其为低延迟数据访问。

HDFS 不适合处理低延迟数据访问，这是因为当数据体量超过传统数据库 RDBMS 所能够存储的极限范围时，就不再对数据进行简单的增删改查操作，而是通过对这些海量数据的分析，挖掘其潜在的商业价值。

HDFS 对低延迟访问的需求很小，而对数据处理吞吐量的要求很高。因此，在 HDFS 设计中，对低延迟数据的访问在底层原理上就考虑得很少，若要在海量数据上进行低延迟数据的访问并不合适，而 HBase 可以弥补这一缺陷。

2. 无法高效存储大量小型文件

大量的小型文件会给 HDFS 扩展性和访问处理性能带来严重问题，可以通过 SequenceFile、MapFile 等方式归档小文件来解决这个问题。

当文件数据存储到 HDFS 的时候，主节点的守护进程 NameNode 负责存储文件数据的元数据信息，比如文件的名字、后缀、属性等信息；从节点的守护进程 DataNode 负责文件数据内容的存储。如果此时有大量的小型文件需要存储到 HDFS 中，那么就意味着有大量的元数据信息需要存储到主节点 NameNode 中。无论是一个 MB 级别的文件还是一个 GB 级别的文件，虽然文件大小差别很大，但在文件元数据信息上的差别却非常小，因为它们都包含文件的名字、后缀、属性等。当大量的小型文件存储到 HDFS 中时，就有大量的元数据信息存储到主节点的守护进程 NameNode 的内存中，导致 NameNode 压力增大，进而 NameNode 为客户提供服务的响应时间就会增长，访问处理性能降低。

此外，这也会给 HDFS 的扩展性带来制约，因为只要扩展一台 DataNode 节点，就意味着元数据信息要增多，而大量的小型文件存储会给 NameNode 元数据信息的存储带来严重的负载，甚至会导致崩盘。这就是 HDFS 无法高效存储大量小型文件的原因。

3. 不支持多用户写入及任意修改同一个文件

HDFS 中，同一根文件只对应一个写入者，并且只能执行追加操作，不支持多个用户对同一个文件的写操作，以及在文件任意位置进行修改。

多个用户对同一个文件的操作，涉及多线程安全的问题，如果要解决此问题，就会造成文件系统处理性能上的降低。从业务角度来说，大数据处理的文件数据都在 PB 级别，几乎没有多个用户对这样庞大的数据进行并行访问的业务需求，所以 HDFS 在设计时就取消了多用户对同一个文件的写入操作功能。

从实现功能角度来说，为了保证文件数据的安全性，HDFS 是通过数据冗余的方式来实现的，也就是通过数据备份的方式。如果对文件的任意一个位置进行了修改，那么备份的数据需要一起修改，始终保持数据的同步性和一致性。如此一来，HDFS 的开销会非常大，不利于对文件数据的访问和处理。从业务角度来说，对一个 PB 级别的文件数据进行分析时，如果修改了其中几行数据的值，对最后结果的影响微乎其微，甚至可以忽略。对大数据文件的修改就意义不大相同了，故而 HDFS 不支持在文件的任意位置进行修改。

3.1.4　HDFS 特性

1. 可扩展性及可配置性

随着业务量不断增多，当现有集群的规模不足以支撑现有业务时，我们需要更大规模的集群。这时候，只需要购买相应的服务器，将其配置到现有集群中。现有集群在不重启的情况下，能够自动识别配置进来的新的服务器，并将其作为自己集群中的从节点来使用，其配置方法和搭建集群时的操作一样，这比传统的关系型数据库 RDBMS 的集群扩展搭建服务要简单得多。因此，HDFS 的可扩展性及可配置性就体现出来了。

2. 跨平台性

Windows 文件系统是通过 C 语言和 C++语言实现的，而 HDFS 是通过 Java 语言开发的。Java 语言开发出来的程序可在任何一个操作系统上运行，只要该操作系统上安装了 Java 语言的虚拟机。

HDFS 是通过 Java 语言开发的，自然就具备了跨平台性。因此，HDFS 既可以运行在 Linux 操作系统上，又可以运行在 Windows 操作系统上。本书主要介绍的是运行在 Linux 操作系统上的情况，因为 HDFS 所存储的海量数据，一般都是服务器端产生和积累的，而在服务器领域中运行的操作系统基本都是基于 Linux 操作系统的。

3. Shell 命令行接口

HDFS 提供了便利的访问操作接口，命令行接口是 Shell 接口，它的操作使用方式跟 Linux 文件系统命令形式非常相似。另外，HDFS 还提供了 Java 语言接口，可以通过 Java 编程的方式自动化访问 HDFS。具体的 HDFS 操作接口将在第 4 章进行详细介绍。

4. Web 界面

Hadoop 集群原始的功能模块主要包括两大部分：HDFS 和 MapReduce 分布式并行计算框架。为了让客户端能够清晰、实时查看这两大模块的运行情况，HDFS 提供了两个内置的 Web 系统，可以通过 URL（http://master:50070）查看 HDFS 的基本信息。

对于 MapReduce 分布式并行计算框架资源的管理和回收，Hadoop 2.0 引入了一个新的框架 YARN。YARN 主要对集群中内存、CPU 等资源进行管理，这包含了 MapReduce 的运行过程中资源的分配和使用情况。在 YARN 的内部就有一个 Web 系统：http://master:18088，可以通过这个地址查看 YARN 对 Hadoop 集群中内存等资源的管理情况。

HDFS 的 Web 界面（http://master:50070）如图 3-2 所示。

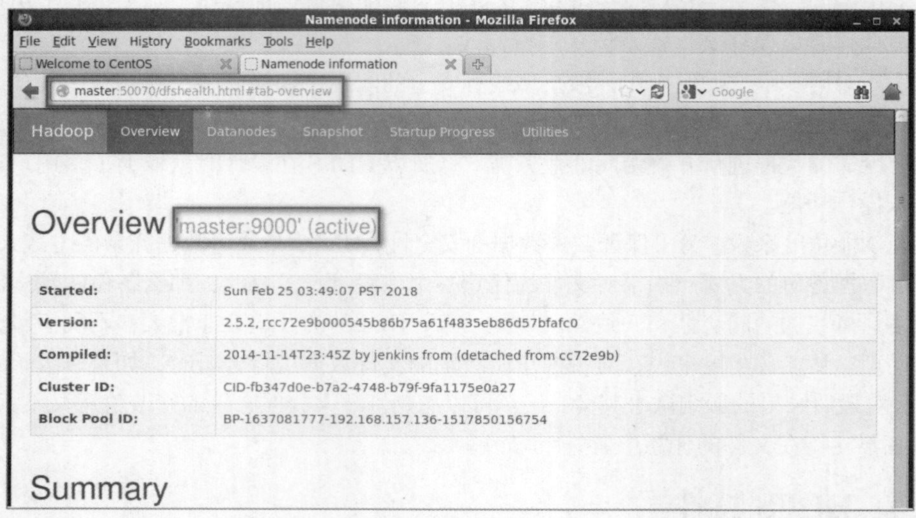

图 3-2

YARN 对 Hadoop 集群资源管理的 Web 界面如图 3-3 所示。

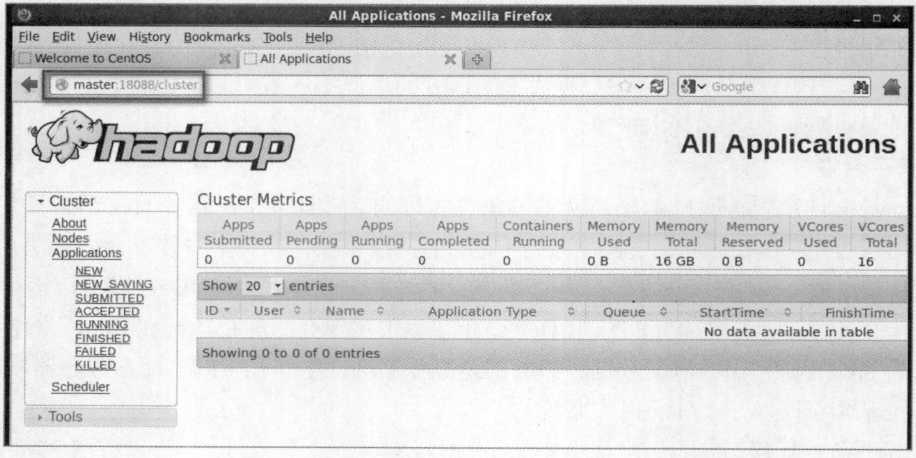

图 3-3

3.2 HDFS 核心设计

HDFS 的核心设计主要包括数据块、数据块复制、数据块副本的存放策略、机架感知、数据块的备份数、安全模式、负载均衡以及心跳机制等功能模块的设计。

3.2.1　数据块

数据块（Block）是 HDFS 上存储数据的基本单位。任何一个文件系统都有数据块的概念，只要是文件系统，都涉及文件数据的存储问题，需要相应的数据结构，那么数据块可以说是文件系统上存储数据的基本单位。

Windows 文件系统有自己的数据块设计，Linux 文件系统也有自己的数据块设计，不同文件系统的数据块设计会根据存储的特点有所差异。

Hadoop 1.0，HDFS 数据块的大小是 64MB，到了 Hadoop 2.0，HDFS 数据块的大小升级到了 128MB，比 Windows 或者 Linux 文件系统中字节级别的数据块大了多个数量级。当小于一个数据块大小的文件存储进来时不会占据整个数据块的空间，假如一个文件的大小是 10MB，那么剩余 118MB 的空间还可以被其他文件使用。某一个文件所占用的块数及相关的数据信息可以通过操作命令的方式来查看，例如，输入命令 Hadoop fsck/sogou.500w.utf8-files-locations-blocks。其中，Hadoop fsck 是检查命令，/sogou.500w.utf8 是将要检查的文件数据，-files 代表可以查看多个文件，-locations 代表查看文件地址信息，-blocks 代表查看该文件的块数。结果如图 3-4 所示。

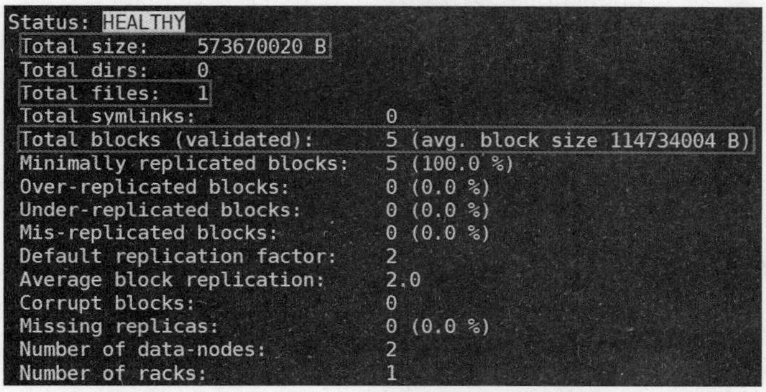

```
Status: HEALTHY
 Total size:    573670020 B
 Total dirs:    0
 Total files:   1
 Total symlinks:                0
 Total blocks (validated):      5 (avg. block size 114734004 B)
 Minimally replicated blocks:   5 (100.0 %)
 Over-replicated blocks:        0 (0.0 %)
 Under-replicated blocks:       0 (0.0 %)
 Mis-replicated blocks:         0 (0.0 %)
 Default replication factor:    2
 Average block replication:     2.0
 Corrupt blocks:                0
 Missing replicas:              0 (0.0 %)
 Number of data-nodes:          2
 Number of racks:               1
```

图 3-4

由图 3-4 可以看到，HDFS 中，文件 sogou.500w.utf8 被切分成了 5 个数据块，每个数据块的大小都接近 128MB，我们把这种设计方式称作数据块抽象设计。

数据块抽象设计带来的好处有以下 3 点。①在企业实际生产环境中，一个文件的大小可以大于集群网络中任意一个磁盘的容量，因为文件存储最终以数据块的方式落地到磁盘，即文件数据是以数据块的形式存储的，而数据块的大小都是 128MB，而文件整体的大小可能是数据块的千倍万倍，所以任一文件的大小都可以超过集群网络中任意一个磁盘的容量。②使用块抽象而不是文件，简化了存储子系统。在集群网络环境中，只需要考虑文件被切分后的数据块存储就可以了，对集群中任意一个节点上文件数据的存储就变得更易操作了。③数据块非常适合用于数据的备份，进而提高数据的容错能力和可用性。当某一个块丢失了，可以以块为单位找回，而不会涉及文件整体；当要使用某一个文件，只需要将该文件所对应的块进行临时的组装拼接即可。

3.2.2　数据块复制

为了提升 HDFS 的可靠性，可以创建多份数据块的副本（Replicas），并将它们放置在服务器集群的 DataNode 节点，以便 MapReduce 分布式并行计算框架可以在数据块所在的节点上处理这些数据。这里需要注意的是，创建的多份数据块的副本是针对同一份数据的。比如，一个文件的大小是 1280MB，它在 HDFS 磁盘上被切分成了 10 块，即 1280MB/128MB=10 块，然后对这 10 块中的每一块进行复制，一般复制系数是 3，也就是将每一块数据复制成 3 份一模一样的数据，它们互为副本。我们可以选择这 3 份副本中的任意一份副本来使用。

复制系数可以自定义，每当复制系数增加 1，就意味着该文件被多冗余一次，所以复制系数的设置要根据集群的配置性能来考量。一般为了保证数据的安全性，将该系数设置为 3 即可。

数据块的复制，会产生大量的数据块副本，这些数据块副本按照文件的组织存储成块的序列。块的大小和复制系数，可以通过 hdfs-site.xml 配置文件进行具体设置。实际上，在搭建集群时已经设置复制系数为 3，对于块的大小，一般遵从默认设置 128MB。

3.2.3 数据块副本的存放策略

数据块的分布式存储和数据块副本的存放策略，不但可以保证数据的可靠性，还能提供更好的性能。当一份数据有多个副本时，若其中某一个副本突然损坏，还可以继续使用剩下的副本，HDFS 正是通过数据块冗余的方式来保证数据的可靠性。那么，当一份数据有多个副本时，到底选择哪一个副本呢？这涉及数据块副本存放策略，若存放恰当便能体现出高性能。

在分布式集群中，通常包含非常多的服务器，由于受到机架槽位和交换机网口的限制，通常大型的分布式集群都是由多个机架组织而成。机架内服务器之间的网络速度通常都会高于跨机架机器之间的网络速度，并且机架之间服务器的网络通信通常受到上层交换机间网络带宽的限制。

由于 Hadoop 的 HDFS 对数据文件的分布式存放是以数据块为单位的，每个数据块会有多个副本（默认为 3），并且为了数据的安全和高效，Hadoop 中 3 个副本的存放策略如下。

第 1 个副本放置在客户端所在的 DataNode 节点里（如果客户端不在集群范围内，则第 1 个 DataNode 随机选取，当然原则还是选取距离客户端最近的 DataNode）。

第 2 个副本放置在与第 1 个节点不同机架中的 DataNode 中（随机选取）。

第 3 个副本放置在与第 1 个副本所在节点同一机架的另一个节点上。

如果还有更多的副本，就随机放在集群的 DataNode 里。

这样的策略优先保证本机架下对该数据块所属文件的访问，如果此机架发生故障，也可以在另外的机架上找到该数据块的副本。这样既高效，又可容错。

3 个副本的存放策略如图 3-5 所示。

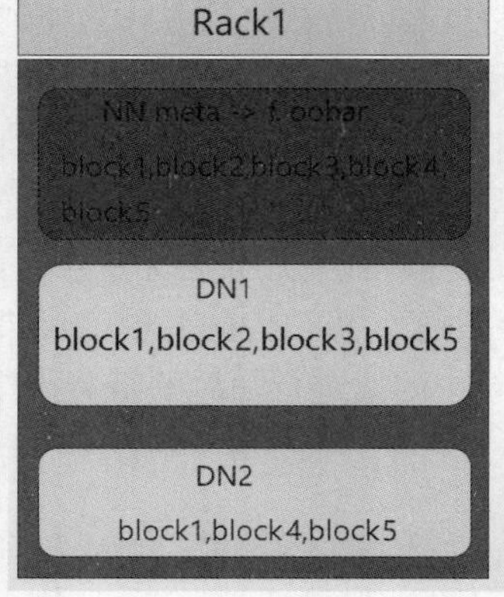

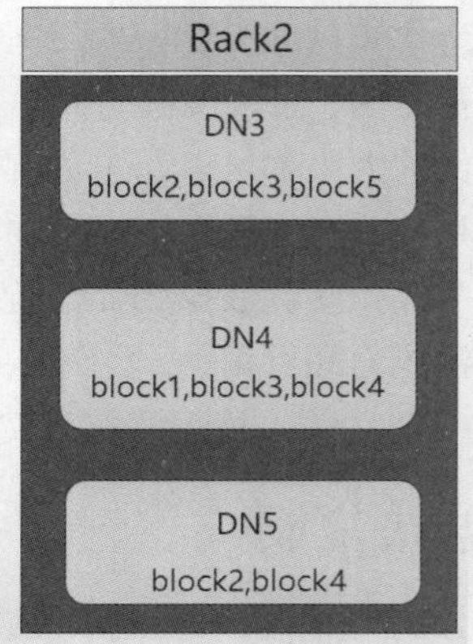

图 3-5

3.2.4　机架感知

3.2.3 节中介绍了 HDFS 数据块副本的存放策略，整个数据块副本存放的实现过程原理被称为 Hadoop 的机架感知。Hadoop 的机架感知在默认情况下是关闭状态，所以，Hadoop 集群 HDFS 会随机选择机架。也就是说，Hadoop 有可能将第 1 个数据块 block1 写入 Rack1，然后将 block2 随机写入 Rack2，于是两个机架之间产生了数据传输的流量。接着，block3 又被随机重新写回 Rack1。所以，Rack1、Rack2 与 Rack3 之间会进行频繁的数据通信，在处理的数据量非常大，或者向 Hadoop 推送的数据量非常大的时候，机架之间的网络流量会成倍上升，成为性能的瓶颈，从而影响作业的性能，甚至整个集群的服务。

这个时候，就要启用 Hadoop 机架感知功能，其配置方法非常简单，在 NameNode 所在机器的 core-site.xml 配置文件中配置一个选项即可：

```
<property>
   <name>topology.script.file.name</name>
   <value>/path/to/RackAware.py</value>  <!--value 的值是一个脚本-->
</property>
```

以上属性 topology.script.file.name 的值是一个可执行的脚本程序 RackAware.py，该脚本接受一个参数，输出一个值。接受的参数通常为某台 DataNode 机器的 IP 地址，而输出的值通常为该 IP 地址对应的 DataNode 所在的机架，例如 Rack1。NameNode 启动时，会判断该配置选项是否为空，如果非空，则表示已经启用机架感知，此时 NameNode 会根据配置寻找该脚本，并在接收到每一个 DataNode 的心跳（Heartbeat）数据时，将该 DataNode 的 IP 地址作为参数传给该脚本运行，并将得到的输出值作为该 DataNode 所属的机架，保存到内存的一个映射中。

至于脚本的编写，就需要将真实的网络拓朴和机架信息了解清楚后，通过该脚本将机器的 IP 地址正确地映射到相应的机架。一个简单的 Python 脚本实现如下：

```
#!/usr/bin/python
#-*-coding:UTF-8 -*-
import sys

rack = {"hadoopmaster-176.tj":"rack1",
        "hadoopslave-177.tj":"rack1",
        "hadoopslave-178.tj":"rack1",
        "hadoopslave-179.tj":"rack1",
        "hadoopslave-180.tj":"rack2",
        "hadoopslave-181.tj":"rack2",
        "hadoopslave-182.tj":"rack2",
        "hadoopslave-183.tj":"rack2",
        "192.168.157.15":"rack1",
        "192.168.157.17":"rack1",
        "192.168.157.18":"rack1",
        "192.168.157.19":"rack1",
        "192.168.157.25":"rack2",
        "192.168.157.26":"rack2",
        "192.168.157.27":"rack2",
        "192.168.157.29":"rack2",
        }


if __name__=="__main__":
    print "/" + rack.get(sys.argv[1],"rack0")
```

由于没有找到确切的文档说明到底是主机名还是 IP 地址会被传入到脚本，因此，在脚本中最好兼容主机名和 IP 地址。如果机房架构比较复杂，脚本可以返回类似/dc1/rack1 的字符串。

执行命令：

```
chmod +x RackAware.py
```

重启 NameNode，如果配置成功，NameNode 启动日志中会输出：

```
    2018-2-25 14:28:44,495 INFO org.apache.hadoop.net.NetworkTopology:Adding a new node:/
rack1/192.168.157.15:50010
```

当然，机架感知这一部分的内容是要知道真实的网络拓扑和机架信息，目前，我们只需要了解其原理。

3.2.5 数据块的备份数

前面已经讲过，数据块的副本系数（即备份数）为 3，对其配置可以分为下面两种方式。

（1）通过配置文件 hdfs-site.xml 来设置。

```
<property>
    <name>dfs.replication</name>
    <value>3</value>   <!--设置副本系数为 3-->
</property>
```

（2）通过命令行方式动态地修改数据块的备份数。

```
bin/hadoop fs -setrep -R 3 /
```

命令如图 3-6 所示。

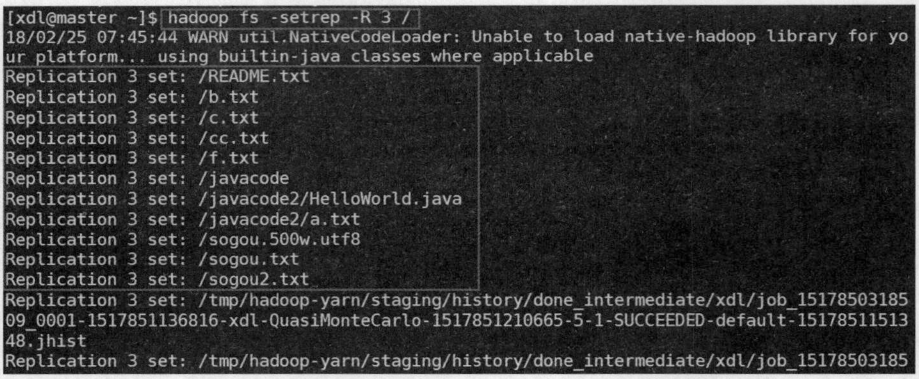

```
[xdl@master ~]$ hadoop fs -setrep -R 3 /
18/02/25 07:45:44 WARN util.NativeCodeLoader: Unable to load native-hadoop library for yo
ur platform... using builtin-java classes where applicable
Replication 3 set: /README.txt
Replication 3 set: /b.txt
Replication 3 set: /c.txt
Replication 3 set: /cc.txt
Replication 3 set: /f.txt
Replication 3 set: /javacode
Replication 3 set: /javacode2/HelloWorld.java
Replication 3 set: /javacode2/a.txt
Replication 3 set: /sogou.500w.utf8
Replication 3 set: /sogou.txt
Replication 3 set: /sogou2.txt
Replication 3 set: /tmp/hadoop-yarn/staging/history/done_intermediate/xdl/job_15178503185
09_0001-1517851136816-xdl-QuasiMonteCarlo-1517851210665-5-1-SUCCEEDED-default-15178511513
48.jhist
Replication 3 set: /tmp/hadoop-yarn/staging/history/done_intermediate/xdl/job_15178503185
```

图 3-6

第二种方式可以改变整个 HDFS 的备份数，不需要重启 HDFS 系统，而第一种方式需要重启 HDFS 系统才能生效。

3.2.6 安全模式

安全模式（SafeMode）是 Hadoop 集群的一种保护模式，NameNode 在启动时会自动进入安全模式，也可以手动进入安全模式。与 Windows 安全模式一样，Hadoop 也有自己的安全模式，在安全模式下，用户可以轻松地修复系统的某些错误。安全模式指在不加载第三方设备驱动程序的情况下启动计算机，使计算机运行在系统最简模式，这样用户就可以方便地检测与修复计算机系统的错误。

当 Hadoop 集群处于安全模式时，HDFS 会自动检查数据块的完整性，此时不提供写操作。HDFS 是通过数据块副本冗余的方式来保证数据可靠性的，那么对于同一份数据的多个副本来说，其中某个副本有可能会经常损坏，损坏了的数据块副本不能正常为客户端提供访问服务。基于这样的原因，HDFS 会周期性地检查各个数据块的完整性，如果发现已损坏的数据块，就会及时向 NameNode 汇报并做好标记，随后由 NameNode 负责将修复数据块的任务分配给某个具体的 DataNode 节点。当然，Hadoop 集群进入安全模式后，只负责数据块完整性的校验工作。

对安全模式的操作可以使用命令行的方式，命令如图 3-7 ~ 图 3-10 所示，格式如下。

```
hadoop  dfsadmin  -safemode  leave      //强制 NameNode 退出安全模式
```

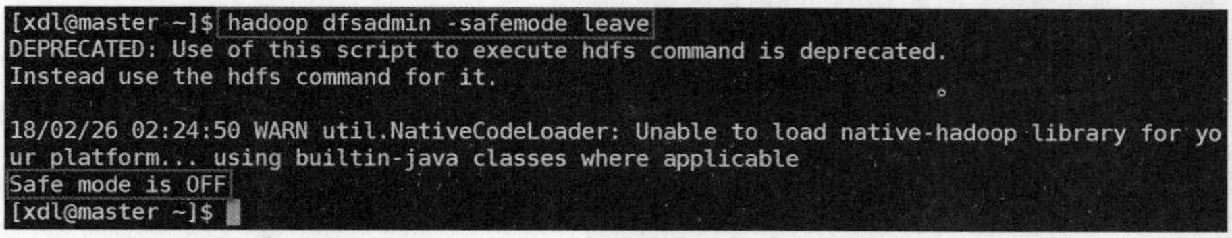

```
[xdl@master ~]$ hadoop dfsadmin -safemode leave
DEPRECATED: Use of this script to execute hdfs command is deprecated.
Instead use the hdfs command for it.

18/02/26 02:24:50 WARN util.NativeCodeLoader: Unable to load native-hadoop library for yo
ur platform... using builtin-java classes where applicable
Safe mode is OFF
[xdl@master ~]$
```

图 3-7

```
hadoop  dfsadmin  -safemode  enter      //进入安全模式
```

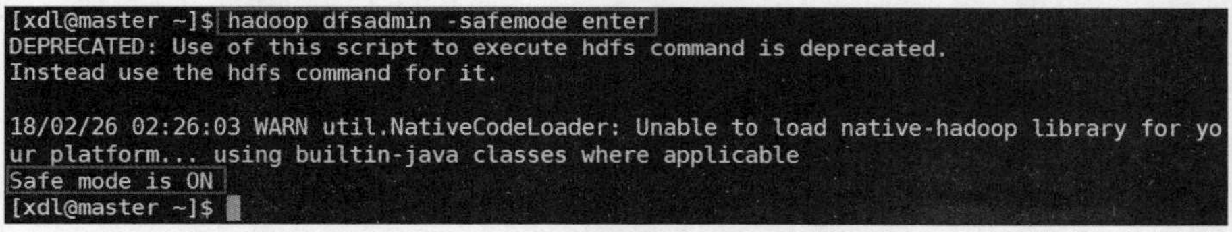

```
[xdl@master ~]$ hadoop dfsadmin -safemode enter
DEPRECATED: Use of this script to execute hdfs command is deprecated.
Instead use the hdfs command for it.

18/02/26 02:26:03 WARN util.NativeCodeLoader: Unable to load native-hadoop library for yo
ur platform... using builtin-java classes where applicable
Safe mode is ON
[xdl@master ~]$
```

图 3-8

```
hadoop  dfsadmin  -safemode  get      //查看安全模式状态
```

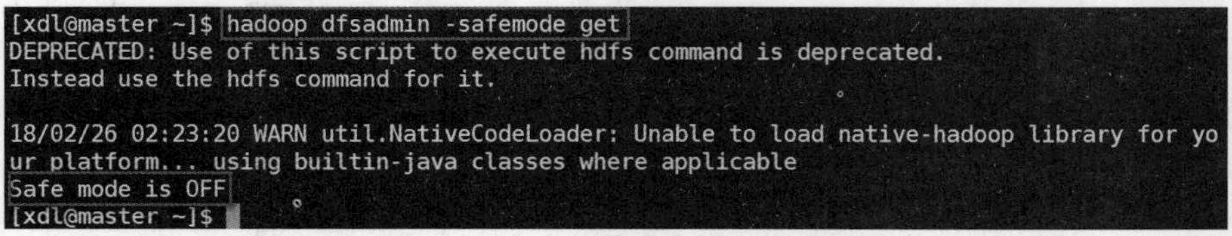

```
[xdl@master ~]$ hadoop dfsadmin -safemode get
DEPRECATED: Use of this script to execute hdfs command is deprecated.
Instead use the hdfs command for it.

18/02/26 02:23:20 WARN util.NativeCodeLoader: Unable to load native-hadoop library for yo
ur platform... using builtin-java classes where applicable
Safe mode is OFF
[xdl@master ~]$
```

图 3-9

```
hadoop  dfsadmin  -safemode  wait      //等待，一直到安全模式结束
```

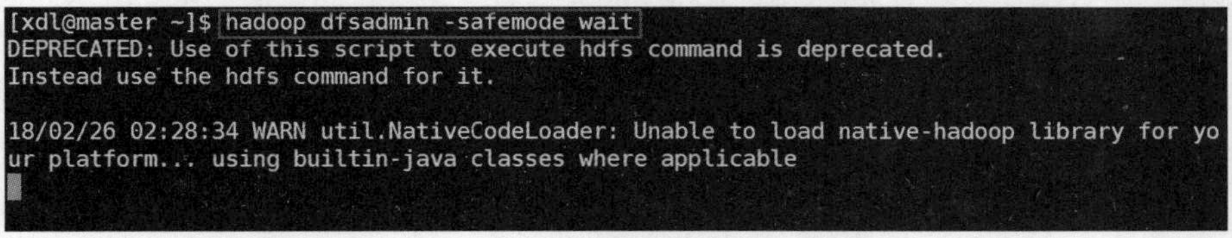

```
[xdl@master ~]$ hadoop dfsadmin -safemode wait
DEPRECATED: Use of this script to execute hdfs command is deprecated.
Instead use the hdfs command for it.

18/02/26 02:28:34 WARN util.NativeCodeLoader: Unable to load native-hadoop library for yo
ur platform... using builtin-java classes where applicable
```

图 3-10

3.2.7　负载均衡

在 Hadoop 的 HDFS 网络集群中，由于集群规模庞大，非常容易出现服务器与服务器之间磁盘利用率不均衡的情况，例如，集群内新增、删除节点，或者某个节点机器内硬盘存储达到饱和

值。当数据不均衡时，映射任务可能会分配给没有存储数据的机器，这将导致网络带宽的消耗，也无法很好地进行本地计算。

当 HDFS 负载不均衡时，需要对 HDFS 进行数据的负载均衡调整，即对各节点机器上数据的存储分布进行调整，从而让数据均匀地分布在各个 DataNode 节点上，均衡 I/O 性能，防止热点的发生。然而，进行数据的负载均衡调整，必须要满足以下原则。

（1）数据均衡不能导致数据块减少和数据块备份丢失。

（2）管理员可以中止数据均衡进程。

（3）每次移动的数据量及占用的网络资源必须是可控的。

（4）数据均衡过程，不能影响 NameNode 的正常工作。

1. Hadoop HDFS 负载均衡的原理

负载均衡程序作为一个独立的进程与 NameNode 进程分开执行，数据负载均衡过程的核心是一个数据负载均衡算法，该算法将不断迭代数据负载均衡的逻辑，直至集群内数据均衡为止。该数据负载均衡算法每次迭代的逻辑如图 3-11 所示。

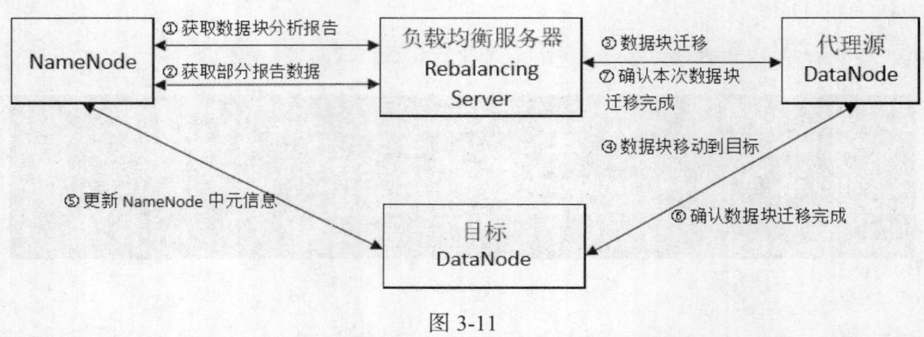

图 3-11

① 数据均衡服务（Rebalancing Server）首先要求 NameNode 生成 DataNode 数据分布分析报告，获取每个 DataNode 磁盘使用情况。

② 数据均衡服务汇总需要移动的数据块分布情况，计算具体数据块迁移路线图，确保为网络内的最短路径。

③ 开始数据块迁移任务，Proxy Source DataNode（代理源数据节点）复制一块需要移动的数据块。

④ 将复制的数据块复制到目标 DataNode 节点上。

⑤ 删除原始数据块及在 NameNode 上存储的元信息，并将新的元信息更新到 NameNode 上。

⑥ 目标 DataNode 向 Proxy Source DataNode 确认该数据块迁移完成。

⑦ Proxy Source DataNode 向数据均衡服务确认本次数据块迁移完成，然后继续执行这个过程，直至集群达到数据均衡标准。

2. DataNode 分组

在图 3-11 所示的第②步中，HDFS 会根据阈值的设定情况，把当前的 DataNode 节点划分到 Over、Above、Below、Under 这 4 个组中，如图 3-12 所示。在移动数据块的时候，Over 组、Above 组中的块向 Below 组、Under 组移动。4 个组定义如下。

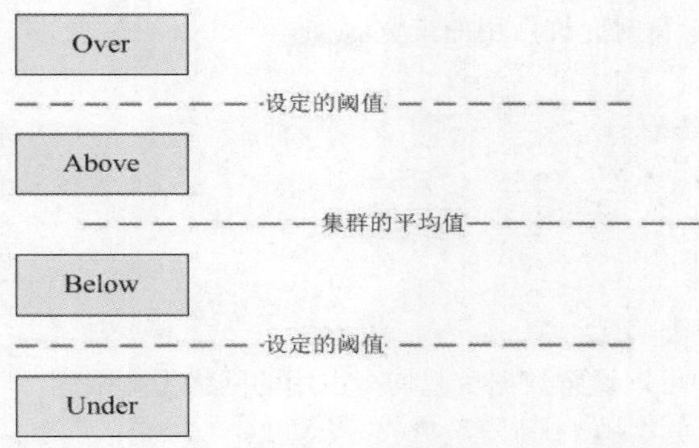

图 3-12

（1）Over 组

此组中的 DataNode 均满足移动迁移的条件。

```
DataNode_usedSpace_percent > Cluster_usedSpace_percent + threshold
```

该组中所有的 DataNode 使用空间比例>集群的平均使用空间比例+设定的阈值空间比。

（2）Above 组

此组中的 DataNode 均满足移动迁移的条件。

```
Cluster_usedSpace_percent + threshold > DataNode_ usedSpace _percent > Cluster_
usedSpace_percent
```

集群的平均使用空间比例<该组中所有的DataNode使用空间比例<集群的平均使用空间比例+空间最大阈值比。

（3）Below 组

此组中的 DataNode 均满足继续写入新数据块的条件。

```
Cluster_usedSpace_percent > DataNode_usedSpace_percent > Cluster_usedSpace_percent -
threshold
```

集群的平均使用空间比例–空间最大阈值比<该组中所有的DataNode使用空间比例<集群的平均使用空间比例。

（4）Under 组

此组中的 DataNode 均满足接受数据块存储的条件。

```
Cluster_usedSpace_percent - threshold > DataNode_usedSpace_percent
```

该组中所有的 DataNode 使用空间比例<集群的平均使用空间比例–空间最大阈值比。

3. HDFS 数据负载均衡脚本使用方法

Hadoop 中包含一个 start-balancer.sh 脚本，通过运行它，可以启动 HDFS 数据均衡服务。该工具可以做到热插拔，即无须重启计算机和 Hadoop 服务。

$HADOOP_HOME/bin 目录下的 start-balancer.sh 脚本就是该任务的启动脚本，启动命令如下：

```
$HADOOP_HOME /bin/start-balancer.sh -threshold
```

影响 balancer 的参数如下。

（1）-threshold

默认设置为 10，参数取值范围为 0 ~ 100。

参数含义为判断集群是否是均衡的阈值。理论上，该参数越小，整个集群就越均衡。

（2）dfs.balance.bandwidthPerSec

默认设置为 1048576（1MB/s）。

参数含义为 Balancer 运行时允许占用的带宽。

示例如下：

```
#启动数据均衡，默认阈值为 10%
$HADOOP_HOME/bin/start-balancer.sh -threshold 10
#启动数据均衡，阈值 5%
bin/start-balancer.sh -threshold 5
#停止数据均衡
$HADOOP_HOME/bin/stop-balancer.sh
```

在 hdfs-site.xml 文件中可以设置数据负载均衡占用的网络带宽限制。

```
<property>
    <name>dfs.balance.bandwidthPerSec</name>
    <value>1048576</value> <!--Balancer 运行时允许占用的带宽是：1048576（1M/S）-->
</property>
```

3.2.8 心跳机制

在计算机集群远程长连接应用场景中，有可能很长一段时间，节点与节点之间都没有数据往来，但是应该一直保持连接，不过中间节点出现故障是难以得知的，某些节点（如防火墙）甚至会自动把一定时间之内没有数据交互的连接中断。这个时候就需要心跳数据包来维持连接，保持节点与节点之间的通信。

心跳机制是每隔一段时间连接一次的机制。具体过程是客户端每隔几分钟发送一个固定格式的信息给服务端，服务端收到后，回复一个固定格式的信息给客户端；如果服务端几分钟内没有收到客户端的信息则视客户端为已断开。发包方，可以是客户端也可以是服务端，取决于哪边实现起来方便合理。固定的格式信息内容称为心跳数据包，因为它像心跳一样每隔一定时间发一次，以此告诉服务器这个客户端还“活着”。

事实上，这是为了保持长连接，至于这个固定格式信息的具体内容，并没有特别的规定，不过一般都是很小的数据包，或者是一个只包含头部的空包。心跳数据包主要用于长连接的保持和断线处理。一般的应用下，心跳数据包判定时间在 30 ~ 40s，如果要求很高，可以设置为 6 ~ 9s。

Hadoop 集群 HDFS 是主从架构，在主节点上包含的守护进程有 NameNode 和 ResourceManager，在从节点上包含的守护进程有 DataNode 和 NodeManager。主节点在启动的时候会开启一个进程间的通信服务（Inter-Process Communication，IPC），等待从节点的连接。从节点启动后，会主动连接 IPC 服务，并且每隔 3s 连接一次，这个时间是可以调整的，即设置心跳时间。

从节点通过心跳给主节点汇报自己的信息，主节点通过心跳给从节点下达命令。NameNode 通过心跳得知 DataNode 的状态信息，ResourceManager 通过心跳得知 NodeManager 的状态。如果主节点长时间（一般是 10min 以内）没有收到从节点的心跳信息，主节点就认为从节点已失效。这就是 HDFS 的心跳机制。

3.3 HDFS 体系结构

本节将从 HDFS 的主从架构、核心组件功能、数据块损坏处理及 HDFS 的文件权限等方面了解和学习 HDFS 的体系结构。

3.3.1　主从架构

HDFS 采用主从（Master/Slave）架构，如图 3-13 所示。

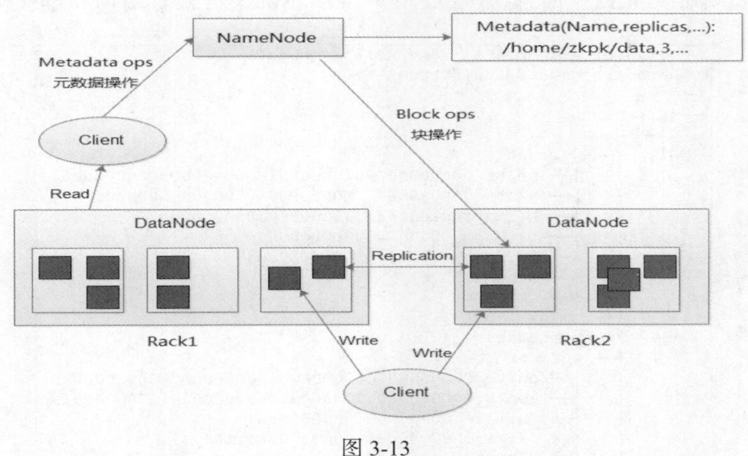

图 3-13

在最新的 Hadoop 版本中，一个 HDFS 集群由多个 NameNode 和多个 DataNode 组成。

NameNode 作为主控服务器节点，负责管理 HDFS 的命名空间，记录文件数据块在每个 DataNode 节点上的位置和副本信息，协调客户端（Client）对文件的访问操作，以及记录命名空间内的改动或命名空间本身属性的改动等信息。

DataNode 是数据存储节点，负责自身所在物理节点上的存储管理。另外，早期 HDFS 版本中只有一个 NameNode 节点，所以存在单点问题，如果 NameNode 节点突然宕机，那么 HDFS 就会瘫痪，数据可能丢失，解决此问题的方法是启动一个 SecondaryNameNode 或者再配置一个 NameNode 节点，通过热备份的方式来替换宕掉的 NameNode 节点，这将在后面的章节中详细介绍。客户端访问操作数据，是通过向 NameNode 发起请求并获取文件数据所在 DataNode 节点的地址信息的。对数据流的读/写操作在 DataNode 节点完成，NameNode 节点不会参与文件数据流的读写，而是由 DataNode 节点负责完成。

3.3.2　核心组件功能

HDFS 的核心组件包括 NameNode、DataNode 和 SecondaryNameNode。

NameNode 负责维护文件系统树，它不存储真实数据，而是存储元数据，NameNode 保存在内存中。

DataNode 在磁盘上保存数据的基本单位是数据块（Block），默认大小为 128MB。

DataNode 负责处理文件系统客户端的读写请求。在 NameNode 的统一调度下进行数据块的创建、删除和复制。集群中单一 NameNode 的结构大大简化了系统的架构。NameNode 是所有 HDFS 元数据的仲裁者和管理者，这样，用户数据永远不会流过 NameNode。对于文件操作，NameNode 负责文件元数据的操作，DataNode 负责处理文件内容的读写请求，数据流不经过 NameNode，客户端只会询问 NameNode 将要访问的文件数据跟哪个 DataNode 有联系。文件数据块副本存放在哪些 DataNode 上由 NameNode 来控制，根据全局情况做出数据块副本放置决定。读取文件时，NameNode 尽量让用户先读取距离其最近的副本，降低网络带宽的消耗并减少读取时间。

NameNode 负责管理数据块的副本，它按照一定周期，接受来自每个 DataNode 的心跳信号和块状态报告。通过心跳信号判断 DataNode 节点工作是否正常，而块状态报告包含了某 DataNode 节点上存储的所有数据块的列表信息。

NameNode 负责存储元数据信息，并通过图 3-14 所示的文件目录结构和过程持久化到磁盘中。

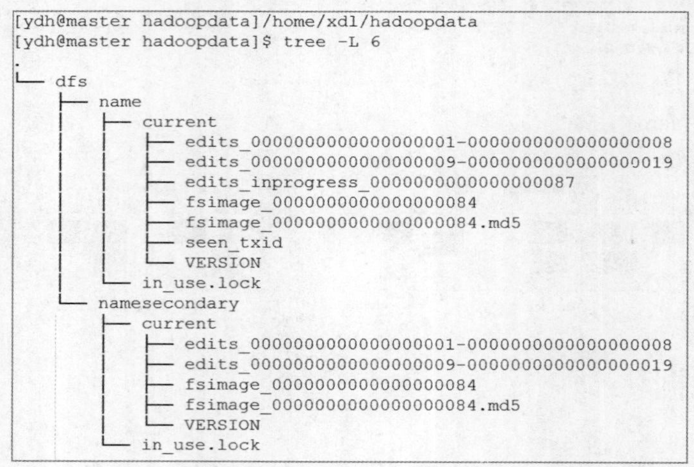

```
[ydh@master hadoopdata]/home/xdl/hadoopdata
[ydh@master hadoopdata]$ tree -L 6
.
└── dfs
    ├── name
    │   ├── current
    │   │   ├── edits_0000000000000000001-0000000000000000008
    │   │   ├── edits_0000000000000000009-0000000000000000019
    │   │   ├── edits_inprogress_0000000000000000087
    │   │   ├── fsimage_0000000000000000084
    │   │   ├── fsimage_0000000000000000084.md5
    │   │   ├── seen_txid
    │   │   └── VERSION
    │   └── in_use.lock
    └── namesecondary
        ├── current
        │   ├── edits_0000000000000000001-0000000000000000008
        │   ├── edits_0000000000000000009-0000000000000000019
        │   ├── fsimage_0000000000000000084
        │   ├── fsimage_0000000000000000084.md5
        │   └── VERSION
        └── in_use.lock
```

图 3-14

其中，name 定义的是 NameNode；namesecondary 对应的是 SecondaryNameNode。我们首先来看 name 目录下的 fsimage 和 edits 文件。

fsimage 对元数据定期进行镜像操作，形成镜像文件。

edits 存放一定时间内用户对 HDFS 进行的操作。

checkpoint 是检查点，随着对 HDFS 的不断操作，edits 文件内容会越来越多，当达到某一阈值时（一般该阈值默认大小为 64MB 或者时间间隔为 3600s）就会触发检查点（checkpoint），此时 SecondaryNameNode 就开始工作了。图 3-14 中 namesecondary 目录下的 edits 和 fsimage 文件就是检查点被触发之后检查任务产生的结果。检查点被触发之后，由 SecondaryNameNode 辅助 NameNode 完成后续的任务，主要用于同步元数据信息，辅助 NameNode 对 fsimage 和 edits 进行合并，即冷备份。

SecondaryNameNode 合并 NameNode 节点的 fsimage 和 edits 文件的流程如图 3-15 所示。

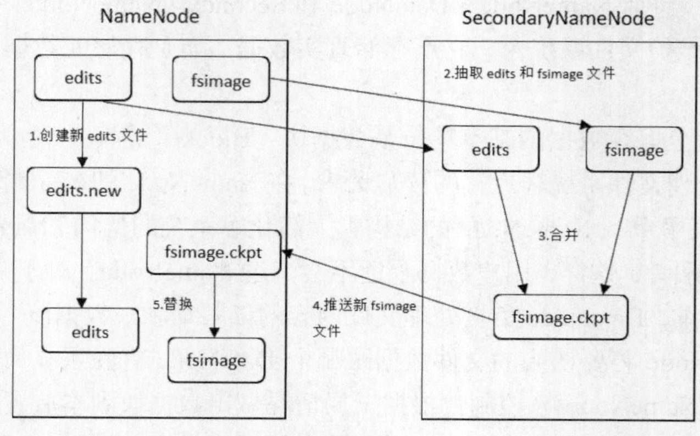

图 3-15

首先，SecondaryNameNode 会把 edits 和 fsimage 从 NameNode 节点复制到自己的服务器所在的内存中，合并生成一个名为 fsimage.ckpt 的新镜像文件。

SecondaryNameNode 再将 fsimage.ckpt 文件复制到 NameNode 上，之后删除 NameNode 上原有的 fsimage 文件，并将 fsimage.ckpt 文件重命名为 fsimage。

当 SecondayNameNode 将 edits 和 fsimage 复制之后，NameNode 会立刻生成一个新的 edits.new 文件，用于记录新来的元数据。合并完成之后，原有的 edits 文件才会被删除，并将 edits.new 文件重命名为 edits，开启下一轮流程。

综上所述，NameNode 在内存中保存着整个文件系统的命名空间和文件数据块映射（Blockmap）的映像。这个关键的元数据结构设计得很紧凑，因而一个有 4GB 内存的 NameNode 足够支撑大量的文件和目录。当 NameNode 启动时，它从硬盘中读取 editlog 和 fsimage，将所有 editlog 中的事务作用在内存中的 fsimage 上，并将这个新版本的 fsimage 从内存中保存到本地磁盘上，然后删除旧的 editlog，因为这个旧的 editlog 的事务已经作用在 fsimage 上了。这个过程称为一个检查点。

3.3.3　数据块损坏处理

HDFS 为了数据的安全性和完整性，通常为每个数据块保存 3 份副本。在 HDFS 运行过程中，这些副本可能因为各种原因而损坏了，此时，损坏的副本就无法对外提供正常的读服务了。那么，HDFS 如何处理损坏的数据块呢？

HDFS 保存数据的时候，会将一个文件数据切分成多个数据块，将每个数据块复制出多个副本，每一个副本数据块都会生成一个校验码，用来检测或校验数据传输或者保存后所产生的错误。校验码会以文件的形式存储，并且与数据块文件存放在一起，如图 3-16 所示。

```
blk_1073741834_1010.meta  blk_1073741900_1080.meta  blk_1073742039_1219.meta
blk_1073741836            blk_1073741901            blk_1073742040
blk_1073741836_1015.meta  blk_1073741901_1081.meta  blk_1073742040_1220.meta
blk_1073741838            blk_1073741902            blk_1073742067
blk_1073741838_1018.meta  blk_1073741902_1082.meta  blk_1073742067_1247.meta
blk_1073741842            blk_1073741903            blk_1073742077
blk_1073741842_1022.meta  blk_1073741903_1083.meta  blk_1073742077_1257.meta
blk_1073741852            blk_1073741914            blk_1073742081
blk_1073741852_1032.meta  blk_1073741914_1094.meta  blk_1073742081_1261.meta
blk_1073741863            blk_1073741915            blk_1073742999
blk_1073741863_1043.meta  blk_1073741915_1095.meta  blk_1073742999_2179.meta
blk_1073741864            blk_1073741916            blk_1073743000
blk_1073741864_1044.meta  blk_1073741916_1096.meta  blk_1073743000_2180.meta
blk_1073741865            blk_1073741917            blk_1073743001
blk_1073741865_1045.meta  blk_1073741917_1097.meta  blk_1073743001_2181.meta
blk_1073741866            blk_1073741920            blk_1073743002
blk_1073741866_1046.meta  blk_1073741920_1100.meta  blk_1073743002_2182.meta
blk_1073741867            blk_1073741921            blk_1073743003
blk_1073741867_1047.meta  blk_1073741921_1101.meta  blk_1073743003_2183.meta
```

图 3-16

当客户端从 DataNode 上读取数据块的时候，会再次计算校验和（CheckSum），如果计算后的校验和与该数据块在创建时生成的校验码的校验和不一样，则说明该数据块已经损坏。此时，客户端就不会继续读取该数据块了，而是向 NameNode 申请读取该数据块的其他副本。同时，客户端会把已经损坏的数据块的信息汇报给 NameNode，NameNode 会立刻标记该数据块状态为已损坏。然后，NameNode 通过心跳机制给某个 DataNode 节点发起复制数据块的命令，得到命令的 DataNode 从该数据块的正常副本中再复制一份副本，NameNode 将复制出来的该数据块副本分配到某个合适的 DataNode 节点上，从而保证集群中文件数据的各个数据块的副本始终是 3 个。这就是数据块损坏时的处理过程。

另外，DataNode 还有一个自检功能，就是在数据块创建 3 周后，自动触发校验和运算，以保证集群中数据块的安全。

本章总结

本章首先介绍了 HDFS 的基本概念，主要包括分布式思想及分布式文件系统的特性。然后介绍了 HDFS 的核心设计，包括数据块的设计、数据块的复制、数据块副本的存放策略、HDFS 的安全模式及操作安全模式的常用命令、HDFS 分布式文件系统的负载均衡、心跳机制和机架感知等。最后介绍了 HDFS 分布式文件系统的核心组件 NameNode 和 DataNode 的功能等，这些知识都需要我们重点学习和掌握。

本章习题

1．什么是 HDFS？

2．数据块副本的存放策略是什么？

3．简述 HDFS 的架构。

4．简述核心组件 NameNode 和 DataNode 的作用。

第 4 章 HDFS 接口

本章要点

- HDFS 命令行接口
- HDFS Java 接口

本章将介绍如何操作使用 HDFS 分布式文件系统，内容包括向 HDFS 中写入数据、从 HDFS 中读取数据、删除 HDFS 文件系统中的文件数据等。Hadoop 提供了两种类型的访问接口：命令行接口和计算机程序访问接口，命令行接口通过 Hadoop 的 shell 命令操作 HDFS 文件系统，Java 接口通过一门编程语言来操作 HDFS，在本章中，我们将使用 Java 语言来操作 HDFS 文件系统。

4.1 HDFS 命令行接口

在 HDFS 文件系统的操作接口中，shell 命令行接口是最简单的，同时也是许多开发者最熟悉的。调用 HDFS 文件系统的 shell 命令应使用 bin/hadoop fs 的形式，然后在其后面加上路径参数。所有 HDFS 分布式文件系统的 shell 命令都可以使用 URL 或者 URI 作为其路径参数。

URL 即统一资源定位符（Uniform Resource Locator），是每一个信息资源在 WWW 或者其他远程文件系统上唯一的地址，可以指定传输协议来访问该地址所标识的资源。例如，file 协议表示本地计算机上的文件；ftp 协议表示通过 ftp 访问该资源；http 协议表示通过 http 访问该资源。

URI 即统一资源标识符（Uniform Resource Identifier），是一个用于标识某一互联网资源名称的字符串。该标识允许用户对任何（包括本地和互联网上的）资源通过特定的协议进行交互操作，如 file 协议、http 协议和 ftp 协议等。

在 HDFS 分布式文件系统中，我们将使用一种新的协议，即 hdfs 协议。

hdfs://master:9000/test/abc.txt 是 Hadoop 分布式文件系统 hdfs 的全路径，它就是一个 URL。/test/abc.txt 是一个 URI。

HDFS shell 命令列表如下。

（1）-ls <path>表示查看 HDFS 分布式文件系统中某一级目录下所有内容的列表信息。

命令行操作格式为：hadoop fs -ls /或 hadoop fs -ls hdfs://master:9000/。

查看 HDFS 分布式文件系统根目录下的所有文件或者文件夹列表信息，如图 4-1 所示。

```
[zkpk@master ~]$ hadoop fs -ls /
15/12/10 00:23:34 WARN util.NativeCodeLoader: Unable to load native-hado
ry for your platform... using builtin-java classes where applicable
Found 9 items
drwxr-xr-x   - zkpk supergroup          0 2015-09-09 00:45 /0909-sogou
drwxr-xr-x   - zkpk supergroup          0 2015-12-09 04:16 /data
drwxr-xr-x   - zkpk supergroup          0 2015-11-04 20:59 /hbase
```

图 4-1

（2）-lsr <path>表示查看 HDFS 目录的递归。

命令行操作格式为：hadoop fs -lsr /或 hadoop fs -lsr hdfs://master:9000/。

以递归方式查看 HDFS 分布式文件系统根目录下的所有文件，如果碰到层级文件夹，会将层级文件夹下的所有文件都列出来，如图 4-2 所示。

```
[zkpk@master ~]$ hadoop fs -lsr /data
lsr: DEPRECATED: Please use 'ls -R' instead.
15/12/10 00:28:51 WARN util.NativeCodeLoader: Unable to load native-hadoop libra
ry for your platform... using builtin-java classes where applicable
-rw-r--r--   1 zkpk supergroup        120 2015-12-09 04:16 /data/data
```

图 4-2

（3）-mkdir <path>表示创建目录。

命令行操作格式为：hadoop fs -mkdir /test 或 Hadoop fs -mkdir hdfs://master:9000/test。

在 HDFS 分布式文件系统的根目录下创建文件夹 test，如图 4-3 所示。

```
[zkpk@master ~]$ hadoop fs -mkdir /test
15/12/10 00:23:27 WARN util.NativeCodeLoader: Unable to load native-hadoop libra
ry for your platform... using builtin-java classes where applicable
[zkpk@master ~]$ hadoop fs -ls /
15/12/10 00:23:34 WARN util.NativeCodeLoader: Unable to load native-hadoop libra
ry for your platform... using builtin-java classes where applicable
Found 9 items
drwxr-xr-x   - zkpk supergroup          0 2015-09-09 00:45 /0909-sogou
drwxr-xr-x   - zkpk supergroup          0 2015-12-09 04:16 /data
drwxr-xr-x   - zkpk supergroup          0 2015-11-04 20:59 /hbase
drwxr-xr-x   - zkpk supergroup          0 2015-09-24 23:24 /newtest
drwxr-xr-x   - zkpk supergroup          0 2015-10-08 19:16 /sogou
drwxr-xr-x   - zkpk supergroup          0 2015-09-24 23:42 /teatpart
drwxr-xr-x   - zkpk supergroup          0 2015-12-10 00:23 /test
```

图 4-3

（4）-put <src><des> 表示从本地上传文件到 HDFS 上。

命令行操作格式为：hadoop fs -put /home/zkpk/upload /upload 或 hadoop fs -put /home/zkpk/upload hdfs://master:9000/upload。

（5）-copyFromLocal<src><des>和 put 命令一样，表示上传文件到 HDFS 上。

命令行操作格式为：hadoop fs -copyFromLocal /home/zkpk/upload /upload 或 hadoop fs -copyFromLocal /home/zkpk/upload hdfs://master:9000/upload。

将本地 Linux 文件系统下的 upload 文件上传到 HDFS 分布式文件系统的根目录，如图 4-4 所示。

```
[zkpk@master ~]$ hadoop fs -put /home/zkpk/upload /upload
15/12/10 00:44:43 WARN util.NativeCodeLoader: Unable to load native-hadoop
ry for your platform... using builtin-java classes where applicable
[zkpk@master ~]$ hadoop fs -ls /
15/12/10 00:45:01 WARN util.NativeCodeLoader: Unable to load native-hadoop
ry for your platform... using builtin-java classes where applicable
Found 9 items
drwxr-xr-x   - zkpk supergroup          0 2015-09-09 00:45 /0909-sogou
drwxr-xr-x   - zkpk supergroup          0 2015-12-09 04:16 /data
drwxr-xr-x   - zkpk supergroup          0 2015-11-04 20:59 /hbase
drwxr-xr-x   - zkpk supergroup          0 2015-09-24 23:24 /newtest
drwxr-xr-x   - zkpk supergroup          0 2015-10-08 19:16 /sogou
drwxr-xr-x   - zkpk supergroup          0 2015-09-24 23:42 /teatpart
drwx------   - zkpk supergroup          0 2015-09-23 02:39 /tmp
-rw-r--r--   1 zkpk supergroup         33 2015-12-10 00:44 /upload
```

图 4-4

（6）-get <des>表示从 HDFS 下载文件到本地或-copyToLocal <des>。

命令行操作格式为：hadoop fs -get /download /home/zkpk 或 hadoop fs -get hdfs://master:9000/download /home/zkpk。

（7）-copyToLocal #和 get 命令一样。

命令行操作格式为：hadoop fs -copyToLocal /download /home/zkpk 或 hadoop fs -copyToLocal hdfs://master:9000/download/home/zkpk。

将 HDFS 分布式文件系统上的 download 文件下载到 Linux 本地文件系统，如图 4-5 所示。

```
[zkpk@master ~]$ hadoop fs -get /download /home/zkpk/
15/12/10 01:20:54 WARN util.NativeCodeLoader: Unable to load native-hadoop lib
ry for your platform... using builtin-java classes where applicable
[zkpk@master ~]$ ll
total 526660
drwxrwxr-x.  8 zkpk zkpk      4096 Sep 22 18:58 apache-hive-0.13.1-bin
-rwxrw-rw-.  1 zkpk zkpk  54246778 Nov 19  2014 apache-hive-0.13.1-bin.tar.gz
drwxrwxrwx. 11 zkpk zkpk      4096 Oct 21 06:23 [illegible]
-rwxrw-rw-.  1 zkpk zkpk  21080563 Dec 17  2014 apache-storm-0.9.3.zip
-rw-rw-r--.  1 zkpk zkpk       120 Dec  9 04:15 data
drwxr-xr-x.  4 zkpk zkpk      4096 Nov 30 17:04 Desktop
drwxr-xr-x.  2 zkpk zkpk      4096 Aug 29 08:29 Documents
-rw-r--r--.  1 zkpk zkpk        23 Dec 10 01:20 download
```

图 4-5

（8）-cat <src>表示查看文件内容。

命令行操作格式为：hadoop fs -cat /download 或 hadoop fs -cat hdfs://master:9000/download。

查看 HDFS 分布式文件系统上 download 文件的内容，如图 4-6 所示。

```
[zkpk@master ~]$ hadoop fs -cat /download
15/12/10 01:40:57 WARN util.NativeCodeLoader: Unable to load native-hadoop l
ry for your platform... using builtin-java classes where applicable
hadoop  java
hive    hbase
```

图 4-6

（9）-rm(r) <path>表示删除文件（夹）；-rm 表示删除文件；-rmr 表示删除文件夹及其中内容。

命令行操作格式为：hadoop fs -rmr /download 或 hdfs://master:9000/download。

删除 HDFS 分布式文件系统中的 download 文件，如图 4-7 所示。

```
[zkpk@master ~]$ hadoop fs -rmr /download
rmr: DEPRECATED: Please use 'rm -r' instead.
15/12/10 01:43:20 WARN util.NativeCodeLoader: Unable to load n
```

图 4-7

以上 9 个是 HDFS 最常见的 shell 命令，它也被称为访问 HDFS 分布式文件系统的命令行接口，这些命令在实际大数据系统的开发过程中将会频繁使用，务必将其练习得得心应手。

4.2 HDFS Java 接口

Hadoop 是用 Java 语言开发编写的，所以通过 Java 的 API 可以调用 Hadoop 文件系统所有的交互操作。工程师在开发 Hadoop 的时候也预留了 Java 的调用接口，在客户端通过自定义 Java 程序可以调用这些预留的接口，访问 HDFS 分布式文件系统。在这里，客户端最主要关注的是 HDFS 实例对象，这个实例对象的类名叫 DistributedFileSystem，即分布式文件系统。然而，Hadoop 其实并没有直接开放这个类，而是提供了更加抽象的类 FileSystem，并提供了相应的编码实现，提供这个抽象类是为了保持其在不同文件系统中的可移植性。读者既可以使用 Windows 系统的 Eclipse 作为开发环境，远程访问 HDFS 文件系统，也可以直接在虚拟机可视化图形系统中安装 Linux 版本的 Eclipse 开发环境。本节中将要演示的是直接在 Linux 虚拟机环境中安装 Eclipse 统一集成开发环境。

4.2.1 在 Linux 虚拟机中安装 Eclipse

① 首先将安装文件 eclipse-jee-indigo-SR2-linux-gtk-x86_64.tar.gz 通过 SSH 上传到 Linux 系统主节点的/home/ydh 目录（此目录以自己的设置为准），如图 4-8 所示。

```
[xdl@master ~]$ ls
a2.txt                                       fscat.jar             Pictures
a.txt                                        fsdata.jar            Public
b.txt                                        hadoop-2.5.2          sogou
codec.jar                                    hadoop-2.5.2.tar.gz   sogou.500w.utf8
copyfile.jar                                 hadoopdata            Templates
Desktop                                      hadoop-src            uploadfiles.jar
Documents                                    hdfs_file             urlcat.jar
Downloads                                    HelloWorld.class      Videos
d.txt                                        HelloWorld.java       workspace
eclipse                                      mkdir.jar             ??????.xlsx
eclipse-jee-indigo-SR2-linux-gtk-x86_64.tar.gz  Music              yarn-site.xml
```

图 4-8

② 解压安装。通过命令 tar -zxvf ./eclipse-jee-indigo-SR2-linux-gtk-x86_64.tar.gz 安装 Eclipse，如图 4-9 所示，会出现 eclipse 文件夹。

```
[xdl@master ~]$ ll
total 920608
-rw-rw-r--. 1 xdl xdl         4 Mar  1 19:00 a2.txt
-rw-r--r--. 1 xdl xdl        58 Feb  5 22:10 a.txt
-rw-rw-r--. 1 xdl xdl        36 Feb  5 18:44 b.txt
-rw-rw-r--. 1 xdl xdl      1474 Mar  1 00:11 codec.jar
-rw-rw-r--. 1 xdl xdl      1523 Feb  8 19:41 copyfile.jar
drwxr-xr-x. 2 xdl xdl      4096 Feb  5 01:58 Desktop
drwxr-xr-x. 2 xdl xdl      4096 Feb  5 01:58 Documents
drwxr-xr-x. 2 xdl xdl      4096 Feb  5 01:58 Downloads
-rw-rw-r--. 1 xdl xdl        19 Feb  7 09:13 d.txt
drwxrwxr-x. 9 xdl xdl      4096 Mar  1 18:51 eclipse
-rwxrw-rw-. 1 xdl xdl 221688572 Sep 20  2014 eclipse-jee-indigo-SR2-linux-gtk-x86_64.tar
.gz
```

图 4-9

③ 打开 Eclipse 统一集成开发工具。需要注意，此时在第三方命令行终端是打不开 Eclipse 工具的，因为一般第三方的终端是不支持图形化界面的，所以需要切换到 Linux 图形化界面系统，打开一个支持图形化的终端，如图 4-10 所示。

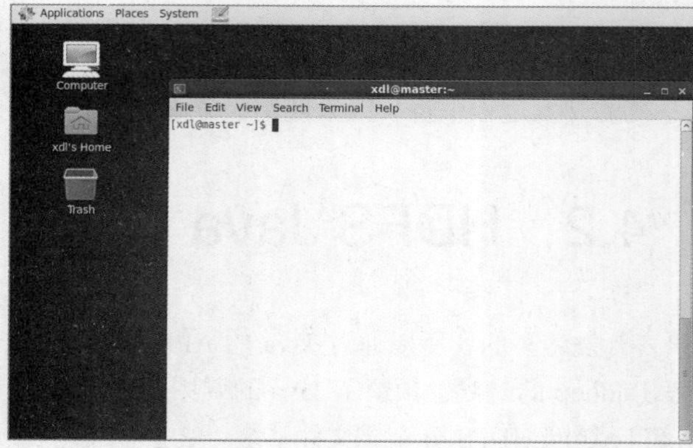

图 4-10

④ 在图形化界面终端中输入下面的命令，进入 Eclipse 集成开发环境的安装目录。

```
cd eclipse./eclise
```

打开 Eclipse 开发环境，如图 4-11 所示。

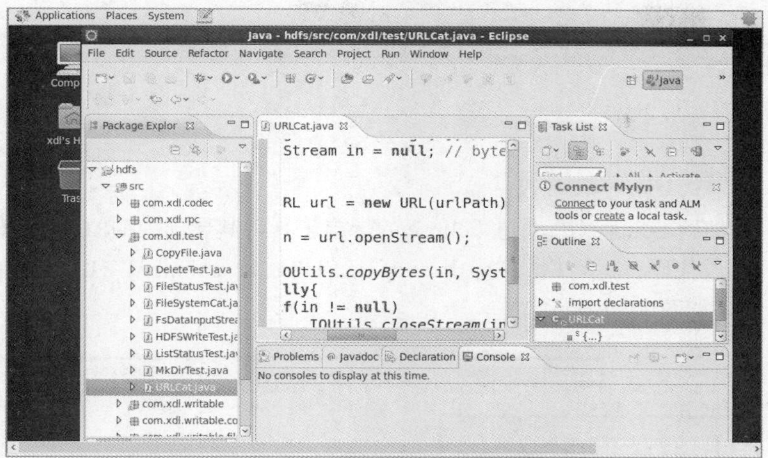

图 4-11

⑤ Eclipse 安装完成后，就可以在其中开发 HDFS 的 Java 访问接口应用程序了。

4.2.2　从 Hadoop URL 读取数据

要从 HDFS 文件系统中读取文件数据，最简单的方法就是使用 java.net.URL 对象打开数据流，从中读取文件数据。我们知道，HDFS 文件系统根目录的 URL 是 hdfs://master:9000/，通过这个资源地址，就可以利用 java.net.URL 对象来访问 HDFS 任何一个目录下的文件，如 hdfs://master:9000/a.txt。但是，URL 一般默认能够识别的访问协议是 http，对于 hdfs 访问协议 java.net.URL，默认是不支持的。为了让 Java 程序 java.net.URL 能够识别 HDFS 文件系统的 hdfs 访问协议，需要通过 java.net.URL.setURLStreamHandlerFactory()方法添加一个能够识别 hdfs 协议的工厂对象 FsUrlStreamHandlerFactory。可以直接使用 new 命令创建该对象，以实参的方式传递给 URL 对象中的 setURLStreamHandlerFactory()方法，即 URL.setURLStreamHandlerFactory(new FsUrlStreamHandlerFactory())。此时，java.net.URL 对象就能够识别 HDFS 文件系统的 hdfs 访问协议了。然后，可以通过 URLStreamHandlerFactory 实例，以标准输出方式显式查看 HDFS 文件系统中的文件。

查看 HDFS 文件系统中 data 目录下 data 文件的内容，源代码如下。

```
public class URLCat {
    //设置 URL 能够识别 hdfs 协议的应用程序 FsUrlStreamHandlerFactory 工厂实例对象
    static {
        URL.setURLStreamHandlerFactory(new FsUrlStreamHandlerFactory());
    }
    public static void main(String[] args) throws Exception {
        //定义标准的 javaio 输入流变量
        InputStream in = null;
        //定义 HDFS 的 URL 以 main 函数参数的形式赋值给 url 变量，假如 args[0]的值为
          hdfs://master:9000/data/data
        String url = args[0];
```

```
        try {
            //创建 URL 对象，并获取 URL 对象所打开的 HDFS 文件系统中文件的输入流对象
            in = new URL(url).openStream();
            //通过 Hadoop 源码包提供的 IOUtils.copyBytes()方法，将 in 中的数据源源不断地写入
              System.out 对象，最后在控制台打印输出
            IOUtils.copyBytes(in, System.out, 4096, false);
        } finally {
            IOUtils.closeStream(in);
        }
    }
}
```

将上述代码添加到 Eclipse 中，通过 Eclipse 的导出工具将其导出为 URL.jar 文件。利用 Hadoop 的执行命令运行这段代码，运行格式为：hadoop jar URL.jar com.mr.URLCat hdfs://master:9000/data/data，运行结果如图 4-12 所示。

```
[zkpk@master ~]$ hadoop jar URL.jar com.mr.URLCat hdfs://master:9000/data/data
15/12/10 01:48:08 WARN util.NativeCodeLoader: Unable to load native-hadoop libra
ry for your platform... using builtin-java classes where applicable
One the top of the Crumpetty Tree
The Quangle Wangle sat,
But his face you could not see.
On account of his Beaver Hat.
```

图 4-12

由于这种通过 URL 访问读取 HDFS 文件的方式存在一定的局限性，也就是说，必须通过设置一个工厂对象 FsUrlStreamHandlerFactory，即 URL.setURLStreamHandlerFactory(new FsUrlStreamHandlerFactory())，才能使 URL 识别 hdfs 协议。而设置这个工厂对象的方法一旦被设置就不能重复地再设置，否则会报错，因为我们不能让 URL 同时识别设置的多个访问协议。所以，如果有第三方代码库，不受我们自己控制，若其已经设置过了这个工厂对象的类别，那开发者在自己的代码块中就不能再次设置，此时开发者就不能通过 URL 的方式访问 HDFS 文件系统了。

故而，我们需要选择一种通用、灵活的访问 HDFS 文件系统的类和接口。

4.2.3 使用 FileSystem 读取文件

有时无法在应用中设置 URLStreamHandlerFactory 实例，比如，不受控制的第三方组件如果已经声明了一个 URLStreamHandlerFactory 实例，将无法再用上述方法从 HDFS 分布式文件系统中读取数据，原因在 4.2.2 节中已经阐明。在这种情况下，需要使用 FileSystem 方式打开一个文件的输入流对象。

Hadoop 的 FileSystem 类就是与 HDFS 文件系统进行交互的 API。FileSystem 类是一个抽象类，是需要被继承的，所以只能通过其自身提供的 get()方法得到具体实现类的实例对象。这里的具体类，就是继承自 FileSystem 类的子类 DistributedFileSystem，然而，一般在开发中不会显式地去写 DistributedFileSystem 这个类，而是用它的父类来表示，即 FileSystem fs = FileSystem.get();，此时，FileSystem 对象就指向了一个 DistributedFileSystem 类的实例对象。

FileSystem 是一个通用的文件系统 API，也就是说，它既可以是 Linux 文件系统的 API，也可以是 HDFS 文件系统的 API，所以第一步是要检索需要使用的文件系统的实例，这里是 HDFS，然后就可以使用该类提供的两个静态方法获取具体的 FileSystem 的实例对象，代码如下。

```
public static FileSystem get(Configuration conf) throws  IOException
Public static FileSystem get(URI uri, Configuration conf) throws IOException
```

```
//使用 FileSystem 读取 sogou.500w.utf8 文件数据
public class FileSystemCat {
    public static void main(String[] args) throws Exception {
        //读取文件的 URI 地址 hdfs://master:9000/data/data
        String uri = args[0];
        //获取 HDFS 文件系统的配置信息实例对象
        Configuration conf = new Configuration();
        //通过 FileSystem 自身的静态方法 get 来获取 HDFS 文件系统实例对象
        FileSystem fs = FileSystem.get(URI.create(uri), conf);
        //定义标准的 IO 输入流对象
        InputStream in = null;
        try {
            //通过调用 HDFS 实例对象的 open 方法打开 HDFS 中文件输入流对象
            in = fs.open(new Path(uri));
            //
            IOUtils.copyBytes(in, System.out, 4096, false);
        } finally {
            IOUtils.closeStream(in);
        }
    }
}
```

FileSystem 与使用 URL 方式读取数据的结果是一样的，如图 4-13 所示。

```
[zkpk@master ~]$ hadoop jar read.jar com.mr.FileSystemCat /data/data
15/12/10 01:51:49 WARN util.NativeCodeLoader: Unable to load native-hadoop libra
ry for your platform... using builtin-java classes where applicable
One the top of the Crumpetty Tree
The Quangle Wangle sat,
But his face you could not see.
On account of his Beaver Hat.
```

图 4-13

4.2.4　FSDataInputStream 对象随机读取

FileSystem 对象中的 open()方法返回的是 FSDataInputStream 对象，而不是标准的 java.io.InputStream 类对象。FSDataInputStream 是继承了 java.io.DataInputStream 接口的一个特殊类，并支持随机访问，由此可以从流的任意位置读取数据。FSDataInputStream 类的源码如下。

```
public class FileSystemCat extends DataInputStream
      implements Seekable, PositionedReadable {
        // implementation elided
}
```

从源码中可以看到 Seekable 接口，它支持在文件中找到指定位置，并提供一个对当前位置相对于文件起始位置偏移量的查询，即 getPos()的查询方法，这样 FSDataInputStream 实例就可以在文件中定位，从而实现读取文件数据时任意字节个数的随机设置，代码如下。

```
public class FileSystemCat{
    public static void main(String[] args) throws Exception {
        String uri = args[0];//hdfs://master:9000/data/data
        Configuration conf = new Configuration();
        FileSystem fs = FileSystem.get(URI.create(uri), conf);
        FSDataInputStream in = null;//定义支持随机读取数据的输入流
        try {
            in = fs.open(new Path(uri));
```

```
            //定义随机取时的字节偏移量即字节数，此值可以任意调整
            byte buffer[] = new byte[256];
            int byteRead = 0;
            while((byteRead=in.read(buffer))>0){
                System.out.write(buffer,0,byteRead);
            }
        } finally {
            IOUtils.closeStream(in);
        }
    }
}
```

4.2.5　使用 FileSystem 写入数据

FileSystem 是一个抽象的文件系统，当我们拿到 FileSystem 的一个实现类的实例对象时，就相当于拿到了某个文件系统的实例对象，如 HDFS 分布式文件系统的实例对象。前面通过 FileSystem 读取到了 HDFS 文件系统中的文件数据，下面将介绍如何通过 FileSystem 向 HDFS 中写入数据。FileSystem 类提供了一系列创建文件的方法，其中最简单的方法是给准备创建的文件指定一个 Path 对象，用以包装将要创建的文件的路径地址。然后，调用 FileSystem 类提供的创建文件的方法 create()，将该 Path 对象传递给 create 方法，create 方法会返回一个用于写入数据到目标 Path 路径所指向的 HDFS 文件系统的输出流对象 FSDataOutputStream。其 API 方法如下。

```
public FSDataOutputStream create(Path f)throws IOException
public FSDataOutputStream append(Path f)throws IOException
```

其中，create()方法能够为需要写入且当前不存在的文件在 HDFS 文件系统中创建父目录；append()方法能够在一个已有文件末尾追加数据。

利用 FileSystem 提供的 create 方法可将本地 Linux 文件系统中的文件复制到 HDFS 分布式文件系统中，代码如下。

```
public class FileCopy{
    public static void main(String[] args) throws Exception {
        //本地 Linux 文件系统中文件的路径，/home/ydh/a.txt
        String localSrc = args[0];
        //目标 HDFS 文件系统的路径，hdfs://master:9000/a.txt
        //注意 HDFS 中 a.txt 不能事先存在
        String dst = args[1];
        //通过标准的 java.io 流读取本地 Linux 文件系统中的文件数据
        InputStream in = new BufferedInputStream(new  FileInputStream(localSrc));
        //连接 HDFS 文件系统
        Configuration conf = new Configuration();
        //指定将要存储从 Linux 文件系统而来的文件在 HDFS 上的存储路径
        FileSystem fs = FileSystem.get(URI.create(dst), conf);
        //返回输出到 HDFS 文件系统的输出流 FSDataOutputStream 对象
        FSDataOutputStream out = fs.create(new Path(dst));
        //调用工具类将 Linux 本地文件系统产生的输入流写入到 HDFS 的输出流中
        IOUtils.copyBytes(in, out, 4096, true);
    }
}
```

利用 FileSystem 提供的 append()方法将本地 Linux 文件系统中的文件追加到 HDFS 中已经存在的某一个文件中，代码如下。

```
public class CopyFileAppend {
    public static void main(String[] args) {
        String localSrc = args[0];
        String dist = args[1];
        BufferedInputStream in = null;
        try{
            in = new BufferedInputStream(new FileInputStream(localSrc));
            Configuration conf = new Configuration();
            conf.setBoolean("dfs.support.append", true);
            conf.set("dfs.client.block.write.replace-datanode-on-failure.policy",
"NEVER");
            conf.set("dfs.client.block.write.replace-datanode-on-failure.enable",
"true");
            FileSystem fs = FileSystem.get(URI.create(dist), conf);
            FSDataOutputStream out = fs.append(new Path(dist));
            IOUtils.copyBytes(in, out, 4096, false);
        }catch(Exception e){
            e.printStackTrace();
        }finally{
            IOUtils.closeStream(in);
        }
    }
}
```

注意，在执行上述代码的时候，需要将 HDFS 中 core-site.xml 和 hdfs-site.xml 两个配置文件复制到 Eclipse 项目中工程目录下的 bin 目录中，上述代码在执行时就不会报异常了。

上述 create 和 append 两个方法在执行时都返回了 FSDataOutputStream 对象，该对象是不支持随机写的，也就是不能自定义每次写入到 HDFS 文件系统中的字节数。因为 FSDataOutputStream 对象不支持在输出文件中进行任意定位，而只能获取下一个将要写入的文件位置，代码如下。

```
public class FSDataOutputStream extends DataOutputStream
  implements Syncable{
    public long getPos() throws IOException{  //查询文件当前位置
        // implementation elided
    }
}
```

与 FSDataInputStream 类不同的是，FSDataOutputStream 类不允许在文件中定位。这是因为 HDFS 只允许对一个已打开的文件顺序写入，或在现有文件的末尾增加数据。

4.2.6　FSDataOutputStream 对象批量写入

4.2.5 节中介绍了如何把本地单个文件写入 HDFS 文件系统，那么要把本地某个文件夹下所有的文件一次性写入到 HDFS，该如何实现呢？我们只需要了解一个类 FileStatus，该类是对文件状态的描述类，如果我们能拿到多个文件的 FileStatus 实例对象，从中获取文件的具体路径信息，就可以利用 FSDataOutputStream 对象，根据其路径 Path 信息，将多个文件一次性写入 HDFS 中形成一个文件，达到将小文件合并成大文件的效果，代码如下。

```
public class HdfsWriteTest {
    public static void main(String[] args) throws Exception{
        Configuration conf = new Configuration();
        //获取 Linux 本地文件系统 FileSystem 实例
        FileSystem local = FileSystem.getLocal(conf);
        //获取 HDFS 分布式文件系统 FileSystem 实例
```

```
        FileSystem hdfs = FileSystem.get(conf);
        //Linux 本地某一文件夹路径，该文件夹下有多个文件，例如 /home/ydh/files/
        Path localdir = new Path(args[0]);
        //上传到 HDFS 的路径设置，例如 hdfs://master:9000/sum.txt，其中 sum.txt 不能事先存在，
          它是未来要生成到 HDFS 文件系统的新文件
        Path hdfsFile = new Path(args[1]);
        try{
            //获取 Linux 本地某一文件夹路径下面的所有文件的状态元信息
            FileStatus[] inputFiles = local.listStatus(localdir);
            //调用 FileSystem 实例对象的 create()返回一个输出流对象，准备写入 HDFS
            //create 实参中有一个匿名对象，当 create 方法执行完毕后进行回调
            FSDataOutputStream out = hdfs.create(hdfsFile, new Progressable() {
                @Override
                public void progress() {
                    System.out.print("..........");
                }
            });
            //遍历 Linux 本地文件夹下的所有文件
            for(int i=0; i<inputFiles.length;i++){
                //打印 Linux 本地文件夹下某一文件的名字
                System.out.println(inputFiles[i].getPath().getName());
                //创建 Linux 本地文件夹下某一文件的输入流对象，读取文件内容
                FSDataInputStream in = local.open(inputFiles[i].getPath());
                //自定义随机一次性读取文件的字节数
                byte buffer[] = new byte[512];
                int bytesRead = 0;
                //循环写入到远程 HDFS 文件系统中
                while((bytesRead = in.read(buffer))>0){
                    out.write(buffer, 0, bytesRead);
                }
                in.close();
            }
            out.close();

        }catch(Exception e){
            e.printStackTrace();
        }
    }
}
```

4.2.7 查询文件状态 FileStatus

4.2.6 节中简单使用了 FileStatus 类，本节将详细介绍它的用法。任何文件系统都有一个重要特征，就是提供其文件系统目录结构浏览和检索它所存文件和目录相关信息的功能。

FileStatus 类正是封装了文件系统中文件和目录的元数据，包括文件的长度、块大小、备份、修改时间、所有者以及文件的权限信息等。FileSystem 实例的 getFileStatus()方法可用于获取文件和目录的元数据 FileStatus 对象，这样就能获取该文件的状态元信息了，请参考以下代码。

```
public class FileStatusTest {
public static void main(String[] args)throws Exception {
    Configuration conf = new Configuration();
    //获取 FileSystem 实例对象
```

```
        FileSystem fs = FileSystem.get(conf);
        //判断文件是否存在
        boolean flag = fs.exists(new Path(args[0]));
        if(flag){
            //获取文件的状态元信息 FileStatus 对象
            FileStatus status = fs.getFileStatus(new Path(args[0]));
            //将 FileStatus 对象封装成数组
            FileStatus[] status2 = {status};
            //通过 Hadoop 提供的文件工具类 FileUtil 将数组内容转化为 path 数组
            Path[] paths = FileUtil.stat2Paths(status2);
            //遍历 path 数组，获取文件路径和文件的名字等信息
            for(int i=0; i<paths.length;i++){
                System.out.println(paths[i]);
                System.out.println(paths[i].getName());
            }
        }
    }
}
```

如果要列出 HDFS 文件系统中某个目录下的所有文件的状态信息内容，可以使用 FileSystem 实例提供的 listStatus 方法：

```
public FileStatus[] listStatus(Path f) throws IOException
```

我们给这个方法传递一个 Path 路径参数，就可以获取该路径下所有文件的元数据信息对象了。参考代码如下。

```
public class ListStatus {
    public static void main(String[] args) throws Exception {
        //HDFS 文件系统某一路径，args 数组可以包含一组文件的路径
        String uri = args[0];
        Configuration conf = new Configuration();
        //获取 FileSystem 实例对象
        FileSystem fs = FileSystem.get(URI.create(uri), conf);
        //初始化 Path 数组列表
        Path[] paths = new Path[args.length];
        //为 Path 数组中的元素进行赋值
        for (int i = 0; i < paths.length; i++) {
            paths[i] = new Path(args[i]);
        }
        //调用 FileSystem 实例对象中的 listStatus 方法获取一组文件的所有元数据对象
        FileStatus[] status = fs.listStatus(paths);
        Path[] listedPaths = FileUtil.stat2Paths(status);
        //遍历输出各个文件的路径信息
        for (Path p : listedPaths) {
            System.out.println(p);
        }
    }
}
```

4.2.8 创建目录

FileSystem 实例提供了创建目录的方法 public boolean mkdirs(Path f)throws IOException，这个方法可以一次性新建所有必要但还没有的父目录，就像 java.io.File 类的 mkdirs()方法。如果目录

及其所有父目录都已经创建成功，则返回 true。但通常不需要显式地创建一个目录，因为调用 create()方法写入文件时，会自动创建父目录，代码如下。

```
public class MkdirTest {
    public static void main(String[] args) throws IOException {
        Configuration conf = new Configuration();
        FileSystem fs = FileSystem.get(URI.create(args[0]), conf);
        //FileSystem实例调用创建目录的方法
        fs.mkdirs(new Path(args[0])); //hdfs://master:9000/ttt
    }
}
```

运行结果如图 4-14 所示。

```
[zkpk@master ~]$ hadoop jar mkdir.jar com.mr.MkdirTest
15/12/10 03:00:52 WARN util.NativeCodeLoader: Unable to load native-hadoop libra
ry for your platform... using builtin-java classes where applicable
[zkpk@master ~]$ hadoop fs -ls /
15/12/10 03:00:59 WARN util.NativeCodeLoader: Unable to load native-hadoop libra
ry for your platform... using builtin-java classes where applicable
Found 10 items
drwxr-xr-x   - zkpk supergroup          0 2015-09-09 00:45 /0909-sogou
drwxr-xr-x   - zkpk supergroup          0 2015-12-09 04:16 /data
drwxr-xr-x   - zkpk supergroup          0 2015-11-04 20:59 /hbase
drwxr-xr-x   - zkpk supergroup          0 2015-09-24 23:24 /newtest
drwxr-xr-x   - zkpk supergroup          0 2015-10-08 19:16 /sogou
drwxr-xr-x   - zkpk supergroup          0 2015-09-24 23:42 /teatpart
drwx------   - zkpk supergroup          0 2015-09-23 02:39 /tmp
drwxr-xr-x   - zkpk supergroup          0 2015-12-10 03:00 /ttt
```

图 4-14

4.2.9 删除文件与目录

使用 FileSystem 实例的 delete()方法，可以永久性删除文件或目录：

```
public boolean delete(Path f, boolean recursive) throws IOException
```

如果 Path 指向的是一个文件或者空目录，那么 recursive 递归参数的值就会被忽略。只有在递归参数 recursive 的值为 true 时，非空目录及其内容才会被删除，否则会抛出 IOException 异常，代码如下。

```
public class DeleteTest {
    public static void main(String[] args) throws IOException {
        Configuration conf = new Configuration();
        FileSystem fs = FileSystem.get(URI.create(args[0]), conf);
        fs.delete(new Path(args[0]));// hdfs://master:9000/ttt
    }
}
```

运行结果如图 4-15 所示，ttt 文件被删除。

```
[zkpk@master ~]$ hadoop jar delete.jar com.mr.DeleteTest
15/12/10 03:07:23 WARN util.NativeCodeLoader: Unable to load native-hadoop lib
ry for your platform... using builtin-java classes where applicable
[zkpk@master ~]$ hadoop fs -ls /
15/12/10 03:07:39 WARN util.NativeCodeLoader: Unable to load native-hadoop lib
ry for your platform... using builtin-java classes where applicable
Found 9 items
drwxr-xr-x   - zkpk supergroup          0 2015-09-09 00:45 /0909-sogou
drwxr-xr-x   - zkpk supergroup          0 2015-12-09 04:16 /data
drwxr-xr-x   - zkpk supergroup          0 2015-11-04 20:59 /hbase
drwxr-xr-x   - zkpk supergroup          0 2015-09-24 23:24 /newtest
drwxr-xr-x   - zkpk supergroup          0 2015-10-08 19:16 /sogou
drwxr-xr-x   - zkpk supergroup          0 2015-09-24 23:42 /teatpart
drwx------   - zkpk supergroup          0 2015-09-23 02:39 /tmp
```

图 4-15

本章总结

本章主要介绍了 Hadoop 的 HDFS 分布式文件系统的操作接口，即命令行接口和 Java 接口，两者都非常重要，在实际开发中的使用非常频繁，我们需要重点掌握并熟练运用命令行接口和 Java 访问接口。

本章习题

1. 常见的操作 HDFS 分布式文件系统的命令行命令有哪些？
2. 常见的操作 HDFS 分布式文件系统的 Java API 有哪些？

第 5 章 HDFS 的运行机制

本章要点

- HDFS 中数据流的读写
- HA 机制
- Federation 机制

本章将介绍 HDFS 的内部运行机制，主要包括 HDFS 中数据流的读写、HDFS 的高可用性机制及 HDFS 的 Federation 联邦机制，阐明当通过命令行或 Java Client 访问 HDFS 时底层的请求和响应运行原理。并且介绍 HDFS 主节点 NameNode 宕机之后，系统处于瘫痪状态，通过 Hadoop 的 HA 机制解决此问题的方法说明，以及在大规模集群中解决 NameNode 受限、集群扩展性的制约等实践开发中的常见问题。

5.1 HDFS 中数据流的读写

HDFS 是一个集群，由几十台、几百台、几千台甚至上万台节点组成，这些节点都是以机架的形式组织的，而这些机架可能摆放在同一个机房，也可能在不同的机房，甚至在不同的地域。HDFS 就是运行在这些服务器节点上的分布式文件系统程序，用户访问 HDFS，就是访问运行在这些众多节点上的分布式文件程序，通过 Client 命令请求服务端分布式文件系统程序，这个过程被称为远程过程调用（Remote Procedure Call，RPC），其协议叫作远程过程调用协议（即 RPC 协议）。

RPC 协议与网络层的 IP、传输层的 TCP、应用层的 HTTP 类似，它是一种通过网络从远程计算机程序上请求服务，而不需要了解底层网络技术的协议。RPC 协议假定某些传输协议的存在，如 TCP 或 UDP，为通信程序之间携带信息数据。在 OSI 网络通信模型中，RPC 协议跨越了传输层和应用层，使得开发网络分布式程序更加容易。

5.1.1 RPC 流程

RPC 允许一台计算机调用另一台计算机上的程序，而不需要做额外的编程，就像在本地使用一样。现在互联网应用的量级越来越大，单台计算机的能力有限，需要借助可扩展的计算机集群来完成。分布式的应用可以借助 RPC 完成服务器之间的调用。一个典型的 RPC 框架主要包括图 5-1 所示的几个部分。

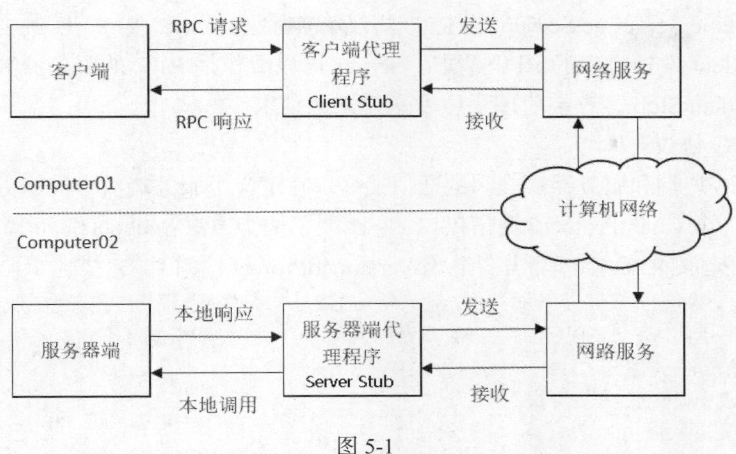

图 5-1

① 通信模块：两个相互协作的通信模块实现请求和应答，如图 5-1 中的 Computer01 和 Computer02，通过 Network 通信模块实现请求和应答。

② 代理程序：客户端和服务器端均包含代理程序，如图 5-1 中的 Client Stub 和 Server Stub 代理程序。

③ 调度程序：调度程序接受来自通信模块的请求消息，并根据其中的标志选择一个代理程序处理。

一个 RPC 请求从发送到获取处理结果所经历的步骤如下。

① 客户程序以本地方式调用系统产生的 Client Stub 代理程序。

② 该 Client Stub 代理程序将函数调用信息按照网络通信模块的要求封装成消息包，并交给通信模块发送到远程服务器端。

③ 远程服务器端接收到此消息后，将此消息发送给相应的 Server Stub 代理程序。

④ Server Stub 代理程序拆封消息，形成被调用过程要求的形式，并调用对应的服务器端本地的服务函数。

⑤ 被调用函数按照所获参数执行，并将结果返回给 Server Stub 代理程序。

⑥ Server Stub 代理程序将此结果封装成消息，通过网络通信模块逐级传送给客户程序。

⑦ Client Stub 代理程序接受消息，并进行解码。

⑧ 客户程序得到最终结果。

RPC 的目标就是将步骤①～⑦的处理过程都封装起来。

5.1.2　RPC 实现模型

RPC 协议允许像调用本地服务一样调用远程服务，而且它是与语言无关的。本节将调用 Hadoop 通过 Java 语言实现的 RPC 框架模型所提供的 API 类与接口，开发一个自定义的 RPC 调用过程，从而掌握 RPC 基本框架的工作原理。在 Hadoop RPC 的 API 中，主要对外提供两类接口。

（1）public static VersionedProtocol getProxy/waitForProxy()构造一个 Client 代理对象（该对象实现了 RPC 协议），用于向服务器端发送 RPC 请求，实现了 VersionedProtocol 协议。VersionedProtocol 其实就是 RPC 协议的一个标准接口，我们可以通过这个接口开发更多、更丰富的 RPC 请求。

（2）public static Server getServer()为 RPC 协议（实际上是 Java 接口）实例构造一个服务器对象，用于处理 Client 发送过来的 RPC 请求。Server 可以看作是 RPC 的服务器端实例对象，主要用于处理 RPC Client Stub 客户端代理程序发送过来的请求。

1. 定义 RPC 协议

RPC 协议是客户端和服务器端之间的通信接口，它定义了服务端对外的服务接口，如以下代码所示，定义了一个 ClientProtocol 通信接口，它声明了两个方法：echo()和 add()。需要注意的是，Hadoop 中所有自定义 RPC 接口都需要继承 VersionedProtocol 接口，它描述了协议的版本信息。

```
interface ClientProtocol extends org.apach.hadoop.ipc.VersionedProtocol {
    //版本号，默认情况下不同版本号的 RPC Client 和 Server 之间不能相互通信
    public static final long versionID = 1L;
    //定义协议中提供的 echo 方法
    String echo(String value) throws IOException;
    //定义协议中提供的 add 方法
    int add(int v1,int v2) throws IOException;
}
```

2. 实现 RPC 协议

Hadoop RPC 协议通常是一个 Java 接口，用户需要实现该接口，如以下代码所示，对以上定义的 ClientProtocol 协议接口进行简单的实现。

```
public static class ClientProtocolImpl implements ClientProtocol {
    //返回协议的版本号
    public long getProtocolVersion(String protocol , long clientVersion){
        return ClientProtocol.versionID;
    }
    //实现协议的 echo()方法
    public String echo(String value) throws IOException {
        return value;
    }
    //实现协议的 add()方法
    public int add(int v1,int v2) throws IOException{
        return v1+v2;
    }
}
```

3. 构造并启动 RPC Server

PRC 协议定义完毕，就可以基于这个协议创建 RPC 的服务器端了。可以直接使用 new RPC.Builder(conf)来构造一个 RPC Server，并调用函数 start()启动该服务，代码如下。

```
public class MyServer {
   //定义 RPC Server 的地址。
   public static final String ADDRESS="master";
   //定义 RPC Server 的端口号
   public static final int PORT = 2454;
   public static void main(String[] args)throws Exception {
       //构造一个 RPC Server 的实例对象
       final  Server  server  =  new  RPC.Builder(new  Configuration()).setProtocol
(ClientProtocol.class).setInstance(new  ClientProtocolImpl()).setBindAddress(ADDRESS).
setPort(MyServer.PORT).setNumHandlers(5).build();
       //启动 RPC Server 服务器
       server.start();
```

```
    }
}
```

其中，setBindAddress 和 setPort 分别表示服务器的主机名称和监听端口，而 setNumHandlers 表示服务器端处理请求的线程句柄数目。到此为止，服务器处于监听状态，等待 Client 请求的到达。

4. 构造 RPC Client 并发送 RPC 请求

使用静态方法 getProxy()构造 Client 代理对象，直接通过代理对象调用远程端口的方法，代码如下所示。

```
class MyClient {
    public static void main(String[] args) throws Exception {
        //通过 HadoopRPC 提供的构造 RPCClient 的接口来创建 RPC ClientProxy
        ClientProtocol proxy = (ClientProtocol) RPC.getProxy(
                ClientProtocol.class, 1L, new InetSocketAddress(
                        MyServer.ADDRESS, MyServer.PORT), new Configuration());
        //向 RPC Server 发起 add()的请求并得到结果
        final int result = proxy.add(3, 5);
        //向 RPC Server 发起 echo()的请求并得到结果
        String r = proxy.echo(result+"");
        System.out.println(r);
    }
}
```

经过以上 4 个步骤，一个非常高效的 Client/服务器 RPC 网络实现模型搭建完成。

5.1.3　RPC Client 主要流程

5.1.2 节中利用 Hadoop RPC 搭建了一个自定义的 Client/服务器 RPC 网络实现模型，接下来，学习 RPC Client 是如何向服务器 RPC Server 发起请求的，流程图如图 5-2 所示。

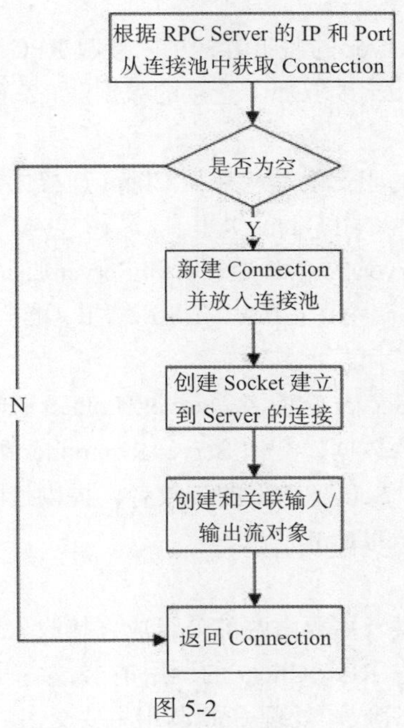

图 5-2

① RPC Client 发起 RPC 请求，通过 Java 反射机制转化为对 Client.call 的调用。

② 调用 getConnection 方法获得与 RPC Server 的连接，每一个 RPC Client 都维护着一个 HashMap 结构到 RPC Server 的连接池。

③ 通过 Connection 将序列化后的参数发送到 RPC Server。

④ 阻塞方式等待 RPC Server 返回响应。

5.1.4 RPC Server 实现模型

1. RPC Server 结构

RPC Server 实现了一种抽象的 RPC 服务，其底层主要是对 org.apache.hadoop.ipc 类的实现，即进程间通信（Inter-Process Communication，IPC）同时提供 Call 队列，它由一系列实体组成，分别负责调用整个流程，如图 5-3 所示。

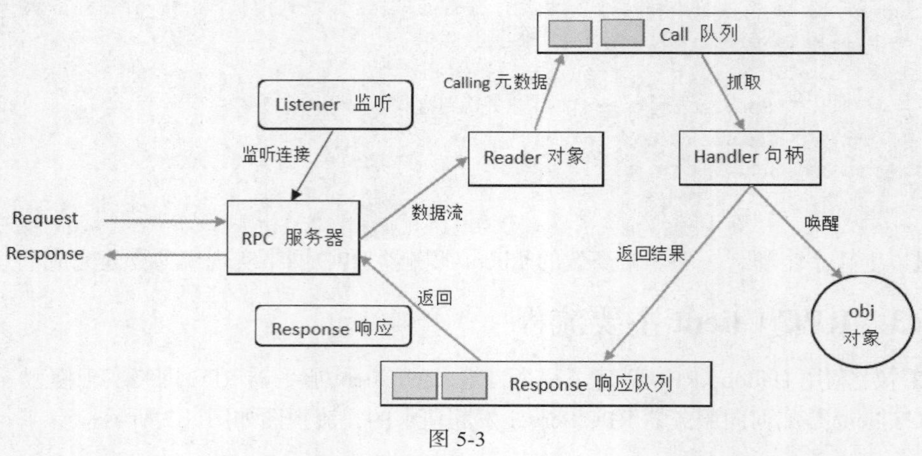

图 5-3

① Server.Listener：RPC Server 的监听者，用来接收 RPC Client 的连接请求和数据，然后把连接转发到某个 Reader，让 Reader 读取那个连接的数据。如果有多个 Reader，当有新连接过来时，就在这些 Reader 间顺序分发。

② Server.Reader：Reader 的职责就是从某个 Client 连接中读取数据流，然后把它转化成调用对象（Call），再放到调用队列（Call Queue）里。

③ Server.Handler：RPC Server 的 Call 处理者和 Server.Listener 通过 Call 队列交互。它从调用队列中获取调用信息，然后反射调用真正的对象得到结果，再把此次调用放到响应队列（Response Queue）里。

④ Server.Responder：RPC Server 响应者，Server.Handler 按照异步非阻塞的方式向 RPC Client 发送响应，如果有未发送出去的数据，交由 Server.Responder 处理完成。

⑤ Server.Connection：RPC Server 数据的接收者，提供接收数据、解析数据包的功能。

⑥ Server.Call：持有 Client 的 Call 信息。

2. RPC Server 主要流程

RPC Server 作为服务的提供者主要由两部分组成：接收 Call 调用和处理 Call 调用。

接收 Call 调用负责接收来自 RPC Client 的调用请求，编码成 Call 对象放入 Call 队列中，这一过程由 Server.Listener 监听器完成。处理 Call 调用主要交由 RPC Server 端的 Handler 线程，具体的步骤如图 5-4 所示。

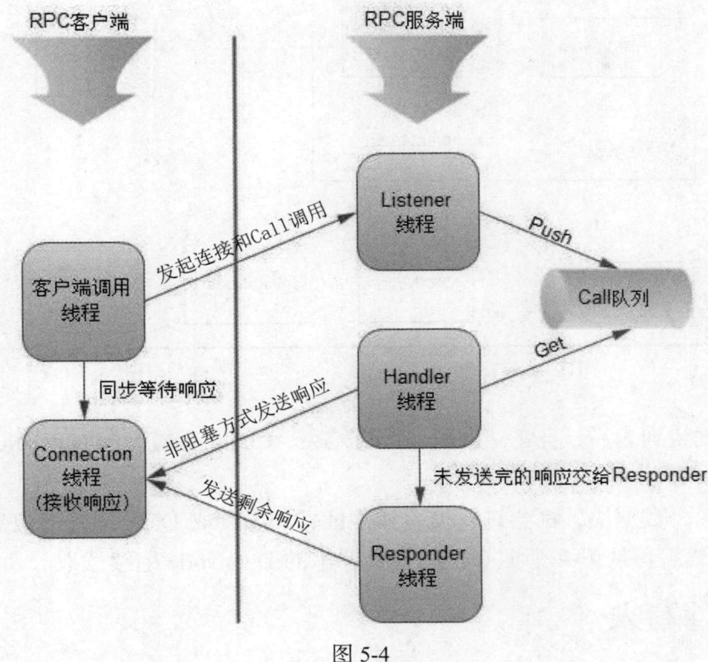

图 5-4

① Listener 线程监听 RPC Client 发过来的请求及数据。

② 当有数据可以接收时，调用 Connection 的 ReadAndProcess 方法读取数据。

③ Connection 边接收数据边处理数据，当接到一个完整的 Call 包时，构建一个 Call 对象 Push 到 Call 队列中，由 Handler 处理 Call 队列中的所有 Call 对象。

④ Handler 线程监听 Call 队列，如果 Call 队列非空，按 FIFO 规则从 Call 队列中取出 Call。

⑤ 将 Call 交给 RPC.Server 处理。

⑥ 借助 JDK 提供的 Method，完成对目标方法的调用，目标方法由具体的业务逻辑实现。

⑦ 返回响应。Server.Handler 按照异步非阻塞的方式向 RPC Client 发送响应，如果有未发送的数据，则交由 Server.Responder 完成。

5.1.5　文件读取

通过前面对 RPC 实现模型的介绍，我们对 RPC 的实现原理有了基本的理解。接下来，学习如何通过 RPC 的方式读取 HDFS 中某一个文件数据，文件读取流程如图 5-5 所示。

① 使用 HDFS 提供的 Client，向远程的 NameNode 发起 RPC 读文件请求。

② NameNode 会视情况返回文件的部分或者全部数据块列表，对于每个数据块，NameNode 都会返回有该数据块副本的 DataNode 地址。

③ Client 会选取最近的 DataNode 来读取数据块；如果 Client 本身就是 DataNode，那么将从本地直接获取数据。

④ 读取完当前数据块后，关闭当前的 DataNode 连接，并为读取下一个数据块寻找最佳的 DataNode。

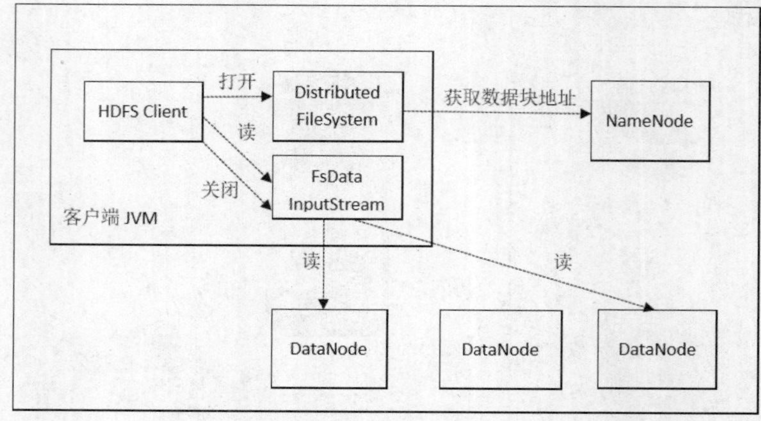

图 5-5

⑤ 当读完数据块列表后，且文件读取还没有结束，Client 会继续向 NameNode 获取下一批数据块列表。

⑥ 每读取完一个数据块，都会进行校验和验证，如果读取 DataNode 时出现错误，Client 会通知 NameNode，然后再从下一个拥有该数据块副本的 DataNode 继续读取。

5.1.6　文件写入

下面将介绍 Client 通过 RPC 的方式向 HDFS 写入数据的处理过程，其流程如图 5-6 所示。

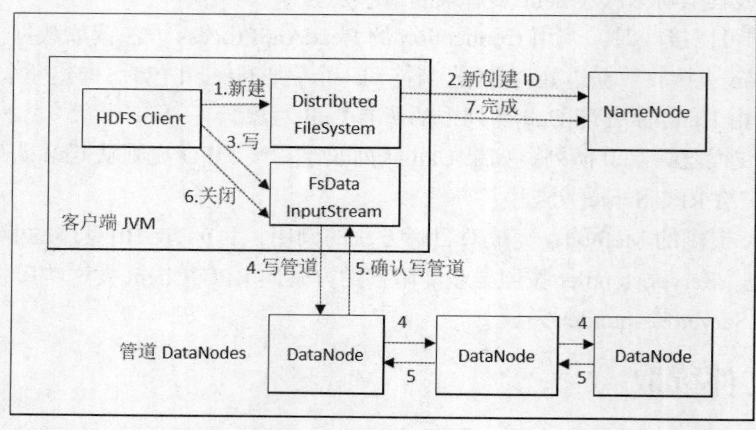

图 5-6

① 使用 HDFS 提供的命令行 Client 或者 JavaClient，向远程的 NameNode 节点发起 RPC 上传文件请求。

② NameNode 会检查要写入的文件是否已经存在，创建者是否有权限进行操作，检查通过则会为文件创建一个记录，否则 Client 会抛出异常。

③ 当 Client 开始写入文件的时候，Client 会将文件切分成多个数据包（Packets），由多个数据块组成。Client 客户端在内部以数据队列（Data Queue）的形式管理，并向 NameNode 申请数据包存储的空间地址，获取用来存储每个数据包中数据块副本的适合的 DataNode 列表。列表数量的大小根据 NameNode 中副本个数的设置而定。

④ 开始以管道的形式将数据包写入所有的副本中。开发库把数据包以流的方式写入第一个 DataNode，DataNode 把该数据包存储之后，再将其传递给此管道中的下一个 DataNode，直到最后一个 DataNode，这种写数据的方式呈流水线的形式。

⑤ 最后一个 DataNode 写成功之后，会返回一个确认队列（Ack Queue），在管道里传递至 Client，在 Client 的开发库内部维护着确认队列，成功收到 DataNode 返回的 Ack Packet 包之后，会从确认队列中移除相应的数据包。如果传输过程中，某个 DataNode 出现了故障，那么当前的管道会被关闭，出现故障的 DataNode 会从当前的管道中移除，剩余的数据块会继续，剩下的 DataNode 会继续以管道的形式传输，同时 NameNode 会分配一个新的 DataNode，保持副本设定的数量。

⑥ Client 完成数据的写入后，会对数据流调用 close()方法以关闭数据流。

⑦ DataNode 节点上数据包的最终写入完成之后，再将该元数据包具体的落地位置和数据块的情况写入 NameNode 的内存中。另外，只要写入了 dfs.replication.min 的复本数（默认值为 1），写操作就会成功，并且这个块可以在集群中异步复制，直到达到其目标复本数（dfs.replication 的默认值为 3），因为 NameNode 已经知道文件由哪些块组成，所以它在返回成功前只需要等待数据块进行最小量的复制。

5.2 HA 机制

本节将介绍 Hadoop 的高可用性（High Availability，HA）机制。通过前面的学习，我们发现一个问题：如果一个集群中主节点 NameNode 守护进程突然宕机，那么集群还能对外正常提供服务吗？显然是不能的！因为 NameNode 是 HDFS 主从架构中的主节点守护进程，其中存储了 HDFS 上文件数据的元数据信息，NameNode 一旦宕机，其上存储的文件元数据信息就会立刻从内存中丢失。当 Client 再次请求读取某个文件的时候，没有 NameNode，就找不到请求文件的元数据，即找不到所请求文件的名字、地址及块列表等信息。所以，当 NameNode 宕机之后，HDFS 就处于瘫痪状态了，一切对外提供服务的功能全部丧失，直到 NameNode 被重启恢复，否则 HDFS 将会永远瘫痪下去，不能再为 Client 的访问提供服务。

HA 机制的基本思想是在集群中接入两个 NameNode 节点，若其中一个宕机，还有另外一个可以继续提供服务。那么有人会说，这不就违背了 Hadoop 集群 HDFS 的主从架构了吗？的确，根据我们之前学过的知识，HDFS 是主从架构，主节点 NameNode 只能有一个，从节点 DataNode 可以有多个，当在集群中出现两个 NameNode 的时候，那么这两个节点就会争抢集群的共享资源，导致系统混乱、数据损坏，我们将这种现象称为"脑裂"，如同集群出现了两个大脑。

经过上述讨论，我们发现了现有 Hadoop 集群所存在的两个核心问题：第一，NameNode 的单点问题，当 NameNode 节点突然宕机，集群就会处于瘫痪，不能对外提供服务；第二，当部署两个 NameNode 的时候，会出现争抢集群共享资源的问题。

Hadoop 2.0 提供的 HA 机制可以解决这两个核心问题。经过部署 Hadoop 2.0 的 HA 机制，集群可以达到一个高可用的状态，彻底解决 NameNode 单点问题和集群中出现的"脑裂"现象。

5.2.1 HDFS 的 HA 机制

HDFS 的 HA 机制，是通过为两个 NameNode 配置 Active 和 Standby 状态来实现的。ActiveNameNode 是当前集群中正在工作的守护进程，负责 Client 对文件的请求和访问，

StandbyNameNode 则处于就绪准备状态，不参与集群的工作，Client 也请求不到这个 Standby NameNode，但其上所维护的数据与 ActiveNameNode 保持一致。

如果出现故障，如服务器崩溃或服务器需要升级维护，这时可通过此种方式将当前的 Acitve NameNode 切换到另外一台服务器上，如图 5-7 所示。

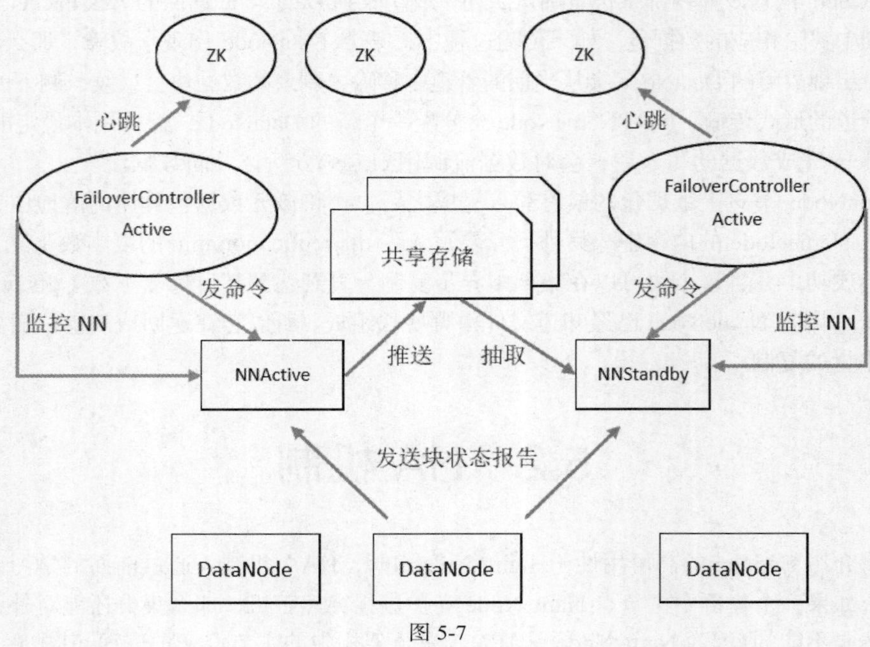

图 5-7

① 在一个典型的 HDFS（HA）集群中，将两台单独的服务器配置为 NameNode。在任何时间点，确保只有一个 NameNode 处于 Active 状态。ActiveNameNode 负责集群中的所有 Client 操作，StandbyNameNode 处于备用状态，一旦 ActiveNameNode 出现问题，保证能够快速切换。

② 为了能够实时同步 ActiveNameNode 和 StandbyNameNode 的元数据信息（实际上是 editlog 文件），需提供一个共享存储系统，可以是 NFS、QJM（Quorum Journal Manager）或者 Bookeeper 等。ActiveNameNode 将数据写入共享存储系统，而 StandbyNameNode 时刻监听该共享存储系统，一旦 StandbyNameNode 发现有新数据写入共享存储系统，则立刻实时读取这些数据，并加载到自己的内存中，以保证自己的内存状态所维护的元数据信息与 ActiveNameNode 保持基本一致。如此一来，在紧急情况下，StandbyNameNode 便可快速切换为 ActiveNameNode。

③ 为了实现快速切换，StandbyNameNode 节点获取集群的最新文件块信息列表也是很有必要的。为了实现这一目标，DataNode 需要配置 NameNode 的位置，即所有 DataNode 节点都需要知道 ActiveNameNode 和 StandbyNameNode 的地址，并同时给它们发送数据块报告信息及进行心跳检测。

④ 需要注意，第二年 NameNode 不是 HA，它只是阶段性地合并 edits 和 fsimage，以缩短集群启动的时间。当 NameNode 失效的时候，第二个 NameNode 无法立刻提供服务，甚至无法保证数据完整性，如果 NameNode 数据丢失，那么在上一次合并后的文件系统改动所产生的数据将会丢失。

5.2.2 集群节点任务规划

在学习集群节点的任务规划之前，要先知道节点之间任务是如何安排的，需要理解 ZooKeeper、DataNode、NameNode、JournalNode 之间的关系。从表 5-1 中可以了解将要搭建的集群中各个节点任务角色的规划，从表中不难看出，这是一个拥有 5 台节点规模的集群。

表 5-1

	master	master0	slave	slave1	slave2
NameNode	是	是			
DataNode			是	是	是
JournalNode	是	是	是	是	是
ZooKeeper	是	是	是	是	是
ZKFC	是	是			

其中，master 和 master0 将担任主节点 NameNode 的角色。slave、slave1 和 salve2 将担任从节点 DataNode 的角色。

JournalNode 是一组进程，就是 5.2.1 节讲过的两个 NameNode 之间数据同步的共享存储系统，当 ActiveNameNode 的命名空间有任何修改时，会告知大部分的 JournalNodes 进程。StandbyNameNode 有能力读取 JournalNode 中的变更信息，并且一直监控 editlog 的变化，把变化应用于自己的命名空间。StandbyNameNode 可以确保在集群出错时，命名空间状态已经完全同步了。我们将会看到，在 5 台节点上都有 JournalNode 的进程用来实现两个 NameNode 之间的命名空间数据的同步。

ZooKeeper 是分布式系统的协调器，将在 5.2.3 节中介绍。ZKFC（ZooKeeper Failover Cotroller）是 ZooKeeper 故障切换控制器，当 ActiveNameNode 突然宕机时，就由它来切换到备用的 NameNode 节点上。

根据表 5-1 的要求，需要准备 5 台虚拟服务器，其主机名分别为 master、master0、slave、slave1、slave2，并配置好 Linux 系统，如主机名、主机列表、防火墙、免密钥等，为 HA 的搭建做好准备工作。

5.2.3 初识 ZooKeeper

ZooKeeper 是一个分布式系统的协调器，在搭建 HA 的时候需要用 ZooKeeper 来实现两个 NameNode 之间的协调，用以完成故障的切换机制，下面详细介绍 ZooKeeper 的工作原理。

1. ZooKeeper 是一个分布式的、开放源码的分布式应用程序协调服务

ZooKeeper 包含一个简单的原语集，分布式应用程序可以基于它实现同步服务、配置维护和命名服务等。ZooKeeper 是 Hadoop 的一个子项目，其发展历程紧随 Hadoop。

在分布式应用中，由于工程师不能很好地使用锁机制，以及基于消息的协调机制不适合在某些应用中使用，因此需要有一种可靠、可扩展、可配置的分布式协调机制来统一系统的状态。ZooKeeper 应运而生，它将那些复杂的、容易出错的分布式一致性服务封装起来，构成一个高效可靠的原语集，并提供一系列简单易用的接口给用户使用。

2. 使用 ZooKeeper 的必要性

大部分分布式应用需要一个主控、协调器或控制器来管理物理分布的子进程。例如，本书后

面章节要学习的 HBase 分布式数据库是主从架构，主节点的守护进程是 HMaster，从节点的守护进程是 HRegionServer。

HMaster 的主要功能是管理 HRegionServer 上的数据存储单位 region 的分布和迁移，那么 HMaster 就需要知道各个 HRegionServer 上的元信息，所以这些元信息就需要统一管理、存放。

如果存储在 HMaster 上，会造成两个结果：一是会占据 HMaster 的内存空间影响 HMaster 的处理性能，二是 HMaster 容易宕机。一旦宕机，其上维护的元数据就会立刻丢失。所以为了保证元数据的安全，以及 HBase 集群的正常工作，需要将这些元数据存储在一个主控协调器上，ZooKeeper 集群就是最好的选择。

此外，大部分应用需要开发私有的协调程序，缺乏一个通用的机制，协调程序的反复编写浪费成本，且难以形成通用、伸缩性好的协调器。ZooKeeper 提供了通用的分布式锁服务，解决分布式系统协调问题，可以协调更多的分布式系统应用，比如后面要介绍的 HBase 和 Storm 系统。

3. ZooKeeper 集群的角色

ZooKeeper 集群的角色如表 5-2 所示。

表 5-2

角色	描述
Leader	Leader 负责进行投票的发起和决议，更新系统的状态
Follower	Follower 用于接受客户端请求并返回结果，在选举 Leader 过程中参与投票

Leader 服务器是整个 ZooKeeper 集群工作中的核心，Follower 服务器是 ZooKeeper 集群状态的跟随者。ZooKeeper 的核心是原子广播，这个机制保证了各个 Server 之间的同步。实现这个机制的协议叫作 Zab 协议。Zab 协议有两种模式，分别是恢复模式（选主）和广播模式（同步）。当服务启动或者在 Leader 崩溃后，Zab 协议会自动进入恢复模式，开始重新投票和选举 Leader。当 Leader 被选举出来，且大多数 Server 完成了和 Leader 的状态同步后，恢复模式就结束了。状态同步保证了 Leader 和 Server 具有相同的系统状态，而此时就是广播模式了。ZooKeeper Service 分布式协调服务如图 5-8 所示。

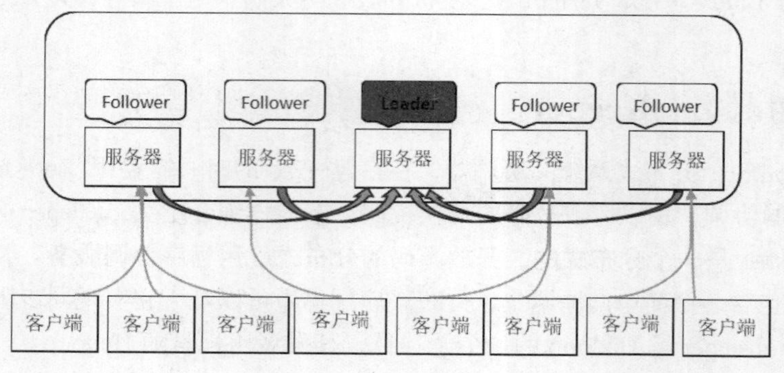

图 5-8

4. ZooKeeper 数据模型

ZooKeeper 可以理解为一个用来存储数据的集群数据库，因此会涉及数据模型的概念。其数据模型为层次化的目录结构，命名遵循常规文件系统规范。ZooKeeper 中的节点叫作 Znode，有唯一的路径标识。Znode 中的数据可以有多个版本，节点不支持部分读写，而是一次性完整读写。

Client 的应用可以在节点上设置监视器，Znode 可以被监控，包括这个目录节点中存储数据的修改、子节点目录的变化等。数据模型如图 5-9 所示。

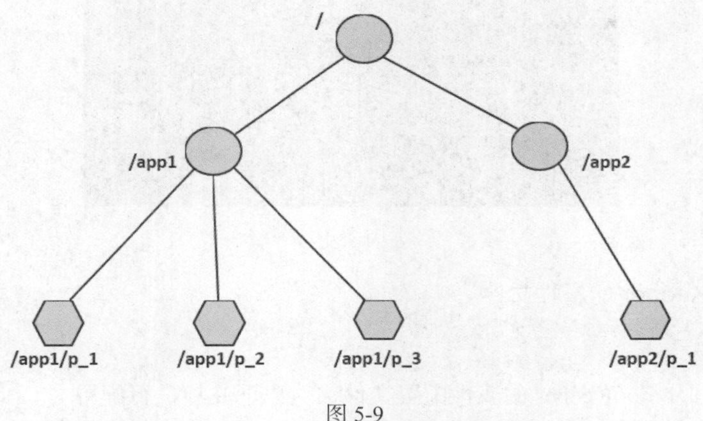

图 5-9

根据所存储数据的特点，Znode 可以分为临时性节点（Ephemeral）和持久性节点（Persistent）。对于临时性 Znode 节点，当注册的源进程死掉或者变化时，注册在 ZooKeeper 中的临时节点就会被立刻删除或者发生变化，这一通知会被 ZooKeeper 的 Follower 节点上报给 Leader 节点，由 Leader 进行原子广播到其他所有 Follower 节点，以保证 ZooKeeper 集群内容的同步。

对于持久性节点，它一旦被创建就会一直存在，除非人为手动将其删除。比如后面章节要介绍的 HBase，其运行在主节点的 HMaster 就会在 ZooKeeper 中注册为临时节点，若 HMaster 进程突然死掉，则注册在 ZooKeeper 集群中的临时节点 master 会被立刻删除，该 Znode 所在 Follower 节点就会立刻将此消息上报给 Leader，Leader 就会进行原子广播通知其他 Follower 节点服务器。另外，HBase 中的一些元数据信息会被以持久性 Znode 的方式存储在 ZooKeeper 集群中，除非人为手动删除，否则这些 HBase 的元数据信息会一直存储在 ZooKeeper 集群中。

5.2.4　安装部署 ZooKeeper

1. 安装 ZooKeeper 的前提条件

安装 ZooKeeper 的前提条件是 Hadoop 集群的规模不小于 3 台，集群中的服务器个数为奇数。因为前面讲过 ZooKeeper 的选举，如果集群的节点数是偶数，选举就无法进行。另外要做好时钟同步，并保证 Hadoop 集群已经正常启动。本次我们将在 5 台服务器上安装 ZooKeeper，也就是 master、master0、slave、slave1、slave2。

2. 下载 ZooKeeper 的安装包，并解压安装

在 Apache 官方网站下载 ZooKeeper 的安装包，解压安装在用户目录/home/ydh 下即可。

安装完毕后，执行 ls -l 命令，如图 5-10 所示。

3. 配置环境变量

```
/home/zkpk
vim ~/.bash_profile
export ZOOKEEPER_HOME=/home/zkpk/ZooKeeper-3.4.5
export PATH=$ZOOKEEPER_HOME/bin:$PATH

source ~/.bash_profile
```

```
[xdl@master zookeeper-3.4.5]$ ls -l
total 1516
drwxr-xr-x.  2 xdl xdl   4096 Mar 19 02:07 bin
-rw-r--r--.  1 xdl xdl  75988 Sep 30  2012 build.xml
-rw-r--r--.  1 xdl xdl  70223 Sep 30  2012 CHANGES.txt
drwxr-xr-x.  2 xdl xdl   4096 Mar 19 02:11 conf
drwxr-xr-x. 10 xdl xdl   4096 Mar 19 02:07 contrib
drwxrwxr-x.  3 xdl xdl   4096 Mar 19 20:42 data
drwxr-xr-x.  2 xdl xdl   4096 Mar 19 02:07 dist-maven
drwxr-xr-x.  6 xdl xdl   4096 Mar 19 02:07 docs
-rw-r--r--.  1 xdl xdl   1953 Sep 30  2012 ivysettings.xml
-rw-r--r--.  1 xdl xdl   3120 Sep 30  2012 ivy.xml
drwxr-xr-x.  4 xdl xdl   4096 Mar 19 02:07 lib
-rw-r--r--.  1 xdl xdl  11358 Sep 30  2012 LICENSE.txt
-rw-r--r--.  1 xdl xdl    170 Sep 30  2012 NOTICE.txt
-rw-r--r--.  1 xdl xdl   1770 Sep 30  2012 README_packaging.txt
-rw-r--r--.  1 xdl xdl   1585 Sep 30  2012 README.txt
drwxr-xr-x.  5 xdl xdl   4096 Mar 19 02:07 recipes
drwxr-xr-x.  8 xdl xdl   4096 Mar 19 02:07 src
```

图 5-10

4. 配置 ZooKeeper 的属性文件

```
cd /home/zkpk/ZooKeeper-3.4.5/conf
cp zoo_sample.cfg zoo.cfg
```

vim zoo.cfg 打开 ZooKeeper 的属性配置文件，对以下几项进行配置。

```
tickTime=2000ms    #ZooKeeper工作的基本单位时间
initLimit=10    #配置初始化（Leader被选举出来的时候）连接时，Leader和Follower最长的心跳时间（连接时间）。如果超过这个时间，有一半以上的Follower与Leader已连接，此时Leader被选出来了。10*2000ms = 20s
syncLimit=5  #配置Leader和Follower之间请求和应答的最长时间为5*2000ms
dataDir=/home/zkpk/ZooKeeper-3.4.5/data
server.1=master:2888:3888
server.2=master0:2888:3888
server.3=slave:2888:3888
server.4=slave1:2888:3888
server.5=slave2:2888:3888
```

ZooKeeper 的属性配置文件配置结束。以上关于 5 台服务器 IP 和端口号的配置形式为 server.X=A:B:C。其中，X 代表 Server 的序号，A 代表 Server 的 IP 地址或者主机名，B 代表各个 Follower（Server）与 Leader 通信时所用的端口，C 代表选举 Leader 时一起用的端口。

5. 配置 ZooKeeper 的服务器序号

配置主节点的服务器序号如下所示。根据 zoo.cfg 配置文件中 dataDir 的内容所指向的目录来配置服务器的序号。

```
dataDir=/home/zkpk/ZooKeeper-3.4.5/data //该目录的命名是固定的，但需要自己创建 mkdir /home/ydh/ZooKeeper-3.4.5/data
cd /home/ydh/ZooKeeper-3.4.5/data //进入该目录
vim myid  //新建myid文件
1//将myid文件的值设置为1，与上面 server.1=master:2888:3888保持一致
```

6. 将 ZooKeeper-3.4.5 及.bash_profile 复制到 master0、slave、slave1、slave2

使用下面的命令进行操作：

```
#将ZooKeeper-3.4.5安装目录复制到master0、slave、slave1、slave2
scp -r ./ZooKeeper-3.4.5 ydh@master0:~/
scp -r ./ZooKeeper-3.4.5 ydh@slave:~/
scp -r ./ZooKeeper-3.4.5 ydh@slave1:~/
scp -r ./ZooKeeper-3.4.5 ydh@slave2:~/
#将环境变量配置文件复制到master0、slave、slave1、slave2
scp -r ~/.bash_profile ydh@master0:~/
```

```
scp -r ~/.bash_profile ydh@slave:~/
scp -r ~/.bash_profile ydh@slave1:~/
scp -r ~/.bash_profile ydh@slave2:~/
```

#ssh 登录到 master0 节点，操作命令如下：

```
ssh master0
source ~/.bash_profile //使配置文件.bash_profile 生效
cd /home/ydh/ZooKeeper-3.4.5/data
vim myid  //打开 myid 文件
2//将其值修改为 2，与 zoo.cfg 文件中 server.2=master0:2888:3888 保持一致
```

#ssh 登录到 slave 节点，操作命令如下：

```
ssh slave
source ~/.bash_profile //使配置文件.bash_profile 生效
cd /home/zkpk/ZooKeeper-3.4.5/data
vim myid   //打开 myid 文件
3//将其值修改为 3，与 zoo.cfg 文件中 server.3=slave:2888:3888 保持一致
```

#ssh 登录到 slave1 节点，操作命令如下：

```
ssh slave1
source ~/.bash_profile //使配置文件.bash_profile 生效
cd /home/zkpk/ZooKeeper-3.4.5/data
vim myid   //打开 myid 文件
4 //将其值修改为 4，与 zoo.cfg 文件中 server.4=slave1:2888:3888 保持一致
```

#ssh 登录到 slave2 节点，操作命令如下：

```
ssh slave2
source ~/.bash_profile //使配置文件.bash_profile 生效
cd /home/zkpk/ZooKeeper-3.4.5/data
vim myid   //打开 myid 文件
5 //将其值修改为 5，与 zoo.cfg 文件中 server.5=slave2:2888:3888 保持一致
```

7. 启动 ZooKeeper 集群

分别在 master、master0、slave、slave1、slave2 节点上运行以下命令来启动 ZooKeeper 集群。

（1）启动 ZooKeeper 集群，执行以下命令。

```
ssh master    #登录到 master 节点
zkServer.sh start #执行命令
```

操作命令如图 5-11 所示。

```
[zkpk@master ~]$ zkServer.sh start
JMX enabled by default
Using config: /home/zkpk/zookeeper-3.4.5/bin/../conf/zoo.cfg
Starting zookeeper ... STARTED
```

图 5-11

```
ssh master0  #登录到 master0 节点
zkServer.sh start  #执行命令
```

操作命令如图 5-12 所示。

```
[zkpk@master0 ~]$ zkServer.sh start
JMX enabled by default
Using config: /home/zkpk/zookeeper-3.4.5/bin/../conf/zoo.cfg
Starting zookeeper ... STARTED
```

图 5-12

```
ssh slave  #登录到 slave 节点
zkServer.sh start  #执行命令
```

操作命令如图 5-13 所示。

```
[zkpk@slave ~]$ zkServer.sh start
JMX enabled by default
Using config: /home/zkpk/zookeeper-3.4.5/bin/../conf/zoo.cfg
Starting zookeeper ... STARTED
```

图 5-13

```
ssh slave1  #登录到 slave1 节点
zkServer.sh start  #执行命令
```

操作命令如图 5-14 所示。

```
[zkpk@slave1 ~]$ zkServer.sh start
JMX enabled by default
Using config: /home/zkpk/zookeeper-3.4.5/bin/../conf/zoo.cfg
Starting zookeeper ... STARTED
```

图 5-14

```
ssh slave2  #登录到 slave2 节点
zkServer.sh start  #执行命令
```

操作命令如图 5-15 所示。

```
[zkpk@slave2 ~]$ zkServer.sh start
JMX enabled by default
Using config: /home/zkpk/zookeeper-3.4.5/bin/../conf/zoo.cfg
Starting zookeeper ... STARTED
```

图 5-15

（2）验证 ZooKeeper 集群是否正常启动，执行以下命令。

```
ssh master #登录到 master 节点
zkServer.sh status #执行命令:
```

操作命令如图 5-16 所示。

```
[zkpk@master ~]$ zkServer.sh status
JMX enabled by default
Using config: /home/zkpk/zookeeper-3.4.5/bin/../conf/zoo.cfg
Mode: follower
```

图 5-16

```
ssh master0 #登录到 master0 节点
zkServer.sh status #执行命令
```

操作命令如图 5-17 所示。

```
[zkpk@master0 ~]$ zkServer.sh status
JMX enabled by default
Using config: /home/zkpk/zookeeper-3.4.5/bin/../conf/zoo.cfg
Mode: follower
```

图 5-17

```
ssh slave #登录到 slave 节点
zkServer.sh status #执行命令
```

操作命令如图 5-18 所示。

```
[zkpk@slave ~]$ zkServer.sh status
JMX enabled by default
Using config: /home/zkpk/zookeeper-3.4.5/bin/../conf/zoo.cfg
Mode: leader
```

图 5-18

```
ssh slave1 #登录到 slave1 节点
zkServer.sh status #执行命令
```

操作命令如图 5-19 所示。

```
[zkpk@slave1 ~]$ zkServer.sh status
JMX enabled by default
Using config: /home/zkpk/zookeeper-3.4.5/bin/../conf/zoo.cfg
Mode: follower
```

图 5-19

```
ssh slave2 #登录到 slave2 节点
zkServer.sh status #执行命令
```

操作命令如图 5-20 所示。

```
[zkpk@slave2 ~]$ zkServer.sh status
JMX enabled by default
Using config: /home/zkpk/zookeeper-3.4.5/bin/../conf/zoo.cfg
Mode: follower
```

图 5-20

通过以上操作命令，ZooKeeper 集群已经正常启动，各个节点的角色也已经确认，其中 slave 节点是 Leader 角色，其他节点都是 Follower 角色。可以任选一个节点，比如选择 master 节点来执行 zkCli.sh -server master:2181，就可以开启 ZooKeeper 的 Client 直接访问 ZooKeeper 集群中的信息，如图 5-21 所示。

```
2018-03-27 07:22:03,500 [myid:] - INFO  [main:Environment@100] - Client environment:user.dir=/ho
me/zkpk
2018-03-27 07:22:03,502 [myid:] - INFO  [main:ZooKeeper@438] - Initiating client connection, con
nectString=master:2181 sessionTimeout=30000 watcher=org.apache.zookeeper.ZooKeeperMain$MyWatcher
@36e255bb
Welcome to ZooKeeper!
2018-03-27 07:22:03,580 [myid:] - INFO  [main-SendThread(master:2181):ClientCnxn$SendThread@966]
 - Opening socket connection to server master/192.168.157.177:2181. Will not attempt to authenti
cate using SASL (unknown error)
2018-03-27 07:22:03,623 [myid:] - INFO  [main-SendThread(master:2181):ClientCnxn$SendThread@849]
 - Socket connection established to master/192.168.157.177:2181, initiating session
JLine support is enabled
2018-03-27 07:22:03,725 [myid:] - INFO  [main-SendThread(master:2181):ClientCnxn$SendThread@1207
] - Session establishment complete on server master/192.168.157.177:2181, sessionid = 0x16267c3a
5300000, negotiated timeout = 30000

WATCHER::

WatchedEvent state:SyncConnected type:None path:null
[zk: master:2181(CONNECTED) 0] ls /
[hadoop-ha, zookeeper]
```

图 5-21

5.2.5　格式化 ZooKeeper 集群

格式化 ZooKeeper 集群的主要目的是，在 ZooKeeper 集群上建立 HA 的 hadoop-ha 节点，也就是在 ZooKeeper 中注册 HA 的 Znode，通过 ZooKeeper 集群监控两个 NameNode 的实时状态，如果 ActiveNameNode 突然宕机，则通过 ZooKeeper 通知 StandbyNameNode 准备切换为 Active 状

态继续为集群提供服务。

格式化 ZooKeeper 集群的命令是在主节点 master 或者 master0 的执行目录中执行的：bin/hdfs zkfc -formatZK。

```
ssh master #登录到master节点
bin/hdfs zkfc -formatZK
```

操作命令如图 5-22 所示。

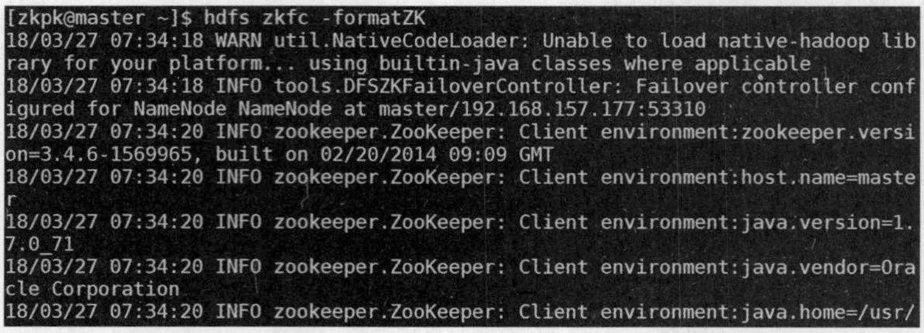

```
[zkpk@master ~]$ hdfs zkfc -formatZK
18/03/27 07:34:18 WARN util.NativeCodeLoader: Unable to load native-hadoop lib
rary for your platform... using builtin-java classes where applicable
18/03/27 07:34:18 INFO tools.DFSZKFailoverController: Failover controller conf
igured for NameNode NameNode at master/192.168.157.177:53310
18/03/27 07:34:20 INFO zookeeper.ZooKeeper: Client environment:zookeeper.versi
on=3.4.6-1569965, built on 02/20/2014 09:09 GMT
18/03/27 07:34:20 INFO zookeeper.ZooKeeper: Client environment:host.name=maste
r
18/03/27 07:34:20 INFO zookeeper.ZooKeeper: Client environment:java.version=1.
7.0_71
18/03/27 07:34:20 INFO zookeeper.ZooKeeper: Client environment:java.vendor=Ora
cle Corporation
18/03/27 07:34:20 INFO zookeeper.ZooKeeper: Client environment:java.home=/usr/
```

图 5-22

```
zkCli.sh -server master:2181 #登录到ZooKeeper集群中，查看HA的hadoop-ha是否生成
```

该节点已经在 ZooKeeper 中注册生成，如图 5-23 所示。

```
[zk: master:2181(CONNECTED) 0] ls /
[hadoop-ha, zookeeper]
```

图 5-23

5.2.6 配置 Hadoop

Hadoop 的安装步骤前面已详细介绍过，这里将重点讲解，在 5 台规模的集群上配置 HA 所要修改配置文件的操作命令及节点复制操作命令。

1. 解压安装 Hadoop

解压 Hadoop 到/home/ydh/目录下，参考第 2 章内容安装 Hadoop。

2. 修改配置文件

这里要修改的配置文件共 6 个，分别是 hadoop-env.sh、core-site.xml、hdfs-site.xml、mapred-site.xml、yarn-site.xml 和 slaves。

修改配置文件目录的地址为：

```
/home/ydh/hadoop-2.5.2/etc/hadoop/
```

（1）文件 hadoop-env.sh

添加 JDK 环境变量：

```
export JAVA_HOME=/usr/java/jdk1.7.0_71
```

（2）文件 core-site.xml

```
<configuration>
    <!--该属性用来配置HDFS文件系统的默认寻址入口路径-->
    <property>
        <name>fs.defaultFS</name>
        <!--这里的值指的是默认的HDFS路径，该值来自hdfs-site.xml文件中的配置项，由于只能有一个
NameNode所在的主机名被HDFS集群使用，因此这里既不能是master又不能是master0，我们先选择一个配置名为
```

```
cluster1，而不是具体的某一个 NameNode 的主机地址，关于 cluster1 将在后续 hdfs-site.xml 配置文件中进行具体说明 -->
        <value>hdfs://cluster1</value>
    </property>

    <!-- 这里的路径/home/ydh/hadoopdata 默认是 NameNode、DataNode、JournalNode 等存储数据的公共目录。用户也可以单独指定这 3 类节点的目录。这里的/home/ydh/hadoopdata 目录需要自己创建 -->
    <property>
        <name>hadoop.tmp.dir</name>
        <value>/home/ydh/hadoopdata</value>
    </property>

    <!--这里是配置 ZooKeeper 集群的地址和端口。注意，数量一定是奇数，且不少于 3 个节点-->
    <property>
        <name>ha.ZooKeeper.quorum</name>
        <value>master:2181,master0:2181,slave:2181,slave1:2181,salve2:2181 </value>
    </property>
</configuration>
```

（3）核心配置文件 hdfs-site.xml

```
<configuration>
    <!--指定 DataNode 存储数据块的副本数量。默认副本数为 3 个，现在有 3 个 DataNode，该值不大于 3 即可-->
    <property>
        <name>dfs.replication</name>
        <value>3</value>
    </property>

    <!--设置权限之后，可以控制各用户之间的权限，此处将权限先屏蔽掉-->
    <property>
        <name>dfs.permissions</name>
        <value>false</value>
    </property>
    <property>
        <name>dfs.permissions.enabled</name>
        <value>false</value>
    </property>

    <!-- 给 HDFS 集群命名，配置 HDFS 统一入口地址，由于存在两个 NameNode，因此用 cluster1 这个名字来代替两个 NameNode 的 master 和 master0。注意，这个名字必须和前面 core-site.xml 配置文件中的配置名统一:hdfs://cluster1，且在下面的配置中也会继续用到该名字-->
    <property>
        <name>dfs.nameservices</name>
        <value>cluster1</value>
    </property>

    <!--指定 NameService 是 cluster1 时的 NameNode 有哪些，这里的值也是逻辑名称，名字随意起，不重复即可。一般，将这个名字取名为两台 NameNode 节点的主机名，即 master 和 master0-->
    <property>
        <name>dfs.ha.NameNode.cluster1</name>
        <value>master,master0</value>
    </property>

    <!--指定 master 节点，Client 向 HDFS 请求的 RPC 地址和端口号-->
```

```
        <property>
            <name>dfs.NameNode.rpc-address.cluster1.master</name>
            <value>master:9000</value>
        </property>

        <!--指定 master 的 http 地址,这样从节点 DataNode 就可以通过该地址向主节点 master 的 NameNode
进程发送心跳信息了-->
        <property>
            <name>dfs.NameNode.http-address.cluster1.master</name>
            <value>master:50070</value>
        </property>

        <!--指定 master0 节点，Client 向 HDFS 文件系统请求的 RPC 地址和端口号-->
        <property>
            <name>dfs.NameNode.rpc-address.cluster1.master0</name>
            <value>master0:9000</value>
        </property>

        <!--指定 master0 的 http 地址,这样从节点 DataNode 就可以通过该地址向主节点 master 的 NameNode
进程发送心跳信息了-->
        <property>
            <name>dfs.NameNode.http-address.cluster1.master0</name>
            <value>master0:50070</value>
        </property>

        <!--指定 master 节点内部 RPC 请求的地址和端口号，这是 HDFS 内部 RPC 通信所用-->
        <property>
            <name>dfs.NameNode.servicerpc-address.cluster1.master</name>
            <value>master:53310</value>
        </property>

        <!--指定 master0 节点内部 PRC 请求的地址和端口号，这是 HDFS 内部 RPC 通信所用-->
        <property>
            <name>dfs.NameNode.servicerpc-address.cluster1.master0</name>
<value>master0:53310</value>
        </property>

        <!--指定 cluster1 是否启动自动故障恢复，即当 NameNode 出故障时，是否自动切换到另一台 NameNode -->
        <property>
            <name>dfs.ha.automatic-failover.enabled.cluster1</name>
            <value>true</value>
        </property>

        <!--指定 JournalNode  Hadoop 自带的共享存储系统，主要用于两个 NameNode 之间数据的共享和同步，
也就是指定 cluster1 的两个 NameNode 共享 edits 文件目录时，使用的 JournalNode 集群信息-->
        <property>
            <name>dfs.NameNode.shared.edits.dir</name>
            <value>qjournal://master:8485; slave:8485;master0:8485;slave1:8485;slave2:
            8485/cluster1</value>
        </property>

        <!--指定 cluster1 出故障时，由哪个实现类来负责执行故障切换-->
        <property>
            <name>dfs.client.failover.proxy.provider.cluster1</name>
```

```
            <value>org.apache.hadoop.hdfs.server.NameNode.ha.ConfiguredFailoverProxy
Provider</value>
        </property>

        <!--指定 JournalNode 集群在对 NameNode 的目录进行共享时，自己存储数据的磁盘路径。
/home/ydh/hadoopdata/路径是自己之前手动创建的，journal 目录是启动 JournalNode 集群时自动生成的-->
        <property>
            <name>dfs.journalnode.edits.dir</name>
            <value>/home/ydh/hadoopdata/journal</value>
        </property>

        <!--一旦需要 NameNode 切换，配置使用 sshfence 方式进行操作-->
        <property>
            <name>dfs.ha.fencing.methods</name>
            <value>sshfence</value>
        </property>

        <!--这里是使用 ssh 进行故障切换，所以需要配置无密钥登录，所使用的免密钥登录地址是/home/
yhd/.ssh/id_rsa，注意在创建 master 和 master0 两个虚拟机的时候，要保证它们有共同的密钥，其实只要生成
了 master，那么 master0 直接从 master 复制过来就可以了，此时 master 和 master0 上的密钥就保持一致了，可
以相互访问-->
        <property>
            <name>dfs.ha.fencing.ssh.private-key-files</name>
            <value>/home/ydh/.ssh/id_rsa</value>
        </property>

        <!--故障切换时的超时限制设置，单位为 ms-->
        <property>
            <name>dfs.ha.fencing.ssh.connect-timeout</name>
            <value>10000</value>
        </property>

        <!--NameNode 内部开辟的线程数-->
        <property>
            <name>dfs.NameNode.handler.count</name>
            <value>100</value>
        </property>
    </configuration>
```

（4）文件 mapred-site.xml

```
    <configuration>
        <!--指定运行 MapReduce 应用程序的环境是 yarn-->
        <property>
            <name>mapreduce.framework.name</name>
            <value>yarn</value>
        </property>
    </configuration>
```

（5）文件 yarn-site.xml

```
    <configuration>

        <!--自定义 ResourceManager 的地址，还是单点-->
        <property>
            <name>yarn.resourcemanager.hostname</name>
            <value>master</value>
```

```
        </property>

        <!--yarn 上运行的 MapReduce 的附属服务，使 MapReduce 可以在 yarn 上运行-->
        <property>
           <name>yarn.nodemanager.aux-services</name>
           <value>mapreduce.shuffle</value>
        </property>
        <!-- ResourceManager 对 Client 暴露的访问地址。Client 通过该地址向 ResourceManager 提交应用程序，结束应用程序等 -->
        <property>
           <name>yarn.resourcemanager.address</name>
           <value>master:18040</value>
        </property>

        <!-- ResourceManager 对 ApplicationMaster（应用程序）暴露的访问地址。ApplicationMaster 通过该地址向 RM 申请资源、释放资源等-->
        <property>
           <name>yarn.resourcemanager.scheduler.address</name>
           <value>master:18030</value>
        </property>

        <!-- ResourceManager 对 NodeManager 暴露的访问地址。NodeManager 通过该地址向 ResourceManager 汇报心跳，领取任务等-->
        <property>
           <name>yarn.resourcemanager.resource-tracker.address</name>
           <value>master:18025</value>
        </property>

        <!-- ResourceManager 对管理员暴露的访问地址。管理员通过该地址向 RM 发送管理命令等-->
        <property>
           <name>yarn.resourcemanager.admin.address</name>
           <value>master:18141</value>
        </property>
        <!-- ResourceManager 对 web ui 暴露的地址。用户通过该地址在浏览器中查看集群各类信息 -->
        <property>
           <name>yarn.resourcemanager.webapp.address</name>
           <value>master:18088</value>
        </property>
        <!-- 设置在 yarn 平台运行 spark 程序查看运行结果日志的存储是否开启 -->
        <property>
           <name>yarn.log-aggregation-enable</name>
           <value>true</value>
        </property>
    </configuration>
```

（6）配置文件 slaves

slaves 文件用来指定在集群中哪些节点是 DataNode 的角色，从本次 HA 搭建的集群规划中可以看到，slave、slave1、slave2 都是 DataNode 节点的角色。那么，可以将 slaves 文件配置成如下形式：

```
vim /home/ydh/hadoop-2.5.2/etc/Hadoop/slaves
slave
slave1
slave2
```

3. 复制到各个从节点

将 master 节点配置好的 hadoop-2.5.2 分别复制到 master0、slave、slave1、slave2 节点，操作命令如下：

```
scp -r /home/ydh/Hadoop-2.5.2 ydh@master0:~/
scp -r /home/ydh/Hadoop-2.5.2 ydh@slave:~/
scp -r /home/ydh/Hadoop-2.5.2 ydh@slave1:~/
scp -r /home/ydh/Hadoop-2.5.2 ydh@slave2:~/
```

至此，Hadoop 集群的安装部署配置就完成了。

5.2.7　启动 JournalNode 共享存储集群

JournalNode 集群就是前面讲过的共享存储，在这里，JournalNode 集群将会把 ActiveNameNode 中的数据存储一份，而 StandbyNameNode 会时刻监听 JournalNode 集群，并将从中获取的实时数据存储到自己的 NameNode 所维护的内存中。所以 JournalNode 集群就是两个 NameNode 共享数据的地方。

输入以下命令启动 JournalNode 集群：

```
ssh master    #登录到 master 节点
hadoop-daemon.sh start journalnode #启动 Hadoop 自带的 JournalNode 集群
```

操作命令如图 5-24 所示。

```
[zkpk@master ~]$ hadoop-daemon.sh start journalnode
starting journalnode, logging to /home/zkpk/hadoop-2.5.2/logs/hadoop-zkpk-journalnode-master.out
```

图 5-24

```
jps #查看进程 JournalNode
```

操作命令如图 5-25 所示。

```
[zkpk@master ~]$ jps
2700 Jps
2590 JournalNode
2468 QuorumPeerMain
```

图 5-25

```
ssh master0   #登录到 master0 节点
hadoop-daemon.sh start journalnode #启动 Hadoop 自带的 JournalNode 集群
```

操作命令如图 5-26 所示。

```
[zkpk@master0 ~]$ hadoop-daemon.sh start journalnode
starting journalnode, logging to /home/zkpk/hadoop-2.5.2/logs/hadoop-zkpk-journalnode-master0.ou
t
```

图 5-26

```
jps #查看进程 JournalNode
```

操作命令如图 5-27 所示。

```
[zkpk@master0 ~]$ jps
2510 JournalNode
2622 Jps
2397 QuorumPeerMain
```

图 5-27

```
ssh slave     #登录到 slave 节点
hadoop-daemon.sh start journalnode #启动 Hadoop 自带的 JournalNode 集群
```

操作命令如图 5-28 所示。

```
[zkpk@slave ~]$ hadoop-daemon.sh start journalnode
starting journalnode, logging to /home/zkpk/hadoop-2.5.2/logs/hadoop-zkpk-journalnode-slave.out
```

图 5-28

```
jps #查看进程 JournalNode
```

操作命令如图 5-29 所示。

```
[zkpk@slave ~]$ jps
2567 Jps
2329 QuorumPeerMain
2486 JournalNode
```

图 5-29

```
ssh slave1     #登录到 master 节点
hadoop-daemon.sh start journalnode #启动 Hadoop 自带的 JournalNode 集群
```

操作命令如图 5-30 所示。

```
[zkpk@slave1 ~]$ hadoop-daemon.sh start journalnode
starting journalnode, logging to /home/zkpk/hadoop-2.5.2/logs/hadoop-zkpk-journalnode-slave1.out
```

图 5-30

```
jps #查看进程 JournalNode
```

操作命令如图 5-31 所示。

```
[zkpk@slave1 ~]$ jps
2475 JournalNode
2328 QuorumPeerMain
2804 Jps
```

图 5-31

```
ssh slave2     #登录到 master 节点
hadoop-daemon.sh start journalnode #启动 Hadoop 自带的 JournalNode 集群
```

操作命令如图 5-32 所示。

```
[zkpk@slave2 ~]$ hadoop-daemon.sh start journalnode
starting journalnode, logging to /home/zkpk/hadoop-2.5.2/logs/hadoop-zkpk-journalnode-slave2.out
```

图 5-32

```
jps #查看进程 JournalNode
```

操作命令如图 5-33 所示。

```
[zkpk@slave2 ~]$ jps
2326 QuorumPeerMain
2554 Jps
2487 JournalNode
```

图 5-33

5.2.8 格式化 ActiveNameNode

Hadoop 集群配置完成之后就要启动集群了，在启动之前，需要格式化 HDFS 分布式文件系统，一般需要在主节点格式化。此时有两个主节点 master 和 master0，可以选择其中任意一个，这里我们选择准备担任 ActiveNameNode 角色的节点 master 来格式化。

#cluster1 就是我们在 hdfs-site.xml 中配置的 HDFS 文件系统的入口地址。

```
hdfs NameNode -format -clusterId cluster1
```

如果出现图 5-34 所示的内容，则表示格式化成功！

```
18/03/29 20:31:46 INFO util.GSet: VM type       = 64-bit
18/03/29 20:31:46 INFO util.GSet: 0.029999999329447746% max memory 966.7 MB = 297.0 KB
18/03/29 20:31:46 INFO util.GSet: capacity      = 2^15 = 32768 entries
18/03/29 20:31:46 INFO namenode.NNConf: ACLs enabled? false
18/03/29 20:31:46 INFO namenode.NNConf: XAttrs enabled? true
18/03/29 20:31:46 INFO namenode.NNConf: Maximum size of an xattr: 16384
18/03/29 20:31:47 WARN ssl.FileBasedKeyStoresFactory: The property 'ssl.client.truststore.locati
on' has not been set, no TrustStore will be loaded
Re-format filesystem in QJM to [192.168.157.177:8485, 192.168.157.140:8485, 192.168.157.141:8485
, 192.168.157.142:8485, 192.168.157.139:8485] ? (Y or N) y
18/03/29 20:31:56 INFO namenode.FSImage: Allocated new BlockPoolId: BP-1949232897-192.168.157.17
7-1522380716788
18/03/29 20:31:56 INFO common.Storage: Storage directory /home/zkpk/hadoopdata/dfs/name has been
 successfully formatted.
18/03/29 20:31:58 INFO namenode.NNStorageRetentionManager: Going to retain 1 images with txid >=
 0
18/03/29 20:31:58 INFO util.ExitUtil: Exiting with status 0
18/03/29 20:31:58 INFO namenode.NameNode: SHUTDOWN_MSG:
/************************************************************
SHUTDOWN_MSG: Shutting down NameNode at master/192.168.157.177
************************************************************/
```

图 5-34

5.2.9　启动 ZooKeeperFailoverController

出现故障时，ZooKeeperFailoverController 用来切换 master 和 master0 节点上的 NameNode，将 StandbyNameNode 切换为 ActiveNameNode，所以需要在 master 和 master0 两个节点上都来启动这个进程。

启动命令如下：

```
ssh master #登录到 master 节点
hadoop-daemon.sh start zkfc
```

如果启动成功，则如图 5-35 所示。

```
[zkpk@master ~]$ hadoop-daemon.sh start zkfc
starting zkfc, logging to /home/zkpk/hadoop-2.5.2/logs/hadoop-zkpk-zkfc-master.out
[zkpk@master ~]$ jps
2902 Jps
2590 JournalNode
2468 QuorumPeerMain
2859 DFSZKFailoverController
```

图 5-35

```
ssh master0  #登录到 master0 节点
hadoop-daemon.sh start zkfc
```

如果启动成功，则如图 5-36 所示。

```
[zkpk@master0 ~]$ hadoop-daemon.sh start zkfc
starting zkfc, logging to /home/zkpk/hadoop-2.5.2/logs/hadoop-zkpk-zkfc-master0.out
[zkpk@master0 ~]$ jps
2510 JournalNode
2742 DFSZKFailoverController
2397 QuorumPeerMain
2785 Jps
```

图 5-36

5.2.10　启动 ActiveNameNode

登录 master 节点，准备启动 NameNode 进程，操作命令如下：

```
ssh master
hadoop-daemon.sh start NameNode
```

如果启动成功，则如图 5-37 所示。

```
[zkpk@master ~]$ hadoop-daemon.sh start namenode
starting namenode, logging to /home/zkpk/hadoop-2.5.2/logs/hadoop-zkpk-namenode-master.out
[zkpk@master ~]$ jps
3218 NameNode
3255 Jps
2590 JournalNode
2468 QuorumPeerMain
2859 DFSZKFailoverController
```

图 5-37

5.2.11 格式化 StandbyNameNode

StandbyNameNode 是 ActiveNameNode 的备份，同样需要对其格式化，并将其启动，操作命令如下：

```
ssh master0  #登录到 master0 节点
hdfs NameNode -bootstrapStandby
```

格式化 standbyNameNode，如图 5-38 所示。

```
==========================================================
18/03/29 21:56:45 INFO common.Storage: Storage directory /home/zkpk/hadoopdata/dfs/name has been
 successfully formatted.
18/03/29 21:56:45 WARN ssl.FileBasedKeyStoresFactory: The property 'ssl.client.truststore.locati
on' has not been set, no TrustStore will be loaded
18/03/29 21:56:46 WARN ssl.FileBasedKeyStoresFactory: The property 'ssl.client.truststore.locati
on' has not been set, no TrustStore will be loaded
18/03/29 21:56:46 INFO namenode.TransferFsImage: Opening connection to http://master:50070/image
transfer?getimage=1&txid=0&storageInfo=-57:808508756:0:CID-8773d438-bac7-4430-a902-1e3d19198cdc
18/03/29 21:56:46 INFO namenode.TransferFsImage: Image Transfer timeout configured to 60000 mill
iseconds
18/03/29 21:56:46 INFO namenode.TransferFsImage: Transfer took 0.00s at 0.00 KB/s
18/03/29 21:56:46 INFO namenode.TransferFsImage: Downloaded file fsimage.ckpt_000000000000000000
0 size 351 bytes.
18/03/29 21:56:46 INFO util.ExitUtil: Exiting with status 0
18/03/29 21:56:46 INFO namenode.NameNode: SHUTDOWN_MSG:
/************************************************************
SHUTDOWN_MSG: Shutting down NameNode at master0/192.168.157.139
************************************************************/
[zkpk@master0 ~]$ ls ~/hadoopdata/
dfs  journal
```

图 5-38

启动 StandbyNameNode：

```
hadoop-daemon.sh start NameNode
```

操作命令如图 5-39 所示。

```
[zkpk@master0 ~]$ hadoop-daemon.sh start namenode
starting namenode, logging to /home/zkpk/hadoop-2.5.2/logs/hadoop-zkpk-namenode-master0.out
[zkpk@master0 ~]$ jps
2510 JournalNode
3657 Jps
3615 NameNode
2742 DFSZKFailoverController
```

图 5-39

5.2.12 启动所有 DataNode 节点

担任 DataNode 角色的节点已经配置在 slaves 文件中，即 slave、slave1、slave2 节点，打开 slaves 文件就可以看到，我们分别登录这 3 台节点，启动 DataNode 进程。

```
ssh slave   #登录到 slave 节点
Hadoop-daemon.sh start DataNode  #启动 DataNode 进程
```

操作命令如图 5-40 所示。

```
[zkpk@slave ~]$ hadoop-daemon.sh start datanode
starting datanode, logging to /home/zkpk/hadoop-2.5.2/logs/hadoop-zkpk-datanode-slave.out
[zkpk@slave ~]$ jps
3147 Jps
3107 DataNode
2329 QuorumPeerMain
2486 JournalNode
```

图 5-40

```
ssh slave1
Hadoop-daemon.sh start DataNode
```

操作命令如图 5-41 所示。

```
[zkpk@slave1 ~]$ hadoop-daemon.sh start datanode
starting datanode, logging to /home/zkpk/hadoop-2.5.2/logs/hadoop-zkpk-datanode-slave1.out
[zkpk@slave1 ~]$ jps
2475 JournalNode
3239 DataNode
3279 Jps
2328 QuorumPeerMain
```

图 5-41

```
ssh slave2
Hadoop-daemon.sh start DataNode
```

操作命令如图 5-42 所示。

```
[zkpk@slave2 ~]$ hadoop-daemon.sh start datanode
starting datanode, logging to /home/zkpk/hadoop-2.5.2/logs/hadoop-zkpk-datanode-slave2.out
[zkpk@slave2 ~]$ jps
2326 QuorumPeerMain
3326 DataNode
3410 Jps
2487 JournalNode
```

图 5-42

5.2.13　验证 HA 的故障自动转移

当上述所有步骤都顺利执行完毕，并且所有进程都正常运行后，就可以进行 HA 验证了。

首先登录 master 节点，打开浏览器，在地址栏里输入 master:50070，出现图 5-43 所示的界面，我们会清楚地看到 master 节点的 NameNode 状态为 Active，也就是说 ActiveNameNode 进程此刻就运行在 master 节点上，由它担任集群的 HDFS 分布式文件系统的主节点为 Client 提供 HDFS 文件系统的访问操作等。

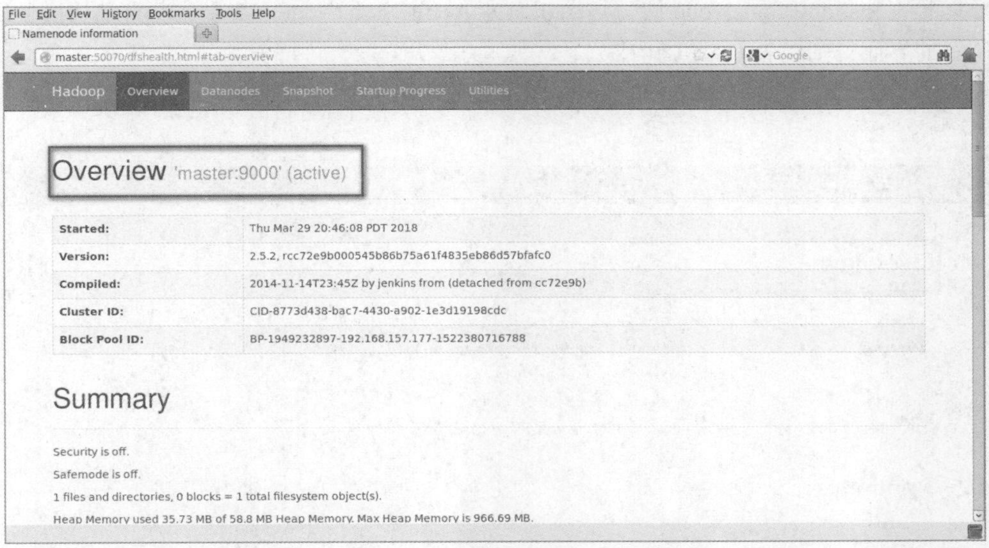

File Edit View History Bookmarks Tools Help

Namenode information

master:50070/dfshealth.html#tab-overview

Hadoop　Overview　Datanodes　Snapshot　Startup Progress　Utilities

Overview 'master:9000' (active)

Started:	Thu Mar 29 20:46:08 PDT 2018
Version:	2.5.2, rcc72e9b000545b86b75a61f4835eb86d57bfafc0
Compiled:	2014-11-14T23:45Z by jenkins from (detached from cc72e9b)
Cluster ID:	CID-8773d438-bac7-4430-a902-1e3d19198cdc
Block Pool ID:	BP-1949232897-192.168.157.177-1522380716788

Summary

Security is off.

Safemode is off.

1 files and directories, 0 blocks = 1 total filesystem object(s).

Heap Memory used 35.73 MB of 58.8 MB Heap Memory. Max Heap Memory is 966.69 MB.

图 5-43

然后，切换到 master0 节点，打开浏览器，在地址栏中输入 master0:50070，会看到图 5-44 所示的界面，可以看到在 master0 节点运行的 NameNode 的角色是 StandbyNameNode，充当 NameNode

的备机。

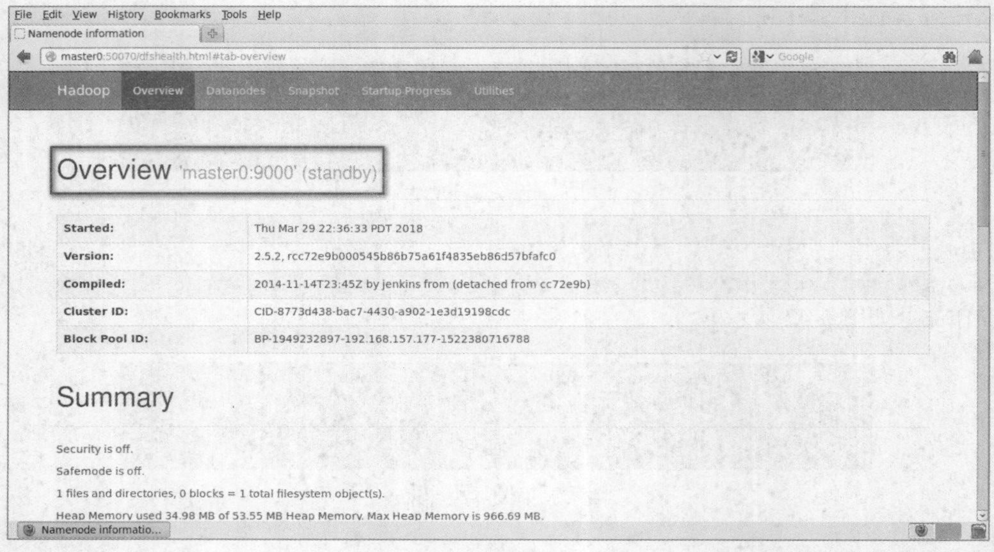

图 5-44

一旦运行在 master 节点的 ActiveNameNode 出现故障，就会由 ZooKeeper 自动切换，将 master0 节点上运行的 StandbyNameNode 的状态切换为 ActiveNameNode，继续为 HDFS 提供高可用的服务。

可以手动创造故障进行测试，例如，在 master 节点运行以下代码：

```
ssh master
kill -9 processId
```

这样，就可以结束当前正在 master 节点运行的 ActiveNameNode，然后我们切换到 master0 节点查看其上的 StandbyNameNode 能否自动切换为 ActiveNameNode。如果成功自动切换且出现图 5-45 所示的界面，则代表 HA 机制生效。

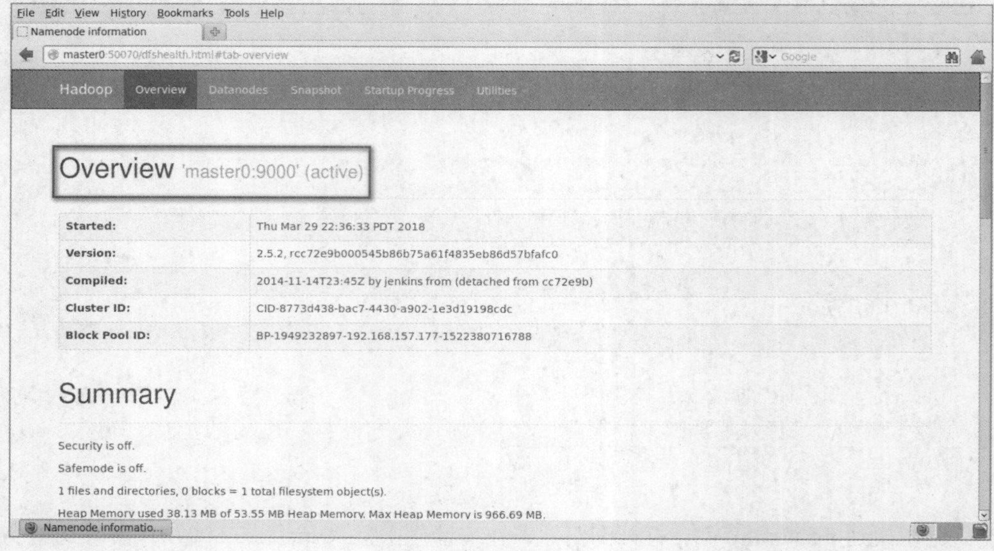

图 5-45

接下来，去 master 节点重新启动 master 节点的 NameNode 进程，若 master 节点的 NameNode 变为 Standby 状态，则代表 HA 机制配置成功，如图 5-46 所示。

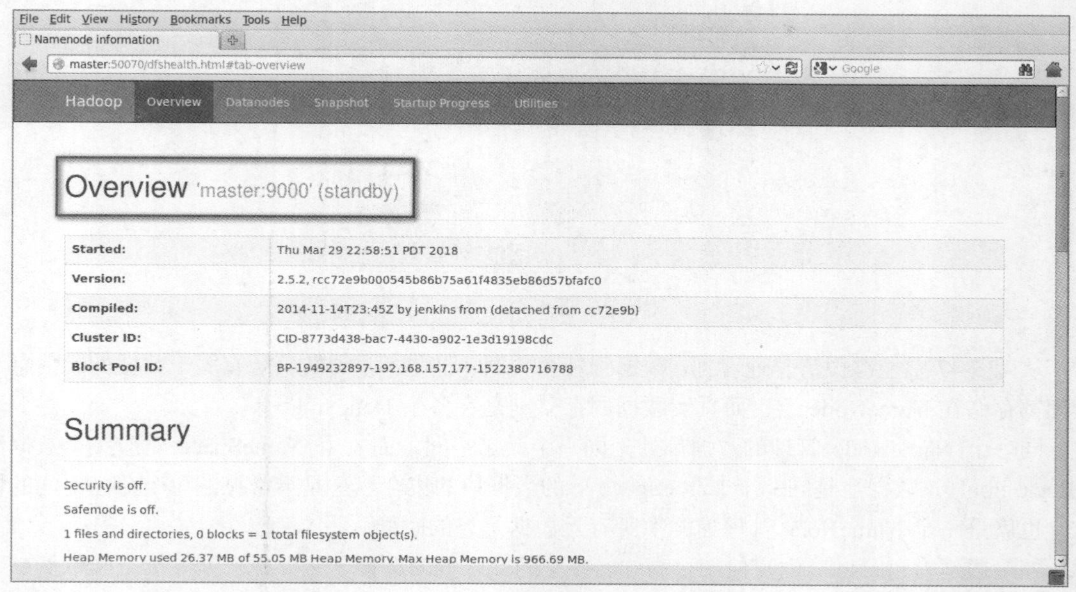

图 5-46

至此，本节关于 HA 机制的搭建就彻底完成了。

5.3　Federation 机制

前面讲过，在 Hadoop 2.0 之前，HDFS 的单点 NameNode 设计存在诸多问题，包括单点故障、内存受限、制约集群扩展性和缺乏隔离机制（不同业务使用同一个 NameNode 会导致业务相互影响的问题）。为了解决这些问题，除了用基于共享存储的 HA 解决方案，还可以用 HDFS 的 Federation 机制来解决这个问题。

HDFS 的 Federation 机制在 Hadoop 早期版本中就出现了，但在实际生产环境中，真正了解和利用 Federation 机制的人并不多。原因可能在于，在目前绝大多数用户的使用场景中，一个 NameNode 或一对 HA 的 NameNode 方式足够应对使用需求了。但是，当集群规模达到近万台的时候，HDFS 的 Federation 机制就是必需的了，所以 Federation 机制通常适合于大型互联网公司。

5.3.1　初始 HDFS Federation 机制

Federation 的中文意思是联邦、联盟。那么这里指的是多个 HDFS 的集群吗？显然不是，这里的 HDFS Federation 是指 NameNode Federation，也就是多个 NameNode 的意思。但一个集群中只能有一个 NameNode，即便在 HA 机制中存在两个 NameNode，也有角色的区分，一个是 ActiveName，一个是 StandbyNameNode。我们应该怎样区分多个 NameNode 的情况呢？其实，多个 NameNode 就意味着有多个 NameSpace（命名空间），HDFS 数据管理架构如图 5-47 所示。

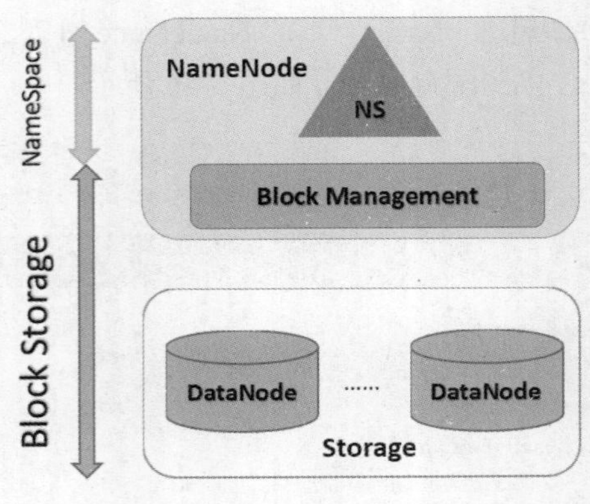

图 5-47

从图 5-47 中能够很清楚地看到，数据管理和数据存储是两层结构。所有关于数据的元信息和管理都存储在 NameNode 上，而真实数据的存储则是在各个 DataNode 上。

同一个 NameNode 管理的数据都处于同一个命名空间，而一个 NameSpace 对应一个数据池（Block Pool），数据池是同一个 NameSpace 下的数据块的集合。这是最常见的单个命名空间的情况，也就是一个 NameNode 管理集群中所有元数据信息的时候。

如果遇到 NameNode 内存使用过高、内存空间受限等问题该怎么办呢？元数据空间依然在不断增大，一味调高 NameNode 的 JVM 大小绝对不是一个持久的办法，这时 HDFS Federation 机制应运而生，也就是说 HDFS 集群可同时存在多个 NameNode，产生多个命名空间。这些 NameNode 通过多个命名空间分别管理一部分数据，且所有 NameNode 共享所有 DataNode 的存储资源，这就是我们所说的 Federation 机制。需要注意，在 Federation 机制中，所有的 NameNode 都是 Active 状态。

通过 Hadoop 的 Federation 机制，可以解决 NameNode 存在的以下几个问题。

（1）HDFS 集群扩展性。多个 NameNode 分管一部分目录，使得一个集群可以扩展到更多节点，不再像 HDFS 1.0 中那样由于内存的限制而制约了文件存储数目。

（2）性能更高效。多个 NameNode 管理不同的数据，且同时对外提供服务，将为用户提供更高的读写吞吐率。

（3）良好的隔离性。用户可根据需要将不同业务数据交由不同的 NameNode 来管理，减小不同业务之间的影响。

需要注意的是，HDFS Federation 并不能解决单点故障问题，也就是说，每个 NameNode 都存在单点故障问题，因此需要为每个 NameNode 部署一个备机，以应对 NameNode 宕机对业务产生的影响。

5.3.2 HDFS Federation 架构原理

HDFS Federation 架构如图 5-48 所示。

① 为了水平扩展 NameNode，Federation 使用了多个独立的 NameNode/NameSpace。这些 NameNode 之间是联合的，也就是说，它们之间互相独立且不需要互相协调，各自分工管理自己的区域。分布式 DataNode 被用于通用的数据块存储设备。每个 DataNode 要向集群中所有的 NameNode 注册，且周期性地向所有 NameNode 发送心跳和块报告信息，并执行来自所有 NameNode 的命令。

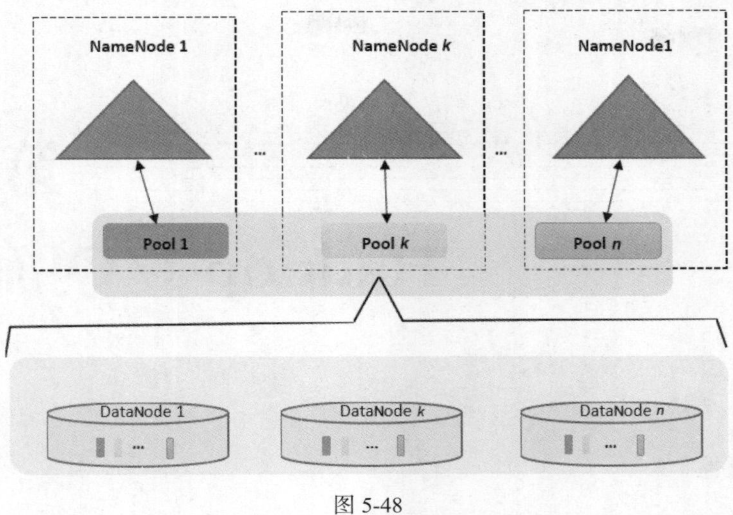

图 5-48

② 一个数据池由属于同一个 NameSpace 的数据块组成，每个 DataNode 可能会存储集群中所有数据池的数据块。

③ 每个数据池内部自治，也就是说各自管理各自的数据块，不会与其他数据池交流。一个 NameNode 出现故障，不会影响其他 NameNode。

④ 某个 NameNode 上的命名空间和它对应的数据池一起被称为 NameSpace Volume，它是管理的基本单位。当一个 NameNode/NameSpace 被删除后，其所有 DataNode 上对应的数据池都会被删除。当集群升级时，每个 NameSpace Volume 作为一个基本单元进行升级。

本章总结

本章主要介绍了 RPC 实现模型及其基本框架，通过 Hadoop 的 RPC API 实现了一个简单的 RPC 通信模型。还介绍了 RPC 的工作原理及其在实际项目中的应用。在 HDFS 分布式文件系统中，我们对文件的写入和读取操作都是向 HDFS 分布式文件系统发起 RPC 的写请求和读请求。还详细介绍了 RPC 机制在 HDFS 分布式文件系统中的运行原理。

本章还介绍了 HDFS 的 HA 机制，详细阐述了 HA 搭建的每一步，读者需重点掌握。

最后，介绍了 HDFS 的 Federation 机制，它是应用在大规模集群上的一种高可用机制，配合 HA 机制使用，可以保证大规模集群的正常和稳定，为企业用户提供高效的数据处理平台。

本章习题

1. 什么是 RPC？
2. RPC 的实现流程是怎样的？
3. 什么是 HA？
4. 什么是 Federation 机制？

第 6 章 Hadoop I/O 流操作

本章要点

- 数据完整性
- 压缩
- 序列化
- 基于文件的数据结构 SequenceFile

本章将介绍 Hadoop 的 I/O 流操作。我们既可以向 HDFS 分布式文件系统中写入数据，也可以从中读取数据，其底层就是对分布式各个节点上磁盘的操作。

针对磁盘的操作，我们将围绕数据的完整性、数据的压缩、数据读写时的序列化和反序列化操作，以及基于文件数据结构 SequenceFile 的操作等模块进行一一分析，使读者对 HDFS 分布式文件系统磁盘操作底层的分布式读和写有更深一层的理解。

6.1 数据完整性

Hadoop 的用户使用 HDFS 分布式文件系统时一定希望系统在存储和处理数据时，数据不会有任何丢失或损坏。尽管磁盘或网络上的 I/O 操作不太可能将错误引入自己正在读写的数据，但是，如果系统需要处理的数据量超过 HDFS 分布式文件的处理极限时，数据被损坏的概率还是很高的。这就使得 Hadoop 工程师在开发 HDFS 分布式文件系统的时候不得不考虑一个问题，那就是存储到 HDFS 分布式文件系统上的数据完整性。下面就一起来探讨 HDFS 分布式文件系统是如何实现数据完整性校验的。

6.1.1 数据发生错误

理想状态下，当 Hadoop 的用户向 HDFS 分布式文件系统写入数据的时候，数据会被完整地写入 HDFS 文件系统的磁盘，但是在实际生产环境中，往往会出现数据损坏的情况。HDFS 文件系统是通过数据块存放数据的，这里的数据损坏一般指的是数据块中的数据损坏，这种情况也可以理解为数据发生错误。

数据发生错误的情况也分为很多种：读写 I/O 流时的异常导致的错误，HDFS 文件系统磁盘空间不够时发生的错误，HDFS 中某个节点突然宕机或者磁盘损坏导致文件中某些数据块发生错误，等等。

当数据发生错误时，需要及时发现错误，并且进行数据错误的恢复处理，这是两个比较核心的问题。接下来，我们一起来看如何进行数据错误的监测。

6.1.2 数据的检测

检测数据是否损坏的常见措施是，在数据第一次引入系统时计算校验和（Checksum），并在数据通过一个不可靠的通道进行传输时再次计算校验和。如果计算所得的新校验和与原来的校验和不匹配，就认为数据已损坏。

但该技术只能检测出数据错误，并不能修复数据，这也正是不要使用低端硬件的原因。具体说来，要使用 ECC 内存。ECC（Error Correcting Code，错误检查和纠正）是一种能够实现“错误检查和纠正”的技术，ECC 内存就是应用了这种技术的内存，一般多应用于服务器及图形工作站上，这将使整个计算机系统在工作时更趋于安全稳定。

注意，校验和也是可能被损坏的，不只是数据，但由于校验和比数据小得多，所以损坏的可能性非常小。

“校验和”是一种常用的错误检测码，简称 CRC-32（循环冗余校验码），任何大小的数据输入均计算得到一个 32 位的整数校验和，CRC-32 就是校验和的算法。对 HDFS 分布式文件系统来说，我们存储数据的单位是数据块（Block），每一个数据块都有一个相对应的校验和元信息，如图 6-1 所示。

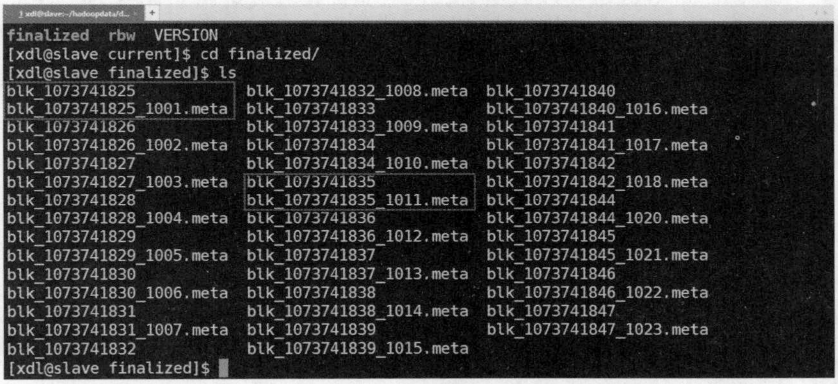

```
finalized  rbw  VERSION
[xdl@slave current]$ cd finalized/
[xdl@slave finalized]$ ls
blk_1073741825            blk_1073741832_1008.meta  blk_1073741840
blk_1073741825_1001.meta  blk_1073741833            blk_1073741840_1016.meta
blk_1073741826            blk_1073741833_1009.meta  blk_1073741841
blk_1073741826_1002.meta  blk_1073741834            blk_1073741841_1017.meta
blk_1073741827            blk_1073741834_1010.meta  blk_1073741842
blk_1073741827_1003.meta  blk_1073741835            blk_1073741842_1018.meta
blk_1073741828            blk_1073741835_1011.meta  blk_1073741844
blk_1073741828_1004.meta  blk_1073741836            blk_1073741844_1020.meta
blk_1073741829            blk_1073741836_1012.meta  blk_1073741845
blk_1073741829_1005.meta  blk_1073741837            blk_1073741845_1021.meta
blk_1073741830            blk_1073741837_1013.meta  blk_1073741846
blk_1073741830_1006.meta  blk_1073741838            blk_1073741846_1022.meta
blk_1073741831            blk_1073741838_1014.meta  blk_1073741847
blk_1073741831_1007.meta  blk_1073741839            blk_1073741847_1023.meta
blk_1073741832            blk_1073741839_1015.meta
[xdl@slave finalized]$
```

图 6-1

6.1.3 数据完整性机制

1. CRC-32 校验和简介

HDFS 分布式文件系统对所有写入的数据都会进行校验和计算，并在读取的时候再次计算校验和进行验证。这里有一个属性是 HDFS 文件系统中的 io.bytes.per.checksum，用来设置校验和存储空间的大小，默认值为 512B。但我们知道，实际计算出来的校验和是一个 32 位的整数，它仅占用 4B 的空间，存储的额外开销非常小，额外存储空间开销不足 1%。所以，HDFS 文件系统采用校验和的方式来实现数据完整性机制是没有问题的。

2. 写入数据及其校验和

DataNode 节点负责在验证收到的数据后存储数据及其校验和。它一般在收到客户端的数据后或从其他 DataNode 节点复制数据期间执行这个操作。接下来，我们来看收到客户端的数据后和复制期间的具体操作步骤。

HDFS 文件系统中的同一份数据有 3 份副本，当我们向 HDFS 文件系统中写入数据的时候，正在写数据的客户端将数据及其校验和发送到由一系列 DataNode 组成的管线中，管线中最后一个 DataNode 负责验证校验和。这里的管线，由一系列 DataNode 组成，准备存放同一份数据的 3 个副本。此刻，这些将要存储同一份数据的 3 个副本的 DataNode 就会被选出来，放到管线中，客户端就可以开始写数据了。

当同一份数据的 3 个副本及其校验和信息都成功写入这个管线中的所有 DataNode 节点上时，客户端就认为此次向 HDFS 文件系统中写入数据成功。那么，我们会看到同一份数据有 3 个副本，这 3 个副本具体是以什么样的顺序写入的呢？其实，客户端只要向管线的一个 DataNode 节点中写入第一个副本的数据和校验和就可以了，剩余的两个副本及其校验和写入是从已经成功写入的第一个副本上的 DataNode 节点复制而来的，我们把这个过程叫作复制期间。

当管线中的最后一个 DataNode 写完最后一个副本，就会进行整体的校验和验证。如果 DataNode 监测到错误，客户端便会收到一个 CheckSumException 异常提醒。总之，正在写数据的客户端将数据及其校验和发送到由一系列 DataNode 组成的管线中，管线中最后一个 DataNode 负责验证校验和。

3. 读取数据时的校验

从上面的写入流程中可以看到，客户端在向 DataNode 节点写入数据时也写入了数据的校验和信息。当客户端从 DataNode 中读取数据时，也会验证校验和，将它们与 DataNode 中存储的校验和进行比较。每个 DataNode 都会持久保存一个用于验证的校验和日志，所以它知道每个数据块的最后一次验证时间。客户端成功验证一个数据块后，会告诉这个 DataNode，DataNode 于是更新日志，这就是客户端在从 HDFS 文件系统中读取数据时的校验过程。

4. 数据自动校验

在 HDFS 分布式文件系统中，每个 DataNode 节点都有一个后台线程 DataBlockScanner。从数据第一次写入时开始算起，DataBlockScanner 会在 7 天之后，定期验证存储在这个 DataNode 上的所有数据块。

5. 数据副本修复

HDFS 中每个数据块都有 3 个副本，如果其中某个副本损坏，可以通过复制剩余两个完好的数据副本来修复损坏的数据块，从而得到一个新的、完好无损的副本，这是数据副本修复的方式。

客户端在读取数据块时，如果监测到错误，则向 NameNode 报告已损坏的数据块信息及其正在尝试操作的这个 DataNode 的信息，最后才抛出 CheckSumException 异常。NameNode 将这个已损坏的数据块的副本标记为已损坏，之后它安排把这个数据块的一个完好的副本复制到另一个 DataNode 节点上，这样这个数据块的副本又恢复为 3 份，最后将已损坏的数据块副本删除。

6. 不使用校验和的方式

有些业务数据对数据完整性的要求不高，所以在存储和读取这一类数据时不需要让其生成校验和。

可以通过以下方式屏蔽校验和的信息。在 open()之前通过设置 FileSystem 的 setVerifyCheckSum(false)方法禁用校验和，或者在命令行使用 get 时添加选项-ignoreCrc，或者直接使用-copyToLocal，命令如下。

```
FileSystem fs = FileSystem.get(URI.create(uri), new Configuraiton());
fs.setVerifyChecksum(false);  //若设置了此项在读取数据时就不进行校验和检查了
fs.open(new Path( “” ));
```

```
hadoop fs -get -ignoreCrc hdfs://master:9000/a.txt
hadoop fs -copyToLocal hdfs://master:9000/a.txt
```

6.2 压缩

这里的压缩，指的是数据的压缩。无论是使用 Windows、Linux、UNIX 还是 Mac 操作系统，一般在数据传输和数据存储的应用中都有数据压缩的需求。压缩是一种通过特定的算法来减小计算机文件大小的机制，用以节省存储和传输数据的时间。

在大数据领域，分布式存储和分布式计算都会涉及数据的存储和传输，尤其在分布式场景中，节点和节点之间的数据传输和复制是时常发生的，会有大量网络带宽的消耗。分布式系统中网络是一个瓶颈，所以数据的压缩尤为重要。下面介绍在 HDFS 分布式文件系统中常用的压缩格式及压缩的实现方式。

6.2.1 压缩格式

HDFS 分布式文件系统中常用的压缩格式如表 6-1 所示。

表 6-1

压缩格式	优点	缺点	是否可切分	建议用途	备注
GZIP	压缩率高	CPU 使用率高，压缩慢	否	冷数据	
BZIP2	压缩率高，部分文件格式甚至比 GZIP 高	CPU 使用率高，压缩慢，HBase 不支持	是	冷数据	
LZO	压缩快	压缩率低，原生不支持，需要额外安装	否	热数据	因为使用 GPL 协议，所以一般不自带。有条件地可拆分
Snappy	压缩快，普遍比 LZO 更快，原生支持	压缩率低	否	热数据	Snappy 文件块不可拆分，但是在 container file format 中的 Snappy 块是可以拆分的，例如 Avro 和 SequenceFile。Snappy 一般需要和 container file format 一起使用
LZ4	压缩快，解压比 LZO 更快	压缩率比 LZO 略低	否	热数据	

从上面的表格中可以看到这 5 种压缩格式各自的优缺点和特性，在实际开发中，可根据业务需求选择合适的压缩格式。

6.2.2 Hadoop 中对压缩格式的实现 Codec

6.2.1 节中我们认识了常见的 5 种压缩格式 GZIP、BZIP2、LZO、Snappy 和 LZ4，了解它们各自的优缺点。接下来，将介绍 Hadoop 的 HDFS 分布式文件系统中对于这 5 种压缩格式的代码实现。我们把这个 Hadoop 实现称为 Codec，即压缩与解压缩的意思。

Hadoop 的 devkit 包提供了一个通用的压缩接口定义：

```
org.apache.hadoop.io.compress.CompressionCodec
```

具体压缩格式的实现类都是基于该接口来实现的，如表 6-2 所示。

表 6-2

压缩格式	Hadoop CompressionCodec
GZIP	org.apache.hadoop.io.compress.GzipCodec
BZIP2	org.apache.hadoop.io.compress.BZip2Codec
LZO	com.hadoop.compression.lzo.LzoCodec
Snappy	org.apache.hadoop.io.compress.SnappyCodec
LZ4	org.apache.hadoop.io.compress.Lz4Codec

通过 CompressionCodec 接口中定义的方法对数据流进行压缩和解压缩，CompressionCodec 接口中有两个重要的函数，用于压缩和解压缩。

CompressionOutputStream createOutputStream(OutputStream out)方法主要是对写入输出流的数据进行压缩，返回一个 CompressionOutputStream 流对象，用户可以编写该未压缩的数据流对象使其压缩。

CompressionInputStream createInputStream(InputStream in)方法是在对输入数据流中读取的数据进行解压缩的时候，调用获取 CompressionInputStream 对象。通过该方法，从底层数据流读取解压缩后的数据。

接下来，我们选择 org.apache.hadoop.io.compress.GzipCodec 压缩格式来演示压缩案例，读者也可以选择其他压缩格式进行测试。

通过 GzipCodec 压缩算法，测试一个文件在压缩前和压缩后的区别，下面对一个 500MB 左右的文件进行压缩测试，代码如下：

```
public class GzipCompressionCodecTest{
    public static void main(String[] args) throws Exception {
        //选择将要采取的压缩格式，压缩格式的长类名
        String codecClassName="org.apache.hadoop.io.compress.GzipCodec";
        //定义本地 Linux 文件系统上将要被压缩的文件数据的路径
        String localUrl = "/home/ydh/sogou.500w.utf8";
        //定义将本地文件压缩之后上传到 HDFS 分布式文件系统的存储路径
        String url = "hdfs://master:9000/sogou500w.gz";
        //通过 Java 的发射机制加载压缩格式类 GzipCodec 的类对象
        Class<?> codecClass = Class.forName(codecClassName);
        //创建 HDFS 的配置对象
        Configuration conf = new Configuration();
        //通过 HDFS 的工具类 ReflectionUtils 提供的 newInstance 方法，向其传入压缩类的类对象
          和 HDFS 的配置对象而创建压缩格式对象，准备压缩
        CompressionCodec codec=(CompressionCodec) ReflectionUtils.newInstance
(codecClass, conf);
        //创建 HDFS 分布式文件系统的实例对象
        FileSystem fs = FileSystem.get(URI.create(url), conf);
        //将 Linux 本地文件系统上的数据读到内存中
        InputStream in = new BufferedInputStream(new FileInputStream(localUrl));
        //获得写入 HDFS 文件系统的输出流对象
        OutputStream out = fs.create(new Path(url));
        //将输出流对象包装成待压缩的 CompressionOutputStream 压缩流对象
        CompressionOutputStream comOut = codec.createOutputStream(out);
        //利用 Hadoop 工具类提供的方法将本地输入流中的数据加载到压缩输出流中，进行压缩存储到 HDFS
          文件系统中
        IOUtils.copyBytes(in, comOut, 4096, true);
```

```
        System.out.println(comOut);
    }
}
```

执行上述代码之后，会看到如下结果，sogou.500w.utf8 文件压缩前与压缩后的大小发生了巨大的变化，如图 6-2 所示。

```
[zkpk@master ~]$ hadoop fs -ls /user/cyj
16/01/10 22:21:52 WARN util.NativeCodeLoader: Unable to load native-hadoop libra
ry for your platform... using builtin-java classes where applicable
Found 2 items
-rw-r--r--   3 zkpk supergroup  573670020 2015-09-13 04:23 /user/cyj/sogou500w
-rw-r--r--   3 zkpk supergroup  134217728 2016-01-10 22:21 /user/cyj/sogou500w.g
```

图 6-2

接下来，进行解压缩案例的测试，也就是利用 GzipCodec 对 CompressionCodec 接口中 createInputStream(InputStream in)方法的实现做数据的解压缩。代码如下：

```
//文件数据解压测试
public class FileDecompressorTest {
    public static void main(String[] args)throws Exception {
        String uri = args[0]; //定义将要被解压的源文件在 HDFS 中的路径信息
        Configuration conf = new Configuration();
        //根据将被解压的源文件的路径信息获取 HDFS 的 FileSystem 实例对象
        FileSystem fs = FileSystem.get(URI.create(uri), conf);
        //创建 Path 实例对象
        Path inpath = new Path(uri);
        //获得 CompressionCodecFactory 压缩工厂对象，通过 CompressionCodecFactory 推断
          CompressionCodec
        CompressionCodecFactory factory = new CompressionCodecFactory(conf);
        //推断出源文件所采用的压缩格式 CompressionCodec
        CompressionCodec codec = factory.getCodec(inpath);
        //如果推断失败，则程序立即结束退出
        if(codec==null){
            System.err.println("No codec found for" +uri);
            System.exit(1);
        }

        //通过 CompressionFactory 提供的 removeSuffix 方法剔除将要被解压缩源文件的后缀信息
        String outputUri = CompressionCodecFactory.removeSuffix(uri, codec.getDefault
Extension());
        //打印输出查看
        System.out.println(outputUri);
        //定义输入和输出流对象
        InputStream in = null;
        OutputStream out = null;
        try{
            //调用 codec 提供的 createInputStream 方法解压缩源文件，产生解压缩后的输入流对象
            in = codec.createInputStream(fs.open(inpath));
            //创建输出流实例对象，将被解压缩之后的源文件写出去
            out = fs.create(new Path(outputUri));
            //通过 IOUtils 工具类的方法将解压缩后的输入流写到 HDFS 文件系统开辟的输出流中
            IOUtils.copyBytes(in, out, conf);
            }finally{
```

```
            IOUtils.closeStream(in);
            IOUtils.closeStream(out);
        }
    }
}
```

运行结果如图 6-3 所示，把一个 abc.txt.gz 的源文件解压缩成一个 abc.txt 文件。

```
-rw-r--r--   3 zkpk supergroup         20 2017-09-14 01:58 /abc.txt
-rw-r--r--   3 zkpk supergroup         40 2017-09-14 01:57 /abc.txt.gz
```

图 6-3

6.2.3 压缩格式是否支持切分

前面介绍的 5 种压缩格式压缩出来的文件是否支持切分呢？

什么是切分？切分是指用压缩格式压缩出来的文件能否按照字节进行拆分，是否支持流化、字节化。理解切分是很重要的，因为压缩出来的文件数据要交给并行计算框架 MapReduce 处理，需要将数据切分为很多个块，由多台计算节点分布式并行计算处理。如果利用压缩格式压缩出来的文件不支持切分，即不支持流化、字节化时，那么 MapReduce 就不能直接处理这些压缩格式的文件，而要进行进一步的解压缩处理，之后再交由 MapReduce 来进行处理。

当 MapReduce 计算框架的输入设置为压缩文件格式，再根据文件扩展名推断出相应的 Codec 之后，MapReduce 会在读取文件时自动解压缩文件。利用的 API 就是通过 CompressionCodecFactory 推断出具体的 CompressionCodec 类型。

可以暂且把 MapReduce 理解为一个应用程序，它能够处理文件数据，且要求所处理的文件数据能够被切分、被流化和序列化。

6.3 序列化

6.3.1 序列化简介

序列化就是将结构化的数据转化为字节流，以便进行网络传输或磁盘存储。计算机存储数据的基本单位是字节，把多个字节按照一定的规则组成一个序列叫序列化。

在 Java 语言中，绝大多数 Java 自带的 API 基本都支持序列化，比如 String、Integer、Long、Double 等都支持序列化。只有当数据能够被序列化的时候，我们才能把它包装成输出流或者输入流，进行本地存储或者网络传输。在计算机互联网时代，数据的存储和传输是必不可少的，那么数据就必须序列化。

Java 语言提供了一个序列化接口 java.io.Serializable。如果自己写一个定义的类型，默认是不支持序列化的。若想使自己写的类型支持序列化，只要实现 java.io.Serializable 接口即可，代码如下所示：

```
class Customer implements java.io.Serializable{
    private String username
    private int age;

    public Customer(){
```

```
    }
    public Customer(String username, int age){
        this.username = username;
        this.age = age;
    }
}
```

以上代码就是自己写的一个类型 Customer，如果想使它支持序列化，就让其实现 java.io.Serializable 接口。Java 语言中的 8 大数据类型和常用的一些引用类型基本都支持序列化。

6.3.2 反序列化

通过序列化，把一个对象经 I/O 流传输到目标位置后，如果要再用对象的方式来应用，就需要把序列化之后的字节流重新组织成一个对象，这个过程就叫反序列化。反序列化也可以说是序列化的逆过程。

6.3.3 序列化的分布式应用

在 Hadoop 大数据领域，什么地方需要用到序列化与反序列化呢？

第一，进程间通信（RPC）。Hadoop 大数据领域中，系统中多个计算节点上进程间的通信是通过远程过程调用实现的。RPC 协议将消息序列化成二进制字节流后发送到远程节点，远程节点接着将字节流反序列化为原始消息，实现进程间的数据传输通信。比如前面章节介绍过，数据完整性的校验和数据损坏时的恢复机制，就是复制出一份新副本，将新副本传送到另外一台远程节点上进行存储，这个过程中就会涉及不同 DataNode 之间的通信和数据的传输。

第二，永久存储。Hadoop 的 HDFS 分布式文件系统是专门用来存储海量数据文件的，它是分布式存储，即将一个超大文件切分成很多个数据块，然后将块分发到多个节点上进行存储，所以在这个过程中，序列化是必须的。当然，向 HDFS 发起数据存储请求的时候，实际上是发起了 RPC 请求，那么数据永久性存储所期望的 4 个 RPC 序列化属性非常重要，RPC 序列化属性如下。

（1）紧凑。高效实时存储空间。

（2）快速。读写数据的额外开销比较小。

（3）可扩展。可以透明地读取老格式的数据。

（4）互操作。可以使用不同的语言读写永久存储的数据。

6.3.4 初识 Hadoop 序列化

明白了序列化的概念和 Java 语言中对序列化的支持，也理解了反序列化的概念以及在 Hadoop 分布式的场景中序列化被应用在进程间的通信和永久存储两个领域中。下面就让我们一起来学习 Hadoop 是如何支持序列化的。

Hadoop 并没有继续采用 Java 的序列化接口 java.io.Serializable，而是开发了一套自己的序列化格式，那就是 Writable！当然 Hadoop 的这一套序列化 API 也是采用 Java 语言开发出来的。那么 Hadoop 为什么不采用 Java 的序列化接口 java.io.Serializable 呢？Java 语言提供的序列化技术是通过一个标识接口 java.io.Serializable 来实现的，也就是说当我们写一个普通的 Java 类时，如果想让该类实现序列化，只需要让该类实现该标识接口 java.io.Serializable 即可。如果 Hadoop 大数据技术继续沿用该序列化技术，则在大数据技术中的绝大多数类若要实现序列化，就都需要实现

java.io.Serializable 接口，这样一来就会使大数据技术中的 API 与该 Java 标识接口紧紧地耦合在一起了。

另外，Java 的序列化接口的序列化速度在处理海量数据的序列化时表现得并不是很优秀。出于以上原因的考虑，Hadoop 序列化框架当初在设计的时候，就没有选用 Java 序列化技术，而是独立开发了一套专门应用于大数据的序列化框架 Writable。

Writable 序列化框架是 Hadoop 的核心，它紧凑、速度快，但很难用 Java 以外的语言进行扩展。

Writable 为 MapReduce 程序提供了数据类型 Map 键和值的序列化支撑，但为了克服 Writable 只能支持 Java 语言，难以与除 Java 以外的语言进行扩展和使用的缺点，开发团队创建了一个序列化框架 Avro，它不受具体语言的限制，克服了 Writable 的局限性，为 Hadoop 的序列化与其他语言进行扩展和使用提供了解决方案。

6.3.5 Hadoop 序列化实现

Writable 接口定义了两个方法：一个是将其状态写到 DataOutput 二进制输出流中；另一个是从 DataInput 二进制流中读取其状态，代码如下：

```
public interface Writable {
   void write(DataOutput out) throws IOException; //序列化
   void readFields(DataInput in) throws IOException; //反序列化
}
```

下面通过一个特殊的 Writable 类来看看它的具体用途。我们将使用 IntWritable 这个类来封装一个 Java 的 int 类型,IntWritable 类就是实现 Writable 接口的特殊类,我们可以新建一个 IntWritable 类的对象，并调用其 set()方法来设置它的值，代码如下：

```
//新建 IntWritable 类的实例对象
IntWritable writable=new IntWritable();
int a = 163; //定义一个 Java 的 int 类型变量
writable. set (a); //将 Java 变量 a 封装成一个 IntWritable 类型
int b = writable.get(); //将 IntWritable 类型转化为一个 Java 的 int 类型
//也可以通过构造方法来新建一个整数值
IntWritable writable = new IntWritable(163);
```

通过以上代码可以看到，Writable 的一个具体的实现类 IntWritable 的具体用途，下面来看 Writable 的序列化和反序列化功能的应用，代码如下：

```
public class WritableTest {
   public static void main(String[] args)throws Exception {
      //新建一个 IntWritable 对象并进行初始化
      IntWritable one = new IntWritable(199);
      //创建文件输出流 out 对象
      FileOutputStream out = new FileOutputStream("/home/ydh/a.txt");
      //将文件输出流对象包装成数据字节流对象
      DataOutput out2 = new DataOutputStream(out);
      //调用 write 方法将其 one 对象序列化存储到 a.txt 文件
      one.write(out2);
      //新一个 IntWritable 对象
      IntWritable two = new IntWritable();
      //创建 a.txt 文件输入流对象
```

```
        FileInputStream in = new FileInputStream("/home/ydh/a.txt");
        //将文件输入流对象封装成数据字节流对象
        DataInput input = new DataInputStream(in);
        //调用反序列化方法 readFields 将 input 字节流转化为 two 对象
        two.readFields(input);
        System.out.println(two.get());
    }
}
```

我们可以将上述代码中的序列化和反序列化的代码提炼出来，封装成方法，方便随时调用，代码如下：

```
//序列化，通过该方法可以把一个 Writable 类型的对象进行序列化
public static byte[] serializeWritable(Writable writable)throws IOException{
    //创建字节数组输出流
    ByteArrayOutputStream out = new ByteArrayOutputStream();
    //将字节数组输出流包装成数据输出流
    DataOutputStream dataOut = new DataOutputStream(out);
    //将传入方法的 writable 对象序列化为数据字节输出流
    writable.write(dataOut);
    dataOut.close();
    //返回字节输出流
    return out.toByteArray();
}
//创建一个 IntWritable 对象
IntWritable writable = new IntWritable(123);
//将一个对象序列化为一个字节数组
byte[] bytes = serializeWritable (writable);
// 字节数组的长度为 4，一个整数占 4B
System.out.println(bytes.length)

//反序列化，将一个字节数组反序列化为一个 Writable 类型的对象
public static Writable deserializeWritable(Writable writable, byte[] bytes)throws
Exception{
    //将方法实参传进来的字节数组 bytes 包装成字节数组输入流
    ByteArrayInputStream in = new ByteArrayInputStream(bytes);
    //将字节数组输入流对象包装成数据输入流对象
    DataInputStream dataIn = new DataInputStream(in);
    //调用 Writable 的 readFields 方法将数据输入流反序列化为 Writable 类型对象
    writable.readFields(dataIn);
    dataIn.close();
    return writable;
}
```

6.3.6　接口 Comparable & Comparator 与 WritableComparable & WritableComparator

在 Java 语言中，对于基本数据类型或引用类型，同类型之间存在比较大小的情况。比如，一般我们希望一个 Integer 变量与另外一个 Integer 变量进行比较，一个 String 对象与另外一个 String 对象进行比较。

Java 提供了丰富的比较接口 Comparable 和 Comparator。当我们写一个类，若实现了 Comparable 这个接口，此时我们写的这个类自身就具备了同类型之间比较大小的功能。若我们写一个类，实现了 Comparator 这个接口，此时我们写的这个类就充当一个比较器的角色。这两个接口都是 Java 语言提供的比较接口，当然，接口中的方法比较的都是序列化之后的字节流数组。

1. Comparable 接口

Comparable 可以被认为是一个内比较器。实现了 Comparable 接口的类有一个特点，就是这些类是可以和自己比较的，至于具体和另一个实现了 Comparable 接口的类比较，则依赖于 compareTo 方法的实现。compareTo 方法也被称为自然比较方法。compareTo 方法的实现有 3 种情况，请参考以下 compareTo 方法的注释。

```
public interface Comparable<T> {
    /**
     * Compares this object with the specified object for order.  Returns a
     * negative integer, zero, or a positive integer as this object is less
     * than, equal to, or greater than the specified object.
     * compareTo 方法的返回值是 int，有 3 种情况
     * 比较者大于被比较者（也就是 compareTo 方法里面的对象），返回正整数
     * 比较者等于被比较者，返回 0
     * 比较者小于被比较者，返回负整数
     */
    public int compareTo(T o);
}

/*
*自定义一个 Student 类，让其实现 Comparable 接口，指定比较的类型为 Student，
*此时，Student 这个类自身就具备了比较功能，当在一个集合中存储的都是 Student
*类型的对象时，就可以互相比较了
*/
class Student implements Comparable<Student> {
    //定义类的成员变量 name、age、score
    private String name ;
    private int age ;
    private float score ;
    //定义有参数的构造方法
    public Student(String name,int age,float score){
        this.name = name ;
        this.age = age ;
        this.score = score ;
    }
    //重写 toString 方法
    public String toString(){
        return name + "\t\t" + this.age + "\t\t" + this.score ;
    }
    //重写 Comparable 接口的比较方法 comparaTo()实现排序规则的应用
    public int compareTo(Student stu){
        //先按学生的成绩进行比较排序
        if(this.score>stu.score){
            return -1 ;
        }else if(this.score<stu.score){
            return 1 ;
```

```
        }else{
            //如果两个学生的成绩恰好相等的话，再按照年龄进行比较
            if(this.age>stu.age){
                return 1 ;
            }else if(this.age<stu.age){
                return -1 ;
            }else{
                return 0 ;
            }
        }
    }
};
public class ComparableDemo01{
    public static void main(String args[]){
        //定义存放学生数据的 Student 类型的数组
        Student stu[] = {new Student("张三",20,90.0f),
            new Student("李四",22,90.0f),new Student("王五",20,99.0f),
            new Student("赵六",20,70.0f),new Student("孙七",22,100.0f)} ;
        java.util.Arrays.sort(stu) ;// 进行排序操作
        for(int i=0;i<stu.length;i++){    // 循环输出数组中的内容
            System.out.println(stu[i]) ;
        }
    }
};
```

运行结果如图 6-4 所示，首先按照成绩从高到低倒序排序，如果成绩相同时，再按照年龄从小到大排序。

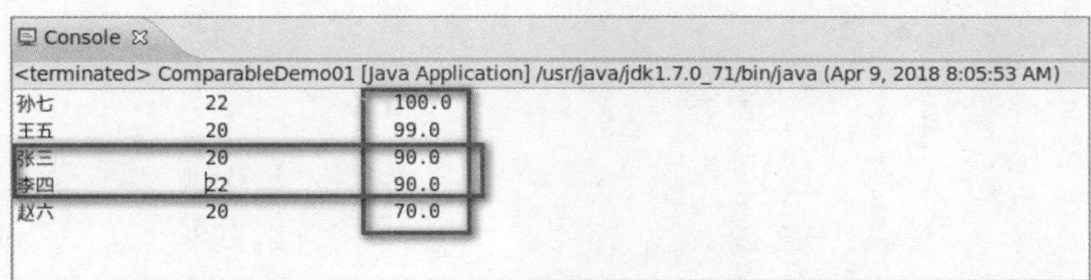

图 6-4

2. Comparator 接口

Comparator 可以被认为是一个外比较器，相当于裁判的角色，通常在两种情况下可以使用该接口：第一，当一个对象不支持自己和自己比较（没有实现 Comparable 接口时），但是又想对两个对象进行比较；第二，一个对象实现了 Comparable 接口，但开发者认为 compareTo 中的比较方式并不是自己想要的比较方式。Comparator 接口里有一个 compare 方法，用于比较逻辑的具体实现，如下所示。

```
public interface Comparator<T>{
    /**
     * compare 方法有两个参数 T o1 和 T o2，是泛型的表示方式，分别表示等待比较
     * 的两个对象，方法的返回值和 Comparable 接口一样是 int，有 3 种情况:
     * o1 大于 o2，返回正整数
     * o1 等于 o2，返回 0
     * o1 小于 o2，返回负整数
```

```
    */
    int compare(T o1, T o2)
}

import java.util.* ;

// 定义 Student 类
class Student{
    private String name ;
    private int age ;
    public Student(String name,int age){
        this.name = name ;
        this.age = age ;
    }
    //重写 equals 方法
    public boolean equals(Object obj){
        //判断传进来的对象引用是否就是当前对象，若是直接返回 true
        if(this==obj){
            return true ;
        }
        //如果方法的实参传进来的对象引用类型不是 Student 类型，则直接返回 false
        if(!(obj instanceof Student)){
            return false ;
        }
        //若传进来的对象类型就是 Student 类型的引用，将其转化为 Student 类型
        Student stu = (Student) obj ;
        //若传进来的对象 name 和 age 都和当前对象相同，则认为是同一个对象，方法返回值为 true
        if(stu.name.equals(this.name)&&stu.age==this.age){
            return true ;
        }else{
            return false ;
        }
    }
    public void setName(String name){
        this.name = name ;
    }
    public void setAge(int age){
        this.age = age ;
    }
    public String getName(){
        return this.name ;
    }
    public int getAge(){
        return this.age ;
    }
    public String toString(){
        return name + "\t\t" + this.age  ;
    }
};
// 定义并实现比较器 StudentComparator
class StudentComparator implements Comparator<Student>{
    // 因为 Object 类中本身已经有了 equals()方法
    public int compare(Student s1,Student s2){
```

```
        if(s1.equals(s2)){ //先按名字比较
            return 0 ;
        }else if(s1.getAge()<s2.getAge()){    // 再按年龄比较
            return 1 ;
        }else{
            return -1 ;
        }
    }
};

public class ComparatorDemo02{
    public static void main(String args[]){
        Student stu[] = {new Student("张三",20),
            new Student("李四",22),new Student("王五",20),
            new Student("赵六",20),new Student("孙七",22)} ;
        // 进行排序操作
        java.util.Arrays.sort(stu,new StudentComparator()) ;
for(int i=0;i<stu.length;i++){ // 循环输出数组中的内容
            System.out.println(stu[i]) ;
        }
        }
};
```

上述代码的运行结果如图 6-5 所示。

```
Console
<terminated> ComparatorDemo [Java Application] /usr/java/jdk1.7.0_71/bin/java (Apr 9, 2018 9:29:41 AM)
赵六          20
王五          20
张三          20
孙七          22
李四          22
```

图 6-5

3. WritableComparable 与 Comparable

通过上述案例，我们掌握了 Comparable 接口的应用。大数据序列化框架 Writable 中的数据类型也需要进行同类型的比较，所应用的比较接口是 WritableComparable。可以看出，Hadoop 的 WritableComparable 接口其实继承自 Java 的 Comparable 接口。具体可以查看下面 WritableComparable 接口的定义。

```
public interface WritableComparable<T> extends Writable, Comparable<T> {
}
```

前面我们介绍的 IntWritable 序列化框架中对整型的包装类，就是继承了 WritableComparable 比较接口，所以 IntWritable 类型本身也具备了同类型之间的自我比较功能。其实现类如下：

```
public class IntWritable implements WritableComparable<IntWritable> {
  private int value;
  public IntWritable() {}
  public IntWritable(int value) { set(value); }
  /** Set the value of this IntWritable. */
  public void set(int value) { this.value = value; }
  /** Return the value of this IntWritable. */
  public int get() { return value; }
  /** Compares two IntWritables. */
```

```
    @Override
    public int compareTo(IntWritable o) {
      int thisValue = this.value;
      int thatValue = o.value;
      return (thisValue<thatValue ? -1 : (thisValue==thatValue ? 0 : 1));
    }
}
```

从上述代码中我们看到，IntWritable 类实现了 WritableComparable 接口中的 compareTo()方法，所以 IntWritable 之间具备了自身相互比较能力。在 MapReduce 计算框架中会经常用到 IntWritable 类型之间的比较。对于 MapReduce 来说，类型的比较是非常重要的，因为中间有个基于键的排序阶段。所以，在这里 IntWritable 类型已经实现了 WritableComparable 接口，自身已经具备了比较的能力，MapReduce 框架直接把 IntWritable 类型的对象当成键值来进行比较排序应用。所以，使 Hadoop 的序列化类型之一 IntWritable 实现 WritableComparable 比较接口非常必要。

4. WritableComparator & RawComparator 与 Comparator

Hadoop 提供的一个优化接口是继承自 Java Comparator 的 RawComparator 接口，其源代码如下：

```
public interface RawComparator<T> extends Comparator<T> {
    public int compare(byte[] b1,  int s1, int l1, byte[] b2. int s2, int l2);
}
```

RawComparator 接口允许其直接比较数据流中的记录，无须先把数据流反序列化为对象。也就是说，它提供了字节级的比较，这样便避免了反序列化新建对象的额外开销。那么怎样才能获得 RawComparator 这个接口的实例对象呢？Hadoop 提供了一个 WritableComparator 类，它是对继承自 Java Comparator 接口的 RawComparator 接口的一个通用实现，其源代码如下：

```
public class WritableComparator implements RawComparator, Configurable {
    /**
    *提供了对原始 compare()方法的一个默认实现，该方法能够反序列化在流中进行比较的对象，并调用对象的 compare()方法
    */
   public int compare(byte[] b1, int s1, int l1, byte[] b2, int s2, int l2) {
     try{
        buffer.reset(b1, s1, l1);        // parse key1
        key1.readFields(buffer);
        buffer.reset(b2, s2, l2);        // parse key2
        key2.readFields(buffer);
     }catch (IOException e) {
        throw new RuntimeException(e);
     }
     return compare(key1, key2);         // compare them
   }

   /** 它充当的是 RawComparator 实例的工厂**/
   public static WritableComparator get(Class<?extends WritableComparable> c)  {
      return get(c, null);
   }
```

接下来看一个 RawComparator 案例，通过该案例来理解 RawComparator 的应用。我们的需求是比较两个 IntWritable 类型的大小，代码如下：

```
public class RawWritableComparatorTest {
   public static void main(String[] args)throws Exception{
      //通过 WritableComparator 的工厂方法获取 RawComparator 实现类的实例对象
         RawComparator<IntWritable>
```

```
        comparator=WritableComparator.get(IntWritable. class);
      //这个 comparator 可以用于两个 IntWritable 对象的比较
      IntWritable wl=new IntWritable(163);
      IntWritable w2=new IntWritable(67);
      //直接进行对象的比较
      System.out.println(comparator.compare(wl, w2))
      //序列化后进行比较
      byte[] bl = RawWritableComparatorTest.serialize(wl);
      byte[] b2 = RawWritableComparatorTest.serialize(w2);
      //提供字节级的比较
      int result2 = comparator.compare(b1, 0, b1.length, b2, 0, b2.length);
    System.out.println(result2);
    }
    //序列化方法
    public static byte[] serializable(Writable wt)throws Exception{
      ByteArrayOutputStream out = new ByteArrayOutputStream();
      DataOutputStream dataOut = new DataOutputStream(out);
      wt.write(dataOut);
      dataOut.close();
      return out.toByteArray();
    }
  }
```

6.3.7 Writable 类

本节将详细介绍 Writable 类以及它的子类信息。Hadoop 自带的 org.apache.hadooop.io 包中有广泛的 Writable 类可供选择，如图 6-6 所示。

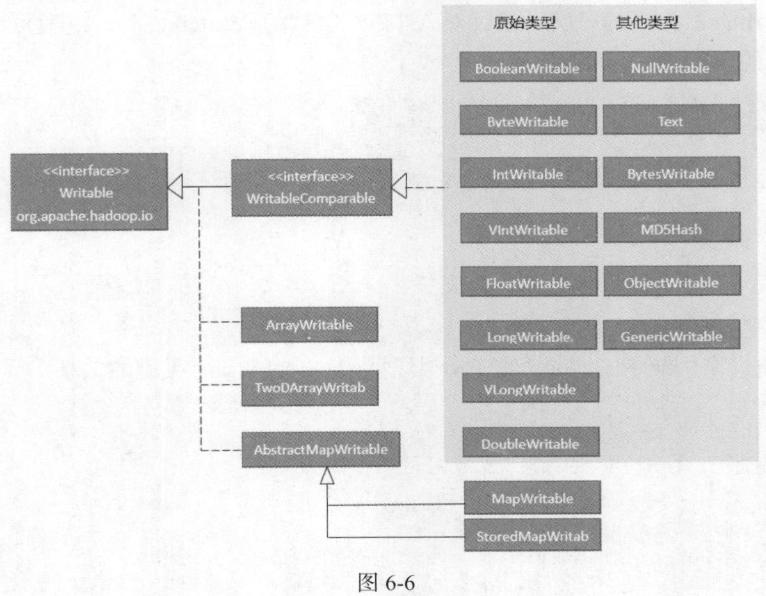

图 6-6

从图 6-6 中可以看到，根类是 Writable，延伸出了许多子接口及子类。这其中除了 IntWritable、BooleanWritable、ByteWritable、FloatWritable、DoubleWritable 是固定长度的数据类型，还有可变长度的数据类型 VIntWritable、VLongWritable，以及 Text、NullWritable、MapWritable、ObjectWritable

等数据类型。这里面基本上涵盖了常用的数据类型。

1. Java 基本类型的 Writable 封装器

Writable 类对 Java 的基本类型提供封装，short 和 char 除外（两者可以存储在 IntWritable 中），如图 6-7 所示。

Java 基本类型的 Writable 类		
Java 基本类型	Writable 实现	序列化大小（字节）
boolean	BooleanWritable	1
byte	ByteWritable	1
int	IntWritable	4
	VIntWritable	1~5
float	FloatWritable	4
long	LongWritable	8
	VLongWritable	1~9
double	DoubleWritable	8

图 6-7

Writable 类对 Java 基本类型的封装都提供了 get()和 set()两个方法，用于读取或设置封装的值，代码如下所示：

```
public class WritableAndJavaTest {
    public static void main(String[] args) {
        int a = 123;
        IntWritable w1 = new IntWritable();
        w1.set(a); //set 方法封装 int 为 IntWritable 对象类型
        int b = w1.get(); //get 方法用于获取 w1 对象的值
    }
}
```

Text 是 Writable 接口的子类，是针对 UTF-8 序列的 Writable 类，一般可以认为它等价于 java.lang.String 的 Writable，其源代码如下：

```
public class Text extends BinaryComparable
    implements WritableComparable<BinaryComparable> {
    private byte[] bytes;
    private int length;

    public Text() {
        bytes = EMPTY_BYTES;
    }
}
```

接下来，通过案例演示 Hadoop 的 Text 类型与 Java 的 String 类型的关系，代码如下所示：

```
public class TestText {
    public static void main(String[] args) {
        //创建一个 Text 类型的对象
        Text text=new Text("hadoop");
        System.out.println(text);
        System.out.println(text.charAt(2)+"\t"+(int)'d');
        String t =new String("hadoop");
        System.out.println(t);
        System.out.println (t.length());
        System.out.println(t.getBytes().length);
        System.out.println(t.charAt(2)+"\t"+(int)'d');
        Text txt=new Text("duixiang");
```

```
        System.out.println(txt);
        String txtStr =txt.toString();
        byte[] bt=txtStr.getBytes();
        for(byte b: bt){
            System.out.println(b);
        }
    }
}
```

上述代码运行结果如图 6-8 所示。

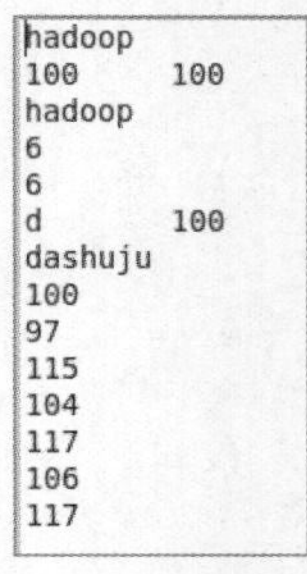

图 6-8

2. NullWritable 类

NullWritable 类是 Writable 的一个特殊类型，其序列化长度为 0，它并不从数据流中读数据，也不写数据，而是充当占位符。例如，在 MapReduce 中如果不需要键和值，可以将键和值声明为 NullWritable 类型。

6.4　基于文件的数据结构 SequenceFile

日志文件中的每一条日志记录是一行文本。如果想把一条条记录转化为二进制类型进行存储，纯文本存储操作是不合适的。这种情况下，Hadoop 的 SequenceFile 类非常合适，SequenceFile 类会提供永久存储二进制的键-值对（key-value）的数据结构。当作为日志文件的存储格式时，我们可以自己选择键，比如由 LongWritable 类型表示的时间戳，也可以自己决定值的类型是 Writable，用于表示日志记录的数量。

SequenceFile 同样也可以作为小文件的容器。HDFS 和 MapReduce 是针对大文件进行优化的，所以通过 SequenceFile 类型将小文件包装起来，可以获得更高效率的存储和处理。

下面通过 SequenceFile 类进行二进制文件的存储和读取操作，代码如下：

```
/** SequenceFile 的写操作 **/
public class SequenceFileWriteDemo {
    //定义一个字符串数组，为后面数据的写入做好数据源的准备
    private static final String[] DATA={
        "One,two,buckle my shoe",
        "Three, four,shut the door",
        "Five,six,pick up sticks",
        "Seven,eight,lay them stright",
        "Nine,ten, a big fat hen"
    };
    public static void main(String[] args) throws IOException {
```

```
        //指定写入 HDFS 分布式文件系统的路径
        //hdfs://master:9000/seqFile.txt
        String uri=args[0];
        Configuration conf=new Configuration();
        //获得 HDFS 分布式文件系统的实例
        FileSystem fs=FileSystem.get(URI.create(uri),conf);
        Path path=new Path(uri);
        //准备 key 和 value 的值
        IntWritable key=new IntWritable();
        Text value=new Text();
        //定义 writer 变量
        SequenceFile.Writer writer=null;
        try{
            //根据 HDFS 实例、配置、路径、key 的类型、value 的类型初始化 writer
            writer=SequenceFile.createWriter(fs, conf, path, key.getClass(),
            value.getClass());
            //循环向 HDFS 分布式文件系统中写入 100 条日志记录数据
            for(int i=0;i<100;i++){
                key.set(100-i);
                value.set(DATA[i%DATA.length]);
                System.out.printf("[%s] \t%s \t%s \n",
                writer.getLength(),key,value);
                writer.append(key, value);
            }
        }finally{
            IOUtils.closeStream(writer);
        }
    }
}
```

运行上述代码时打印的部分日志结果如图 6-9 所示。

```
[128]   100     One,two,buckle my shoe
[171]   99      Three, four,shut the door
[217]   98      Five,six,pick up sticks
[259]   97      Seven,eight,lay them stright
[306]   96      Nine,ten, a big fat hen
[350]   95      One,two,buckle my shoe
[393]   94      Three, four,shut the door
[439]   93      Five,six,pick up sticks
[481]   92      Seven,eight,lay them stright
[528]   91      Nine,ten, a big fat hen
[572]   90      One,two,buckle my shoe
```

图 6-9

下面使用 SequenceFile 提供的 reader 方法来读取上述代码写进 HDFS 文件系统中的 seqFile.txt 的文件内容，代码如下：

```
public class SequenceFileReadDemo {
    public static void main(String[] args) throws IOException {
        String uri=args[0]; // hdfs://master:9000/seqFile.txt
        Configuration conf=new Configuration();
        FileSystem fs=FileSystem.get(URI.create(uri),conf);
        Path path=new Path(uri);
        SequenceFile.Reader reader=null;
        try{
            //根据 hdfs 实例、path 路径以及 conf 配置获得 reader 对象
            reader=new SequenceFile.Reader(fs,path,conf);
            //获得 key 的值
```

```
            Writable key=(Writable) ReflectionUtils.newInstance(reader.getKeyClass(),
conf);
            //获得 value 的值
            Writable     value=(Writable)ReflectionUtils.newInstance(reader.getValue
Class(), conf);
            //获得当前读取的位置信息
            long position = reader.getPosition();
            while(reader.next(key,value)){
                String synSeen= reader.syncSeen() ?"*" : "";
                System.out.printf("[%s%s] \t%s \t%s \n", position,synSeen,key,value);
                position=reader.getPosition();
            }
        }finally{
            IOUtils.closeStream(reader);
        }
    }
}
```

运行上述代码的部分结果如图 6-10 所示。

```
[128]   100     One,two,buckle my shoe
[171]   99      Three, four,shut the door
[217]   98      Five,six,pick up sticks
[259]   97      Seven,eight,lay them stright
[306]   96      Nine,ten, a big fat hen
[350]   95      One,two,buckle my shoe
[393]   94      Three, four,shut the door
[439]   93      Five,six,pick up sticks
[481]   92      Seven,eight,lay them stright
[528]   91      Nine,ten, a big fat hen
[572]   90      One,two,buckle my shoe
```

图 6-10

本章总结

本章主要介绍了 HDFS 分布式文件系统的数据完整性，通过数据的 CRC-32 循环冗余校验码保证数据的安全性。还介绍了 HDFS 中数据的压缩格式，并介绍了每一种压缩格式的特点和使用场景。紧接着，介绍了 Hadoop 的序列化，也就是字节化或流化。Hadoop 并没有采用 Java 序列化技术，而是自己开发了一套适应于大数据序列化的框架，即 Writable，我们需要掌握基于 Writable 的子接口以及子类。最后，当我们想把日志数据以二进制方式进行存储的时候，可以采用 Hadoop 提供的 SequenceFile 类来完成二进制数据的读写操作。

本章习题

1．什么是数据完整性？

2．常见的数据压缩格式有哪些？对文件压缩有哪些好处？

3．Hadoop 的序列化框架中常见的数据类型有哪些？

第 7 章 初识 MapReduce 编程模型

本章要点

- MapReduce 编程框架
- WordCount 编程实例
- Hadoop MapReduce 架构

Hadoop 基础部分主要包含 HDFS 分布式文件系统和 MapReduce 分布式并行计算框架，HDFS 可解决大数据的存储问题，MapReduce 可解决大数据的计算处理问题。本章将介绍 MapReduce 分布式并行计算框架，主要内容包括：MapReduce 编程框架、WordCount 编程实例、Hadoop MapReduce 架构，全面讲述 MapReduce 分布式计算框架的理论知识与实战应用。

7.1 MapReduce 编程框架

MapReduce 编程框架是一种可用于数据处理的编程模型，该模型比较简单。Hadoop 平台可以运行由各种计算机编程语言（如 Java、Ruby、Python 和 C++）编写的 MapReduce 程序。最重要的是，MapReduce 程序本质上是并行运行的，因此可以将大规模的数据分析任务交给任何一个拥有强大计算能力的运行商。MapReduce 的优势在于处理超大规模的数据集。

7.1.1 函数式编程模型

MapReduce 编程框架是一种用于数据处理的编程模型，确切地说，MapReduce 框架采用了函数式编程思想，是基于函数式编程模型的框架。

下面举一个例子：一次考试的考卷中有选择题、填空题、简答题和作文题，一共 500 位学生参加了考试，考试结束后，老师要进行阅卷。将老师分为 5 个梯队，第一梯队批改选择题并计算出分数，第二梯队批改填空题并计算出分数，第三梯队批改简答题并计算出分数，第四梯队批改作文题并计算出分数，第五梯队将所有题目得到的分数进行求和，计算出每位学生的考试总成绩。

在这个业务场景中，若想得到学生的最后总成绩，就需要逐个梯队完成阅卷工作。我们可以把这 5 个梯队看成 5 个函数：当第一个梯队的老师批改 500 份试卷中的选择题时，就意味着第一个函数在并发执行。假如我们把阅卷工作视为一条流水线，只有当第一梯队的老师批改完了所有学生的选择题之后，第二梯队的老师才能继续阅卷，当第二梯队的老师批改完所有学生的填空题之后，第三梯队的老师才能继续阅卷，依此类推。

所谓函数式编程思想，简单地说就是函数内部并发执行，函数之间串行执行。

如果用一门编程语言来开发这个流程，我们会写 5 个函数代表 5 个梯队的老师批改卷子，每个函数开辟多个线程，代表每个梯队由多位老师组成，同时批改某一个题型。所以，我们会看到 5 个函数串行执行，每个函数内部并发执行，最终计算出所有学生的考试成绩。这就是函数式编程思想的一个实现案例，通过学习这个案例，可以明白函数式编程思想模型的基本概念。

7.1.2　MapReduce 编程模型概念

理解了函数式编程模型之后，我们一起来学习 MapReduce 编程模型。前面说过，MapReduce 基于函数编程思想模型，用于处理超大规模的数据集。怎么看出 MapReduce 是基于函数式编程思想的呢？

首先，MapReduce 自身的命名是由两部分组成：Map 和 Reduce，用户只需编写 map()和 reduce()两个函数，即可完成简单的分布式程序设计，也就是说，MapReduce 在处理任何数据集任务的时候都分为两个阶段，即 Map 阶段和 Reduce 阶段。MapReduce 框架提供了这两个阶段函数的实现，就是 map 函数和 reduce 函数的基本定义。若要根据具体业务需求利用 MapReduce 框架进行处理，则可以重写 map 函数和 reduce 函数，并为 map 函数和 reduce 函数开辟多个线程并发执行，进而实现不同业务含义数据集的批处理需求。

其次，MapReduce 编程模型是分布式并行计算框架，重点是分布式，即程序需要在多台 Server 计算节点上并行运行。如何将 map 函数和 reduce 函数发布到多台 Server 节点上并发执行呢？MapReduce 框架已经帮我们实现了分布式并发细节的具体代码，不需要开发人员再去开发公共代码块了。也就是说，我们只需要写好 map 函数和 reduce 函数的内容，至于 map 函数或 reduce 函数的并发分布式运行，都交给 MapReduce 框架来实现。所以，MapReduce 框架就会根据函数式编程的思想模型，为 map 函数开辟多个线程，在多个 Server 计算节点上分布式并发执行，当 map 函数对应的所有线程都执行完就会自动执行 reduce 函数。reduce 函数也是一样，由 MapReduce 框架负责开辟线程并发，在多个 Server 计算节点上分布式运行。

1. map()函数

map()函数以键值对作为输入，产生另外一系列键值对作为中间结果，输出到本地磁盘。MapReduce 框架会自动将这些中间数据按照键/值进行聚合，且键值相同的数据被统一交给 reduce()函数处理。这是 Map 函数的基本工作原理，我们会清楚地看到，map 函数处理的数据结构类似于映射数据的结构的键值对，当 map 函数执行完毕时会产生一个新的 map 键值对作为输出。当然，对于函数来讲，有输入一般就会有函数执行的结果输出。注意，这里的输出结果，会临时存储在 map 函数正在运行的 Server 计算节点的本地磁盘上，而不是 HDFS 文件系统中。当 map 函数执行完毕，reduce 函数就会自动开启，准备读取刚刚 map 函数执行的输出到本地磁盘上的结果。

2. reduce()函数

reduce()以 key（键）及对应的 value（值）列表作为输入，因为 map 函数的输出被送到 reduce 的过程中会根据 key 进行合并，即把相同的 key 合并在一起，相同 key 对应的 value 会在合并的过程中放到一个集合列表中。所以，最终 map 函数的输出到 reduce 的输入的时候，就变成了 key 是合并之后的一个，value 就变成了合并之后的一个 value 集合。经过 reduce 函数的聚合运算，例如把 key 所对应的 value 集合中的值相加求出总和，进而产生另外一系列键值对作为最终结果的输出，写到 HDFS 分布式文件系统中。

以上就是 MapReduce 分布式并行计算框架，即基于函数式编程思想模型而开发的一套处理大规模数据集的框架。

7.1.3 MapReduce 的设计目标

1. 易于编程

MapReduce 为开发人员提供了接口，我们只需要关心 map 函数和 reduce 函数如何编写。关于并发和分布式执行等比较棘手的问题，MapReduce 框架已经做好了具体的实现，直接使用即可。

2. 良好的扩展性

说到扩展性，我们在学习 HDFS 分布式文件系统的时候就已经提到过。对于大数据来说，随着数据的增大，集群的规模也需要相应增大扩展。对于 MapReduce 框架来说，集群规模的扩展就意味着计算节点的增多，MapReduce 框架的计算能力随着集群规模的扩展而提高。

3. 高容错

在分布式计算环境中，MapReduce 框架在处理海量规模数据的时候可能会面对各种各样的异常情况。例如，某一台或者某几台计算节点可能突然宕机，某台计算节点上的某个计算任务可能执行缓慢，又可能某个计算任务中断，等等。MapReduce 框架早已考虑到了这些问题。

当 MapReduce 框架执行计算任务的时候，如果发现某个计算分片上的数据损坏，由于 HDFS 有 3 份副本，MapReduce 框架会自动选择下一个完整的数据块。

当发现计算节点宕机或任务中断，如果问题非常严重，那么 MapReduce 就重新发起一次；如果只是某一个节点的问题，那么 MapReduce 会自动在其他节点上启动一个一模一样的任务。

当某个任务执行得特别缓慢时，MapReduce 就会自动打开容错机制，在本节点或者其他有相同数据的节点上再启动一个跟当前这个任务一模一样的任务，两个任务会并发执行，如果新启动的任务提前执行完毕，原来的那个任务就会自动结束，总之以谁先执行完为准。关于 MapReduce 的容错机制，我们将在后续的编程实例中继续体会。

7.2 WordCount 编程实例

通过 7.1 节的学习，我们理解了 MapReduce 编程模型的核心思想以及 MapReduce 框架中 map 函数和 reduce 函数的基本结构。下面我们通过一个案例来学习 MapReduce 分布式并行计算框架的工作流程。

7.2.1 案例需求

该案例的业务需求：统计在 Hadoop 安装目录下 README.txt 这个文件中所有单词各自出现的次数。首先，我们来看一下这个文件中的部分内容，如图 7-1 所示。

现在，我们要通过 MapReduce 框架，统计其中每个单词出现的次数，比如“hadoop”这个单词在本文件中出现了多少次，“country”这个单词出现了多少次。这个文档内容不多，若用传统的编程方式也能统计出来，但假如文档的规模达到了 PB 级别，就必须用 MapReduce 统计了。

明白了业务需求，我们接下来做实际的 MapReduce 编程开发。

```
/home/xdl/hadoop-2.5.2
[xdl@master hadoop-2.5.2]$ cat README.txt
For the latest information about Hadoop, please visit our website at:

   http://hadoop.apache.org/core/

and our wiki, at:

   http://wiki.apache.org/hadoop/

This distribution includes cryptographic software.  The country in
which you currently reside may have restrictions on the import,
possession, use, and/or re-export to another country, of
encryption software.  BEFORE using any encryption software, please
check your country's laws, regulations and policies concerning the
```

图 7-1

7.2.2　搭建开发环境 Eclipse

本例选用 Java 语言来做开发，所以安装 Java 的开发环境 Eclipse，安装步骤如下所示。

① 将 Eclipse 安装包复制到 master 节点的 home 目录下。

```
/home/ydh/eclipse-jee-indigo-SR2-linux-gtk-x86_64.tar.gz
```

② 解压安装。

```
tar -zxvf /home/ydh/eclipse-jee-indigo-SR2-linux-gtk-x86_64.tar.gz
```

③ 安装完成后，产生一个新的目录。

```
/home/ydh/eclipse
```

④ 打开 Eeclipse。

```
cd /home/ydh/eclise
```

⑤ 通过 Linux 的 ls 命令列出该目录下的所有文件，其中 eclipse 是可执行文件，用来打开 Eclipse 开发环境，如下所示。

```
[ydh@master eclipse]$ ls
about_files  artifacts.xml  dropins  eclipse.ini  features  libcairo-swt.so  p2
readme  about.html  configuration  eclipse  epl-v10.html  icon.xpm  notice.html
plugins
```

⑥ 在控制台输入以下命令打开 Eclipse。

```
[ydh@master eclipse]$ ./eclipse
```

Eclipse 欢迎界面如图 7-2 所示。

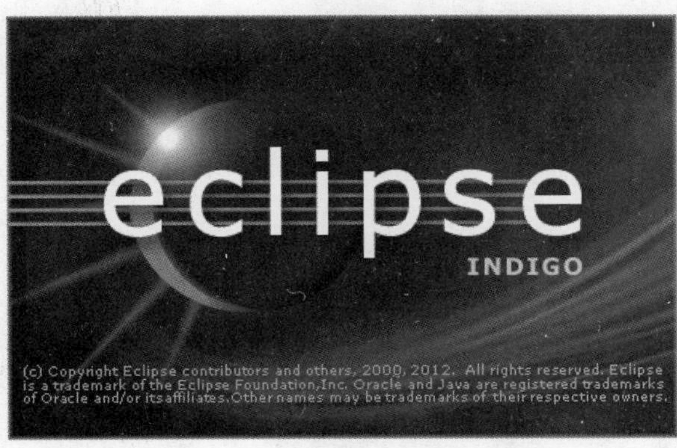

图 7-2

欢迎界面结束后进入开发界面，在其中创建项目并编写代码，如图 7-3 所示。

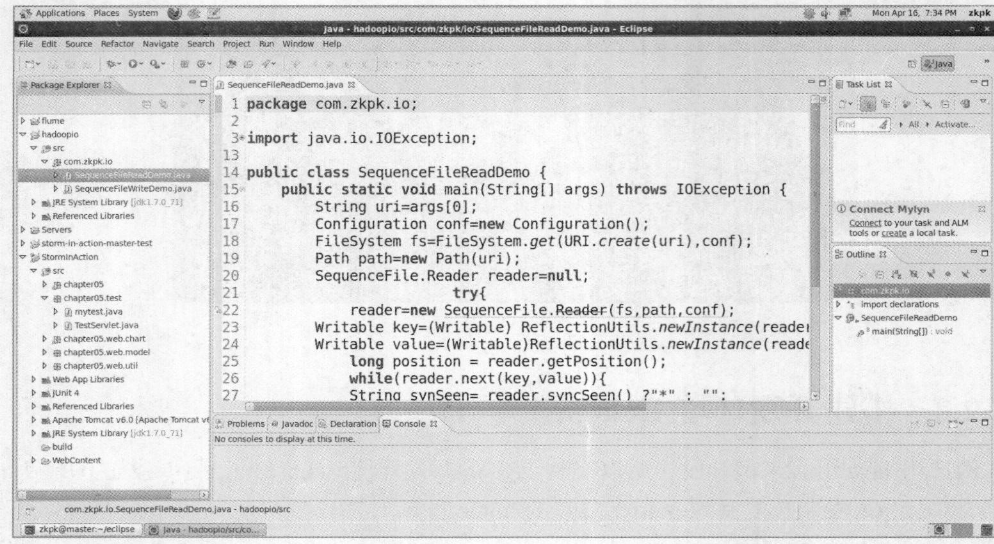

图 7-3

7.2.3 代码实现

首先，写 map 函数，将 README.txt 文件中的每一行文本读出来，然后针对每一行记录将单词拆分出来并形成映射输出，map 函数的任务就完成了。

下面，定义一个 WordCountMap 类来重写 map 函数。当然，我们写的这个类需要继承自框架提供的一个超类，就是框架定义 map 函数的 Mapper 类。也就是说，若我们自己写的 WordCountMap 类继承了 MapReduce 框架提供的 Mapper 类，那我们自己定义的 WordCountMap 类就具备了分布式并行运行 map 函数的能力。所以说，若想让自定义的类中的 map 方法支持分布式并行计算，就需要继承自 MapReduce 框架的 Mapper 类，这也符合 Java 语言中继承的概念。代码如下。

```
import org.apache.hadoop.io.IntWritable;
import org.apache.hadoop.io.LongWritable;
import org.apache.hadoop.io.Text;
import org.apache.hadoop.mapreduce.Mapper;
/**
 * 本类继承自 Mapper 类，负责重写父类 Mapper 中的 map 函数
 * Mapper<LongWritable, Text, Text, IntWritable> 泛型的参数含义为 LongWritable
 * 表示文本偏移量相当于读取文本行的地址，由 MapReduce 框架启动时自动根据文件获
 * 取，Text 表示读取的一行文本，Text 表示 map 函数输出 key 的类型，IntWritable 表示
 * map 函数输出的 value 类型
 */
public class WordCountMap extends Mapper<LongWritable, Text, Text, IntWritable> {
    //定义一个静态常量 value 并将它的值初始化为 1
    private static final IntWritable one= new IntWritable(1);
    //定义一个静态 Text 类的引用为 word
    private static final Text word = new Text();
    /**
     * map 函数主要负责对 README.txt 文件内容进行映射处理
     *key 是从 README.txt 文件中读取的每行文本的偏移量地址
     * value 是从 README.txt 中获取的一行文本，有 MapReduce 框架负责传入
```

```
         * context 是 MapReduce 框架的上下文对象，可以存放公共类型的数据，比如 map
         * 函数处理完的中间结果可以保存到 context 上下文对象中，MapReduce 框架再根据
         * 上下文对象中的数据将其持久化到本地磁盘，这都是 MapReduce 框架来完成的
         */
        public void map(
                LongWritable key,
                Text value,
                    org.apache.hadoop.mapreduce.Mapper<LongWritable,      Text,      Text,
IntWritable>.Context context)
                throws java.io.IOException, InterruptedException {
            //将读取的一行 Text 文本转化为 Java 的字符串类型
            String line = value.toString();
            //按照空格符切分出一行字符串中包含的所有单词，并存储到字符串数组中
            String[] words = line.split(" ");
            //循环遍历字符串数组 words，将其中的每个单词作为 key 值，上面定义的//IntWritable 类型常量
one 作为 value 的值
            for(String w : words){
                word.set(w);
                //经过 map 函数处理形成 key-value 键值对，输出到 MapReduce 的上下文
                //由 MapReduce 的上下文将结果写入本地磁盘空间
                context.write(word, one);
            }
        };
    }
```

接下来，写 reduce 函数。reduce 函数负责将 key 相同的单词合并，将对应的 value 值放到一个集合中，并对集合中的数值进行累加。所以 map 函数的输出到达 reduce 的输入时，就变成了 key 和 values 值的列表集合，因为相同的 key 进行合并之后，其对应的 value 值会被放到一个集合中。当然，reduce 函数也是分布式并行计算的，若要根据自己的业务需求重写 reduce 函数使之分布式并行计算，就需要写一个 WordCountReduce 类去继承 MapReduce 框架提供的对 reduce 函数定义的 Reducer 类，然后重写 Reducer 类中的 reduce 函数，进而实现自己的业务需求。代码如下。

```
    import java.util.Iterator;
    import org.apache.hadoop.io.IntWritable;
    import org.apache.hadoop.io.Text;
    import org.apache.hadoop.mapreduce.Reducer;
    /**
     * 本类继承自 Reducer 类，负责重写父类 Reducer 中的 reduce 函数
     * Reducer< Text, IntWritable, Text, IntWritable > 泛型的参数含义如下。
     * 第一个 Text 表示 reduce 函数输入的键值对的键值类型，IntWritable 表示 reduce 函数输
     * 入键值对的值类型
     * 第二个 Text 表示 reduce 函数输出的 key 类型，IntWritable 表示 reduce 函数输出键值
     * 对的值类型
     */
    public class WordCountReducer extends
            Reducer<Text, IntWritable, Text, IntWritable> {
        /**
         * reduce 函数主要负责对 map 函数处理之后的中间结果做最后处理
         * 参数 key 是 map 函数处理完后输出的中间结果键值对的键值
         * values 是 map 函数处理完后输出的中间结果值的列表
         * context 是 MapReduce 框架的上下文对象，可以存放公共类型的数据，比如 reduce
         * 函数处理完的中间结果可以保存到 context 上下文对象中，由上下文再写入 HDFS 中
         */
```

```
        public void reduce(
                Text key,
                java.lang.Iterable<IntWritable> values,
                    org.apache.hadoop.mapreduce.Reducer<Text, IntWritable, Text,
IntWritable>.Context context)
                throws java.io.IOException, InterruptedException {
            //初始一个局部 int 型变量值为 0，统计最终每个单词出现的次数
            int sum=0;
            //循环遍历 key 所对应的 values 列表中的所有 values 的值，然后进行累加
            for(IntWritable v : values){
                sum+=v.get();
            }
            //将 reduce 处理完后的结果输出到 HDFS 文件系统中
            context.write(key, new IntWritable(sum));
        };
    }
```

以上完成了 map 函数和 reduce 函数的实现，接下来，将 map 和 reduce 函数组织起来，让它们变成一个整体来处理统计单词频率的工作。用来把 map 函数和 reduce 函数组织起来的组件称为作业，如一个名为 job 作业的组件。在 MapReduce 编程框架模型中，处理业务需求的单位是作业 job。也就是说，本次要把 READEME.txt 文件中所有单词的出现次数统计出来，可以写一个 MapReduce 的 job。MapReduce 的 job 中包含 map 函数处理和 reduce 函数处理。map 函数负责映射和分发，把一行文本切分成一个个单词，并映射为一对对 key-value 键值对后输出。Reduce 函数负责聚合统计，将 map 函数处理完的中间结果 key-values 键和值的列表，针对每个 key 对应的 values 值列表集合中的数值，进行聚合累加计算。

在 job 作业执行的过程中，map 函数和 reduce 函数内部并发执行，map 函数和 reduce 函数之间串行执行，即 map 函数执行完毕之后 reduce 函数才能开始执行，从而完成业务需求的代码实现。job 组织 map 函数和 reduce 函数的详细代码如下。

```
    import org.apache.hadoop.conf.Configuration;
    import org.apache.hadoop.fs.Path;
    import org.apache.hadoop.io.IntWritable;
    import org.apache.hadoop.io.Text;
    import org.apache.hadoop.mapreduce.Job;
    import org.apache.hadoop.mapreduce.lib.input.FileInputFormat;
    import org.apache.hadoop.mapreduce.lib.output.FileOutputFormat;
    public class WordCountMain {
        //程序的入口 Main 主函数
        public static void main(String[] args)throws Exception {
            //源文件输入路径，就是 README.txt 文件的路径，首先要将其上传到 HDFS
            //假设上传到 HDFS 文件系统的路径为 hdfs://master:9000/README.txt
            String inpath = args[0];
            //经过 MapReduce 数据处理之后结果的输出文件路径，注意该路径不能事先存在
            //假设设置的路径为 hdfs://master:9000/wordcount_output
            String outpath = args[1];
            //创建 MapReduce 的 job 对象，并设置 job 的名称
            Job job=Job.getInstance(new Configuration(), WordCount.class.getName());
            //设置 job 运行时的程序入口主类 WordCount
            job.setJarByClass(WordCount.class);
            // 通过 job 设置输入/输出格式为文本格式，我们目前操作的基本都是文本类型
            job.setInputFormatClass(TextInputFormat.class);
            job.setOutputFormatClass(TextOutputFormat.class);
```

```
        //设置 map 函数的实现类对象
        job.setMapperClass(WordCountMap.class);
        //设置 reduce 函数的实现类对象
        job.setReducerClass(WordCountReducer.class);
        //设置 map 函数执行中间结果输出的 key 的类型
        job.setMapOutputKeyClass(Text.class);
        //设置 map 函数执行中间结果的输出的 value 的类型
        job.setMapOutputValueClass(IntWritable.class);
        //设置 job 输出的 key 类型
        job.setOutputKeyClass(Text.class);
        //设置 job 输出的 value 类型
        job.setOutputValueClass(IntWritable.class);

        //设置输入文件的路径
        FileInputFormat.addInputPath(job, new Path(inpath));
        //设置计算结果的输出路径
        FileOutputFormat.setOutputPath(job, new Path(outpath));
        //提交运行 job
        int num = job.waitForCompletion(true)?0:1;
        //根据 job 执行返回的结果退出程序
        System.exit(num);
    }
}
```

7.2.4 代码测试

完成上述代码之后，要利用本地服务器的计算资源进行测试，需要先把代码中可能出现的问题提前排除掉，因为等到集群运行的时候是不方便做代码调试的，一旦出现运行异常，定位错误会很不方便。本地测试的步骤如下。

① 在 Eclipse 的开发界面中看到 WordCountMain.java、WordCountMap.java、WordCountReduce.java，如图 7-4 所示。

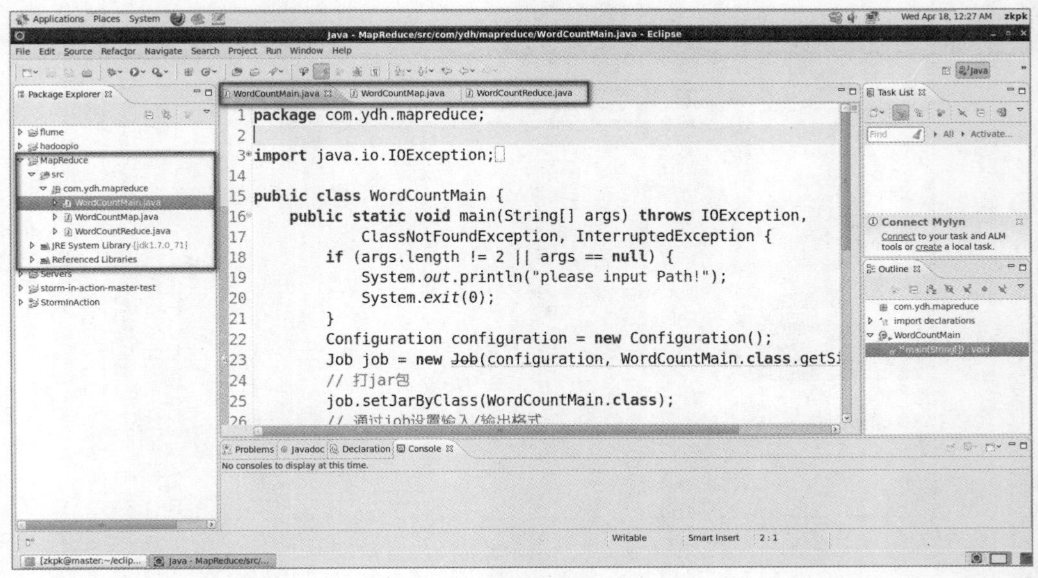

图 7-4

② 在 WordCountMain.java 所在的类中单击鼠标右键，选择【RunAs】-【Run Configurations】，如图 7-5 所示。

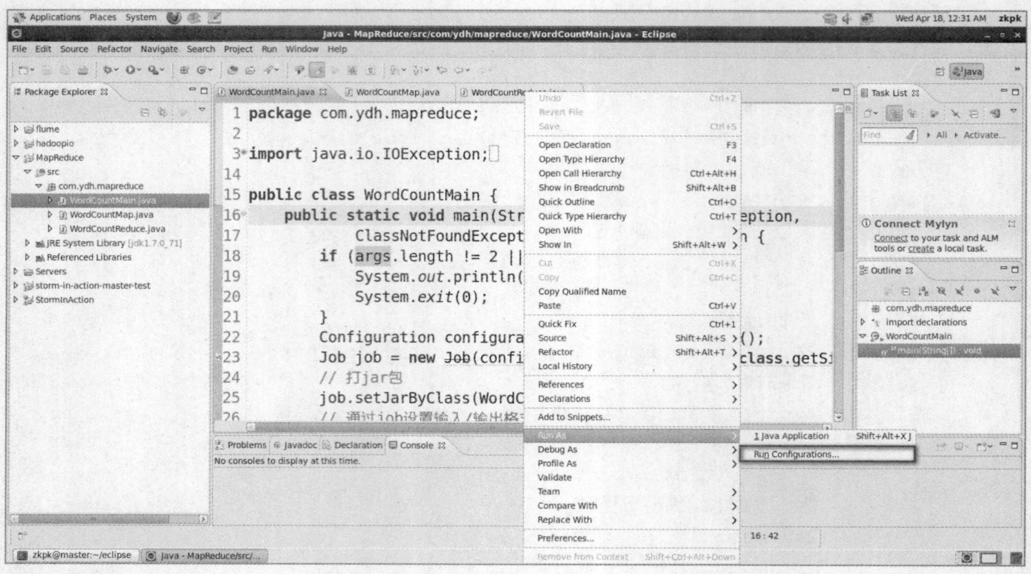

图 7-5

③ 弹出图 7-6 所示的窗口，在窗口中选中【Name：WordCountMain】，在【Arguments】选项卡中输入两个参数，第一个参数为本次程序运行处理的输入文件的路径信息，在这里输入的 Linux 本地文件的路径是/home/ydh/Hadoop-2.5.2/README.txt；第二个参数是经过 MapReduce 在本地执行完测试后输出结果的存储位置/home/ydh/wordcount_output。

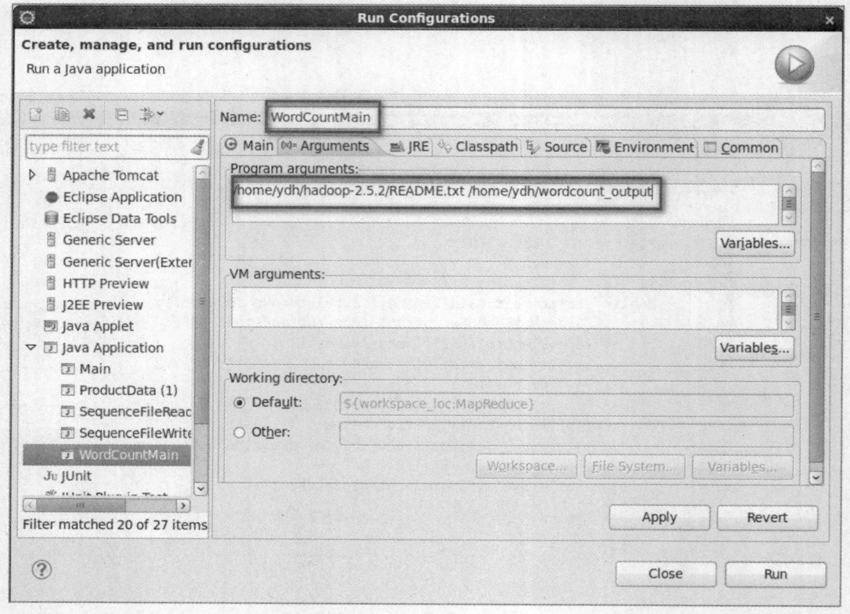

图 7-6

④ 单击【Apply】菜单，选择【Run】选项，MapReduce 程序就在本地运行了，如图 7-7 所示。

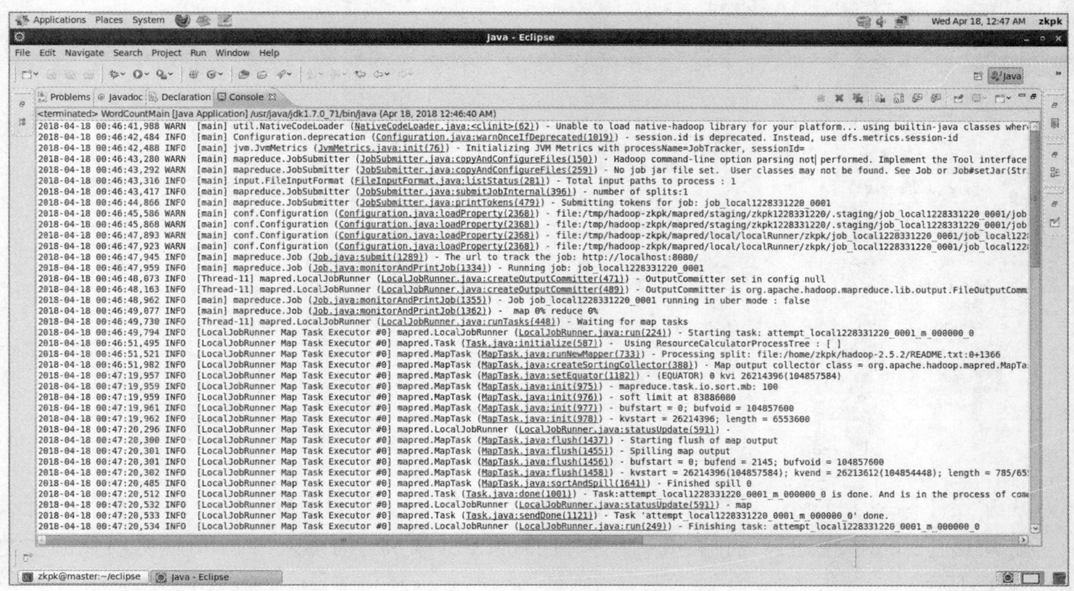

图 7-7

⑤ 当程序成功运行结束后，我们就可以到刚刚设置的输出结果存储路径中查看了，在 Linux 命令行输入如下命令。

```
[ydh@master ~]$ cd wordcount_output/
[ydh@master wordcount_output]$ ls
part-r-00000  _SUCCESS
```

其中，part-r-00000 文件就是刚刚本地测试计算出来的结果，通过输入如下命令查看结果：

```
[ydh@master wordcount_output]$ cat part-r-00000
concerning    1
country  1
country's     1
country, 1
cryptographic     3
currently     1
details  1
distribution 2
eligible 1
encryption    3
exception     1
export   1
following     1
```

经过本地测试，可以看到 README.txt 这个文件中每个单词出现的次数，这里只截取部分输出结果。此时 MapReduce 的词频统计应用程序已经没有问题，可以打包，操作过程如下所示。

① 在【MapReduce】选项处单击鼠标右键，选择【Export】菜单导出项目，如图 7-8 所示。

② 单击 Java 目录下的【JAR file】选项，导出项目格式为 jar，如图 7-9 所示。

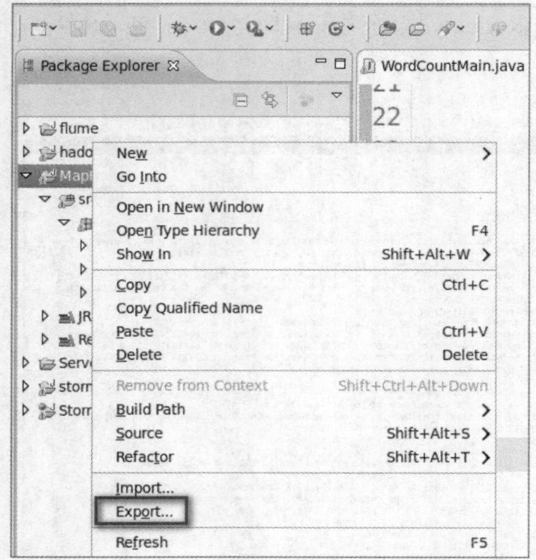

图 7-8

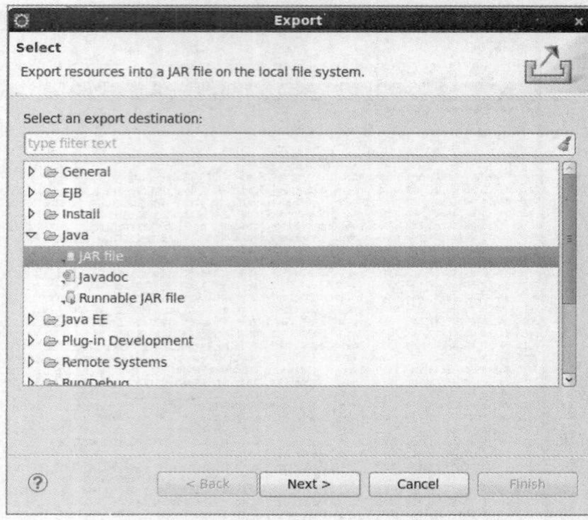

图 7-9

③ 单击【Next】按钮，设置将要导出项目的.class 文件，导出存放的路径，如图 7-10 所示。

④ 单击【Nent】按钮，设置将要导出项目的 JAR 程序执行时的入口 main 函数所在的主类，如图 7-11 所示。

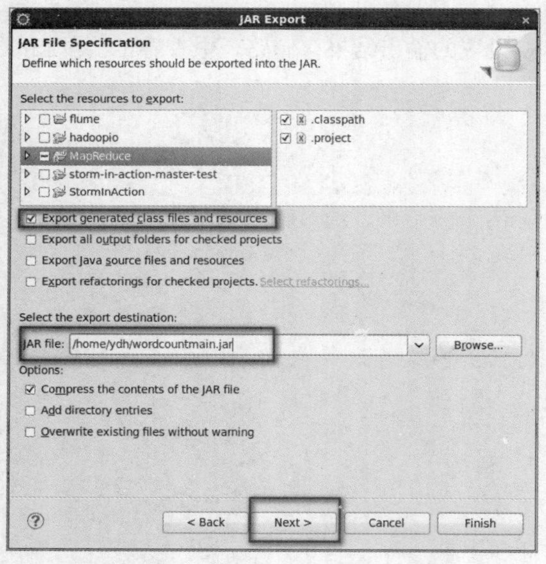

图 7-10

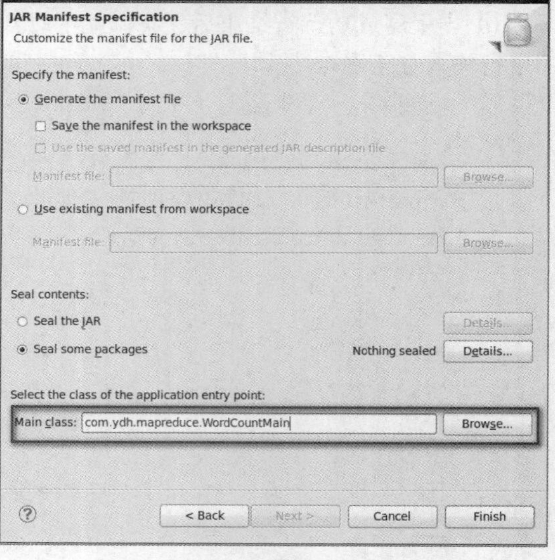

图 7-11

⑤ 单击【Finish】按钮完成导出，就可以看到导出的 jar 文件了，如图 7-12 所示。

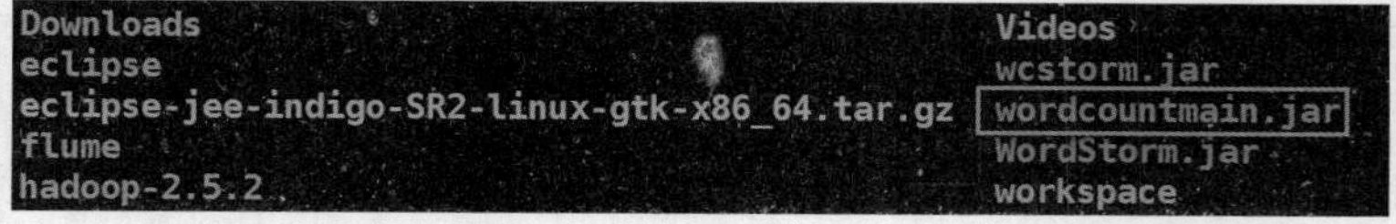

图 7-12

项目 MapReduce 程序成功导出之后就可以执行了。首先，需要把 README.txt 文件上传到 HDFS 文件系统中，然后再执行刚刚导出的 MapReduce 项目程序，完成对 README.txt 文件中数据的处理。

将 Hadoop 安装目录下的文件 README.txt 上传到 HDFS 文件系统中的根目录下：

```
[ydh@master hadoop-2.5.2]$ hadoop fs -put ./README.txt
```

提交 wordcountmain.jar 文件到 Hadoop 集群中运行，其中，"/README.txt" 为输入文件的路径，"/wordcount_output" 为计算结果的输出路径，命令如下：

```
[ydh@master ~]$ hadoop jar wordcountmain.jar /README.txt /wordcount_output
```

查看运行结果，命令如下：

```
[ydh@master ~]$ hadoop fs -ls /wordcount_output
-rw-r--r--   2 zkpk supergroup   0 2018-04-16 20:35 /wordcount_output/_SUCCESS
-rw-r--r--   2 zkpk supergroup   1760 2018-04-16 20:35 /wordcount_output/part-r-00000
```

查看运行结果的内容，命令如下：

```
[ydh@master ~]$ hadoop fs -cat /wordcount_output/part-r-00000
```

截取结果的一部分作为演示，如图 7-13 所示。

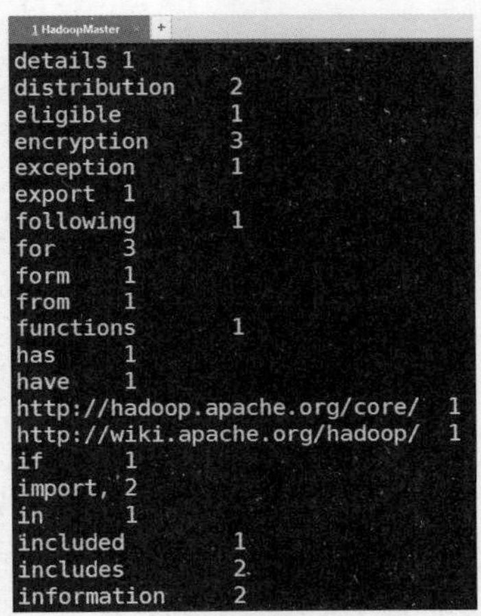

图 7-13

至此，WordCountMain 词频统计案例完成，通过上图的结果可以看到，该案例统计出了 README.txt 文件中每个单词出现的次数。

7.2.5 案例剖析

现在，将整个 MapReduce 框架作业运行的流程再做一个梳理，以便清晰透彻地理解 MapReduce 编程模型。首先，当用户开发人员编写完 MapReduce 程序后，按照一定的规则指定程序的输入和输出目录，并提交到 Hadoop 集群中，作业在 Hadoop 集群中的执行过程如图 7-14 所示。

Hadoop 集群中的 MapReduce 框架调用 InputFormat 接口，将用户输入的海量数据切分成若干个输入分片（Input Split），输入分片与 map 对应，是每个 map 处理的唯一单位，并将每个输入分片交给一个 MapTask 处理，每个分片包括多条记录，每条记录都有对应的键值对；MapTask 不断从对应的切片中解析出一个个 key-value，并调用 map()函数处理，处理完成之后若有多个 Reduce 任务，就会根据 Reduce Task 的个数将结果分成若干个分区（Partition）写到本地磁盘。同时，每个 ReduceTask 从每个 MapTask 上读取属于自己的那个分区，然后基于排序的方法将 key 相同的数据聚集在一起，调用 reduce()函数处理，并将结果输出到文件中。

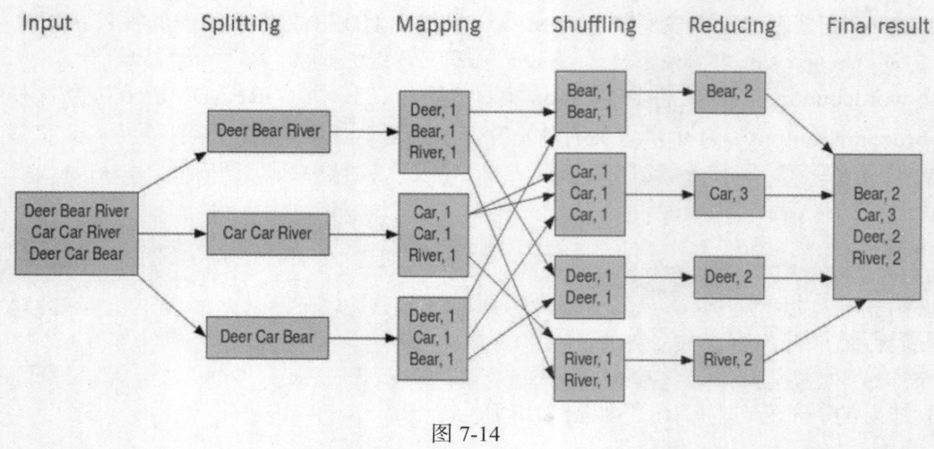

图 7-14

在这里出现了一个输入分片的概念，已在第 6 章中提到过。所谓输入分片，取决于一个文件是否可以按照字节进行切分，是否支持序列化。这里，被 MapReduce 处理的文件数据都必须支持序列化，实际上 HDFS 分布式文件系统已经帮我们做过序列化的验证了，因为 HDFS 分布式文件系统是基于流式数据处理的，那么它上面存放的数据一定是可以流化的。而 MapReduce 一般是运行在 Hadoop 集群中的，处理的数据都来自 HDFS 分布式文件系统。

MapReduce 中的输入分片是一种逻辑分片，而不是物理分片，因为 HDFS 在存储数据的时候，是以数据块为单位的，每个数据块的大小为 128MB。这里的块也可以称为片，分块也就是分片。

在 MapReduce 中，分片的概念表明了将要处理的数据的边界，也就是分片的地址，即分片所指的文件数据的元信息，包括数据起始位置、数据长度、数据所在节点等，它仅仅是地址元信息，而不是数据本身。所以，我们把这里的分片称为逻辑分片。一般情况下，每个片的大小和数据块的大小保持一致，但也有出现分片跨块的现象。因为数据块默认大小是 128MB，但有时候，某个块没有被一个文件占满，剩下的空间还可以被其他的文件使用，所以会出现同一个数据块上存储两个文件数据的情况。

MapTask 的个数取决于处理的文件被切分的分片的个数，在 HDFS 分布式文件系统中，一个超大文件往往会被切分为许许多多个分片，这些分片所指向的真实的物理文件数据分布在不同的计算节点上，那么 MapReduce 框架就会根据分片中指向的数据所在的计算节点，启动相应的 MapTask 任务来进行计算处理。

当 MapTask 执行完毕输出时会有一个分区（Partition）的概念，分区的个数取决于 reduce 任务的个数，一般情况下 ReduceTask 个数默认为 1，即不存在分区。但当 ReduceTask 的个数大于 1 的时候就有分区的需要了。那么 ReduceTask 的个数是怎么规定的呢？ ReduceTask 的个数取决于开发人员的自由设置，开发人员判断当 reduce 函数处理的数据量每超过 1GB 就增加一个 ReduceTask。在实际的开发场景中，我们根据业务量数据的大小来决定具体的设置就可以了。

7.3 Hadoop MapReduce 架构

说到 Hadoop MapReduce 的架构，我们需要回顾一下 Hadoop 集群的架构。Hadoop 默认使用的分布式文件系统是 HDFS，它与 MapReduce 框架紧密结合。HDFS 是一个具有高容错性的分布式文件系统，适合部署在廉价的机器上，能提供高吞吐量的数据访问，非常适合大规模数据集上的应用。HDFS 总体采用了主从架构，主要由以下几个组件组成：Client、NameNode、SecondaryNamenode 和 DataNode。下面我们对这些组件做一个简单的回顾。

Client 是客户端，是用户操作 HDFS 最常用的方式，通过与 NameNode 和 DataNode 交互从而访问 HDFS 中的文件。常见的客户端有命令行客户端和 Java 客户端。

NameNode 是名字节点，整个 Hadoop 集群中只有一个 NameNode，它是整个系统的"总管"，负责管理 HDFS 的目录树和相关的文件元数据信息。这些信息以"fsimage"（HDFS 元数据镜像文件）和"editlog"（HDFS 文件改动日志）两个文件的形式存放在本地磁盘，当 HDFS 重启时重新构造出来。此外，NameNode 还负责监控各个 DataNode 的健康状态，如果发现某个 DataNode 宕掉，则将该 DataNode 移出 HDFS 并重新备份其上的数据。

SecondaryNameNode 最重要的任务并不是为 NameNode 元数据进行热备份，而是定期合并 fsimage 和 edits 日志，并传输给 NameNode。这里需要注意的是，为了减小 NameNode 的压力，NameNode 自己并不会合并 fsimage 和 edits，并将文件存储到磁盘上，而是交由 SecondaryNameNode 完成。

一般而言，每个从节点上安装一个 DataNode，它负责实际的数据存储，并将数据信息定期汇报给 NameNode。DataNode 以固定大小的数据块为基本单位组织文件内容，默认情况下，数据块大小为 128MB。当用户上传一个大文件到 HDFS 时，该文件会被切分成若干个数据块，分别存储到不同的 DataNode 中。同时，为了保证数据可靠，会将同一个数据块以流水线方式写到若干个（默认是 3 个，该参数可配置）不同的 DataNode 上。

下面就让我们一起来学习 Hadoop MapReduce 的架构。

7.3.1 Hadoop MapReduce 架构的基本概念

Hadoop 已经从过去的 1.0 时代发展到了 Hadoop 2.0 时代，3.0 版本也已经发布了，目前在项目中广泛应用的是 Hadoop 2.0。要了解 Hadoop MapReduce 的架构可以先从 1.0 版本的架构开始，因为 Hadoop 从 1.0 到 2.0 在架构思想上没有发生变化，遵循的还是主从架构，只是在组件角色上发生了变化。

我们知道，任何一个应用程序在执行的时候都需要计算机的资源，也就是资源的分配和回收问题。Hadoop 1.0 中 MapReduce 框架在运行时关于资源的分配和回收都是由框架自身的一个叫 JobTracker 的组件来负责的，这样 JobTracker 既要负责资源的分配又要负责作业任务的调度，JobTracker 的压力非常大。到了 Hadoop 2.0 时代，引入了一个新的平台，那就是我们后面要重点介绍的 YARN(Yet Another Resource Negotiator，另一种资源协调者)，它是一种新的 Hadoop 资源管理器，可以为上层应用提供统一的资源管理和调度，它的引入为集群在利用率、资源统一管理和数据共享等方面带来了巨大好处。

详细了解 Hadoop 1.0 的 MapReduce 架构，再来学习 Hadoop 2.0 的 MapReduce 架构就非常容易了。

MapReduce 采用了主从架构，如图 7-15 所示。

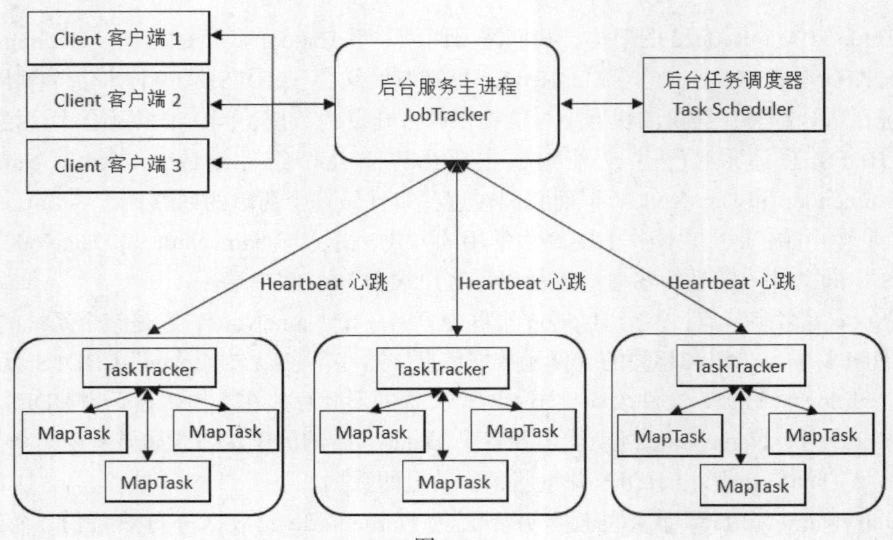

图 7-15

从图 7-15 中可以看到，Hadoop MapReduce 为主从架构，当运行一个 MapReduce 的 job 作业时，其在主节点的守护进程被触发，它的名字就是 JobTracker，负责计算资源的分配和作业任务的调度。MapReduce 框架在从节点也就是计算节点的守护进程是 TaskTracker，主要负责具体的计算任务执行，包括 MapTask 任务和 ReduceTask 任务。TaskTracker 会定期向 JobTracker 发送心跳信息，周期一般为 3 秒。客户端 Client 向 JobTracker 发起计算作业的请求，JobTracker 内部的 Task Scheduler 负责任务的调度，TaskTracker 负责具体任务的执行，通过这样的主从架构模型完成一个 MapReduce 的 job 作业的执行。

7.3.2 MapReduce 架构核心组件

通过以上架构图的分析，可以看到 MapReduce 的核心组件包括 Client、JobTracker、TaskTracker 和 Task。下面我们就来详细介绍这些核心组件，进一步了解 MapReduce 的核心架构原理。

1. Client 客户端

用户编写的 MapReduce 程序通过 Client 客户端提交到 JobTracker 端，并把路径提交到 JobTracker 的 master 主服务，然后由 master 创建每一个 Task（即 MapTask 和 ReduceTask），将它们分发到各个 TaskTracker 服务中去执行。

2. JobTracker

JobTracker 负责资源监控和作业调度。JobTracker 监控所有 TaskTracker 与 job 的健康状况，一旦发现失败，就将相应的任务转移到其他节点；同时 JobTracker 会跟踪任务的执行进度、资源使用量等信息，并将这些信息告诉任务调度器（Task Scheduler），而调度器会在资源出现空闲时，选择合适的任务使用这些资源。在 Hadoop 中，任务调度器是一个可插拔的模块，用户可以根据自己的需要设计相应的调度器。

3. TaskTracker

TaskTracker 会周期性地通过心跳机制将本节点上资源的使用情况和任务的运行进度汇报给 JobTracker，同时执行 JobTracker 发送过来的指令，并执行相应的操作（如启动新任务、结束任务等）。TaskTracker 使用 slot 等量划分本节点上的资源量。slot 代表计算资源（CPU、内存等）。当 Task 获取一个 slot 之后才有机会运行，而 Hadoop 调度器的作用就是将各个 TaskTracker 上的空闲 slot 分配给 Task 使用。slot 分为 MapSlot 和 ReduceSlot 两种，分别提供给 MapTask 和 ReduceTask 使用。TaskTracker 通过 slot 数目（可配置参数）限定 Task 的并发数。

4. Task

Task 分为 MapTask 和 ReduceTask，均由 TaskTracker 启动。HDFS 以固定大小的数据块为基本单位存储数据，而对于 MapReduce 而言，其处理单位是 split，即分片。前面已经提到过，分片是一个逻辑概念，它只包含一些元数据信息，比如数据起始位置、数据长度、数据所在节点等。它的划分方法完全由用户自己决定。但需要注意的是，分片的个数决定了 MapTask 的数目，因为每一个 split 只会交给一个 MapTask 处理。

MapTask 执行过程如图 7-16 所示。由图 7-16 可知，MapTask 先将对应的分片迭代解析成一个个键值对，依次调用用户自定义的 map()函数进行处理，最终将临时结果存储到本地磁盘上。其中，临时数据被分成若干个 partition，每个 partition 将被一个 Reduce Task 处理。

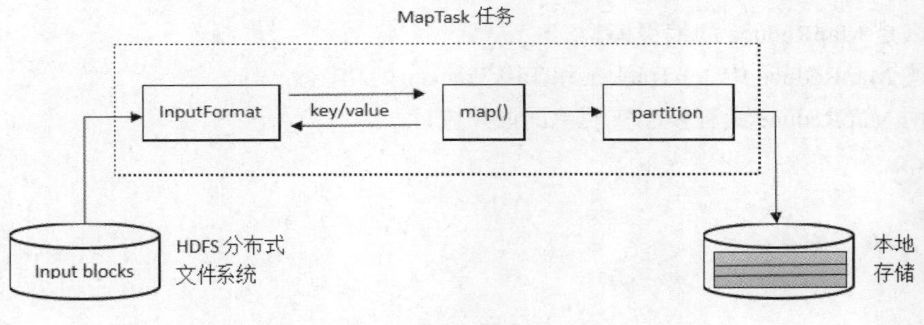

图 7-16

ReduceTask 的详细执行过程如图 7-17 所示，该执行过程可以分为 3 个阶段，第一阶段从远程节点上读取 MapTask 中间结果（称为“Shuffle 阶段”，我们将在后面进行详细剖析）；第二阶段按照 key 对 key/value 键值对进行排序（称为“Sort 阶段”）；第三阶段依次读取<key, value list>，调用用户自定义的 reduce()函数处理，并将最终结果存到 HDFS 上（称为“Reduce 阶段”）。

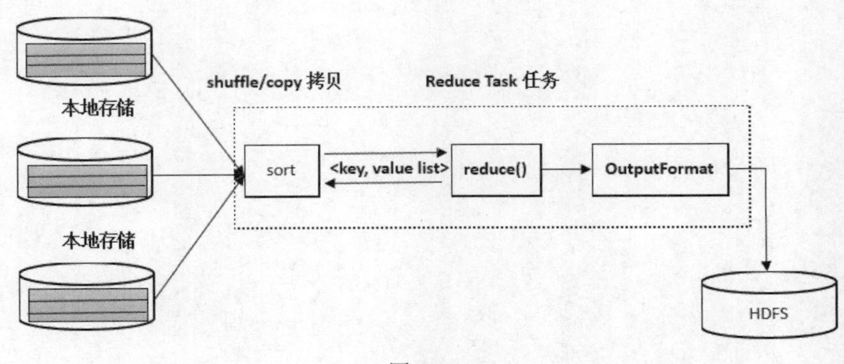

图 7-17

本章总结

本章主要介绍了 MapReduce 的编程模型框架，它是基于函数式编程思想的一个分布式并行计算框架，分布式运行在 Hadoop 集群中的各个计算节点上。它将复杂的问题分为 Map 和 Reduce 两个阶段来处理，为开发人员提供了实现这两个分布式并行计算函数的接口，也就是 Mapper 类和 Reducer 类。我们只需要继承它们两个，之后分别重写其中的 map 方法和 reduce 方法来实现自己的业务需求就可以了。

另外，WordCountMain 词频统计实战案例展示了 MapReduce 的编程步骤，请读者重点掌握其编程思想和业务逻辑的处理过程。

最后，以 Hadoop 1.0 为例，介绍了 MapReduce 架构。在后面章节中介绍 YARN 的工作原理之后，我们还会详细介绍 Hadoop 2.0 MapReduce 的架构流程。

本章习题

1．什么是 MapReduce 的编程模型？
2．简述 MapReduce 中 JobTracker 和 TaskTracker 的功能。
3．使用 MapReduce 编程模型实现单词词频统计。

第 8 章 MapReduce 应用编程开发

本章要点

- MapReduce 编程开发
- MapReduce 在集群上的运作
- MapReduce 的类型与格式

本章将介绍 MapReduce 编程的设计思路，还将介绍在集群上运行 MapReduce 作业的一些细节。Hadoop 为我们提供了一个可视化的 Web 系统，通过该系统，可以实时查看 MapReduce 作业执行的进度和状态。此外，将介绍 MapReduce 的类型和格式，掌握更多 MapReduce 的类型和格式可以使我们在实际开发中更加游刃有余地处理更多复杂的问题。最后，通过一个具体的实战案例，来提升我们的 MapReduce 编程能力。

8.1 MapReduce 编程开发

MapReduce 是基于函数式编程思想的，它把任何复杂的问题都转化为两个函数来完成，一个是 map 函数，一个是 reduce 函数。map 函数执行在前，reduce 函数执行在后，map 函数的输出结果作为 reduce 函数的输入。下面我们重点从 MapReduce 的设计思路理解如何应用 MapReduce 编程来解决更多的实际问题。

8.1.1 设计思路

MapReduce 中定义了 map 和 reduce 两个抽象的编程接口，由用户去编程实现，我们首先来看 map 抽象接口的格式定义。

```
map:(k1; v1) → [(k2; v2)]
```

输入：键值对(k1; v1)是 map 抽象接口定义的输入数据。

map 函数处理过程：文档数据记录（如文本文件中的行，或数据表格中的行）将以“键值对(k1; v1)”的形式传入 map 函数；map 函数将处理这些键值对，并以另一种键值对形式输出处理的一组键值对中间结果[(k2; v2)]。

输出：键值对[(k2; v2)]表示一组中间结果数据，将被临时保存在计算节点的本地磁盘上。

接下来，我们来看 reduce 抽象接口的格式定义。

```
reduce: (k2; [v2]) → [(k3; v3)]
```

输入：由 map 输出的一组键值对[(k2; v2)] 将被进行合并处理，将同样主键下的不同数值合并到一个列表集合[v2]中，故 reduce 的输入参数为（k2; [v2]）。

reduce 函数处理过程：对传入的中间结果列表数据进行某种整理或进一步的处理，并产生最终某种形式的结果输出[(k3; v3)]。

输出：最终输出结果[(k3; v3)]，然后将其存储到目标存储系统 HDFS 中。

理解了 map 函数和 reduce 函数的格式定义之后，我们通过一张图来详细了解 map 函数和 reduce 函数的运行机制，如图 8-1 所示。

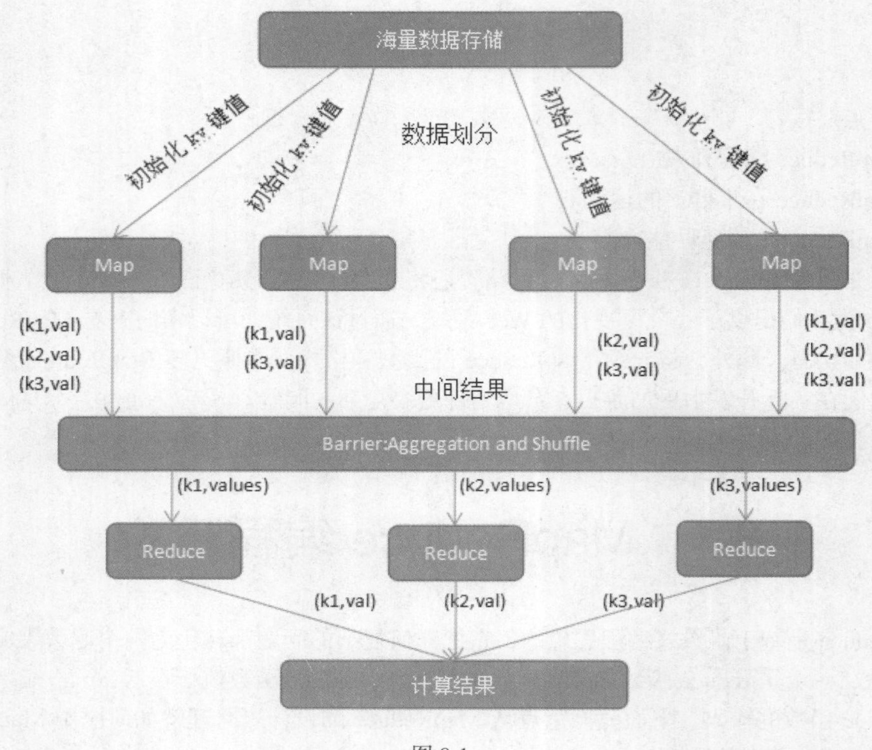

图 8-1

MapReduce 分布式并行计算框架在处理海量历史数据的时候，首先会进行数据的逻辑切分，这个过程非常快，几乎在秒级别的时间内就可以完成。因为逻辑分片包含分片的起始位置和各个分片存储在 DataNode 的地址信息等，分片的逻辑大小与数据块的大小保持一致，即逻辑分片中所指向的分片数据大小为 128MB，经过切分之后产生多少个分片，MapReduce 框架就会启动多少个 MapTask 任务来处理这些分片。

从图 8-1 中，我们看到有 4 个 Map 任务被启动，Map 任务的个数是由分片的个数决定的。各个 map 函数对所划分的数据分片并行计算处理，从不同的输入数据产生不同的中间结果输出。可以看到，第一个 map 的中间结果输出为（k1,val）、（k2,val）、（k3,val）。各个 reduce 函数也各自并行计算，各自负责处理不同的中间结果。

需要注意的是，只有所有的 map 函数任务处理完毕后，数据集合才会进行 reduce 处理。如图 8-1 所示，MapReduce 的作业（Job）在进入 reduce 阶段之前有一个同步障（Barrier）。在这个阶段，进行的是 map 的中间结果数据的收集整理，以便 reduce 更有效地计算最终结果。最后，汇总所有 reduce 的输出结果，即可获得最终结果。

Barrier，即同步障，可以说是 MapReduce 框架的心脏，它是 MapReduce 编程模型框架不断完善的代码块。同步障 Barrier 负责做两件事情：一是对 map 函数输出的中间结果进行分组合并；二是对分组合并之后的结果按照键值进行排序。我们把这个过程叫做 Shuffle，字面意思就是洗牌。

在 MapReduce 框架中处理数据时，从 map 的输出到 reduce 的输入这一阶段的数据处理非常复杂。MapReduce 编程框架模型将这个复杂的过程做了具体的实现，为我们提供了应用接口，使开发人员不用再去创造自己的数据处理算法的代码实现。我们将在第 9 章中详细介绍 Shuffle。

8.1.2　搜索引擎数据处理实战

根据 MapReduce 的设计思路，我们来做一个真实案例开发，进一步体会 MapReduce 应用框架的开发过程。本次要实践的案例是对搜索引擎产生的数据进行统计分析。这里，我们从搜索引擎爬取下来的数据大概有 500 万条记录，这些数据都是网络用户使用搜索引擎时产生的。比如在百度或者搜狗搜索平台上搜索了“王者荣耀”关键字，如图 8-2 所示。

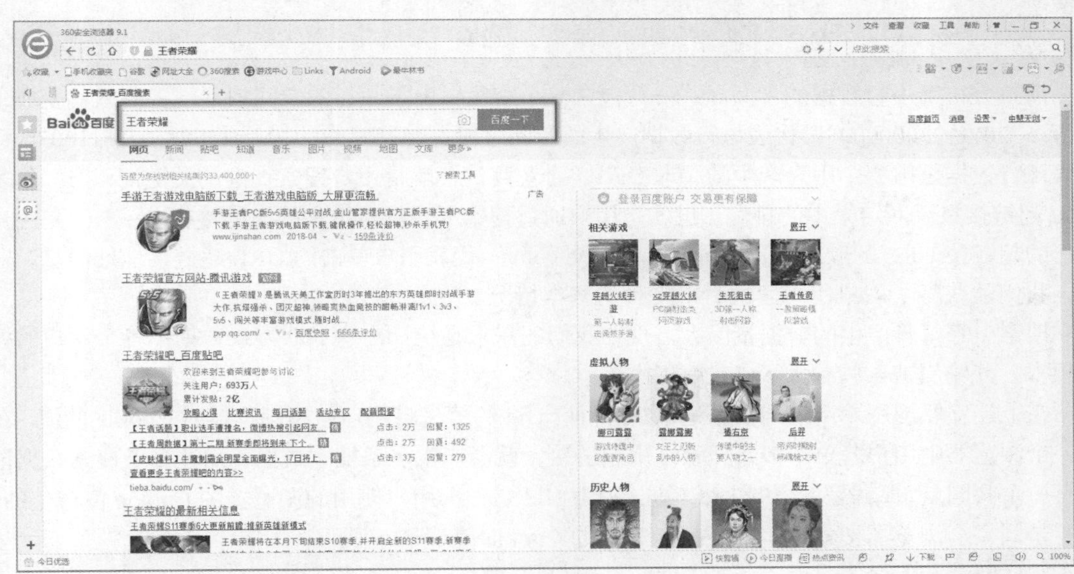

图 8-2

可以看到很多超链接，当用户单击某一条超链接的时候就会产生一条数据，这条数据中包含用户单击的时间、搜索的关键词、用户的 Uid、用户单击超链接的地址等。这条数据会被存储到百度或者搜狗搜索引擎平台的数据仓库，用以记录平台内所有用户的搜索记录。当这样的数据达到一定的规模，我们就可以统计用户的搜索习惯和搜索内容，从而进一步发掘潜在的商业和广告价值。

下面贴出几行搜索引擎平台产生的用户搜索记录数据。

```
    20111230000005   57375476989eea12893c0c3811607bcf             奇艺高清          1          1
http://www.qiyi.com/
    20111230000005   66c5bb7774e31d0a22278249b26bc83a             凡人修仙传        3          1
http://www.booksky.org/BookDetail.aspx?BookID=1050804&Level=1
    20111230000007   b97920521c78de70ac38e3713f524b50             本本联盟          1          1
http://www.bblianmeng.com/
```

```
    20111230000008  6961d0c97fe93701fc9c0d861d096cd9        华南师范大学图书馆   1       1
http://lib.scnu.edu.cn/
    20111230000008  f2f5a21c764aebde1e8afcc2871e086f        在线代理    2       1
http://proxyie.cn/
    20111230000009  96994a0480e7e1edcaef67b20d8816b7        伟大导演    1       1
http://movie.douban.com/review/1128960/
    20111230000009  698956eb07815439fe5f46e9a4503997        youku   1       1
http://www.youku.com/
    20111230000009  599cd26984f72ee68b2b6ebefccf6aed        安徽合肥 365 房产网  1       1
http://hf.house365.com/
    20111230000010  f577230df7b6c532837cd16ab731f874        哈萨克网址大全     1       1
http://www.kz321.com/
    20111230000010  285f88780dd0659f5fc8acc7cc4949f2        IQ 数码   1       1
http://www.iqshuma.com/
    20111230000010  f4ba3f337efb1cc469fcd0b34feff9fb        推荐待机时间长的手机  1       1
http://mobile.zol.com.cn/148/1487938.html
    20111230000010  3d1acc7235374d531de1ca885df5e711        满江红     1       1
http://baike.baidu.com/view/6500.htm
    20111230000010  dbce4101683913365648eba6a85b6273        光标下载    1       1
http://zhidao.baidu.com/
```

简单分析第一行数据的含义。这一行包含 6 个字段，由于一行的空间放不下，所以就变成了两行。“20111230000005”代表该行数据产生的时间字段；“57375476989eea12893c0c3811607bcf”代表该行数据是由哪个用户产生的，即 Uid；“奇艺高清”就是用户搜索查询的关键词；“1”代表 URL 超链接在返回结果中的排名，也就是用户通过搜索平台搜索出来的超链接很多，“1”是用户单击的超链接 URL 的顺序号；“http://www.qiyi.com/”代表用户单击的 URL 超链接地址信息。这样，我们就获得了用户使用搜索引擎平台的基本情况。

搜索引擎每日产生的数据量巨大。现在我们的需求是统计出这 500 万条数据中各个用户的搜索频率，并输出搜索频率大于 20 次的用户。

在上述互联网用户产生的数据记录中，用户 Uid 的值来自用户使用浏览器时 Cookie 的值。在同一个浏览器中用户若单击多条搜索结果超链接，就会产生多条搜索数据，而这多条搜索数据记录有一个共同点，那就是用户的 Uid 相同。因为 Uid 是根据用户使用的浏览器的 Cookie 值产生的，只要是同一个浏览器搜索产生的数据，它们的 Cookie 值就是一样的。

这样就会产生多条搜索记录属于同一个用户的情况，也就是说，现在这 500 万条数据并不是由 500 万个用户产生的，它既可能是由几万个用户产生的，也可能是几千个用户产生的，因为某个用户可能搜索了 10 次、20 次甚至更多次。

现在我们要做的，是通过 MapReduce 设计思路，统计出这 500 万条数据中各个用户的搜索次数。假如某一用户使用搜索引擎平台的次数超过 20 次，则该用户就是该搜索引擎平台的粉丝用户。我们把搜索次数大于 20 次的用户统计出来，获取这些用户的 Uid，就得到了该搜索引擎平台的粉丝用户。针对这些粉丝用户做进一步开发，就可以实现精准营销。

能够唯一标识用户属性的字段就是 Uid，我们要做的事情就是将用户的 Uid 映射出来。针对每一条数据，映射一个键值对，key 的值为用户 Uid，value 的值设置为 1，即只要有一条数据就会记录一次该用户的搜索，代码如下所示。

```
    package com.ydh.mr;
    import java.io.IOException;
    import org.apache.hadoop.conf.Configuration;
    import org.apache.hadoop.fs.Path;
```

```
import org.apache.hadoop.io.IntWritable;
import org.apache.hadoop.io.Text;
import org.apache.hadoop.mapreduce.Job;
import org.apache.hadoop.mapreduce.lib.input.FileInputFormat;
import org.apache.hadoop.mapreduce.lib.output.FileOutputFormat;
/**
 * 本类继承自 Mapper 类，负责重写父类 Mapper 中的 map 函数
 * Mapper<LongWritable, Text, Text, IntWritable> 泛型的参数含义如下
 * LongWritable 表示文本偏移量相当于读取文本行的地址
 * 第一个 Text 表示读取的一行文本，第二个 Text 表示 map 函数输出 key 的类型
* IntWritable 表示 map 函数输出的 value 类型
*/
public class UidMapper extends Mapper<LongWritable, Text, Text, IntWritable> {
    //创建用户搜索次数的单位为 1，只要产生一条搜索记录就会标记 1
    public static final IntWritable ONE = new IntWritable(1);
    //创建 Text 文本对象用以记录用户的 Uid 信息
    private Text uidText = new Text();
    /**
     * 重写父类的 map 函数，根据本次业务需求来做相应的实现
     * key 代表读取 500 万条记录数据文件时文本行的偏移量
     * value 代表读取的 500 万条记录中的某一行记录
     * context 代表 MapReduce 框架的上下文
     */
    public void map(LongWritable key, Text value, Context context)
            throws InterruptedException, IOException {
        //将一行文本转化为字符串 String 类型
        String line = value.toString();
        //按照制表位切分字符串 line，返回字符串数组
        String[] arr = line.split("\t");
        //判断字符串数组不为 Null 并且数组的长度为 6
        if (null != arr && arr.length == 6) {
            //获取字符串数组中的第二个字段，也就是 Uid 字段的值
            String uid = arr[1];
            if (null != uid && !"".equals(uid.trim())) {
                //将 Uid 字符串转化为 Text 类型
                uidText.set(uid);
                //map 函数的最终输出结果 key 为 Uid，value 为 1
                context.write(uidText, ONE);
            }
        }
    }
}
```

接下来，编写 UidReducer 类，统计各个用户搜索的总次数，代码如下所示。

```
package com.ydh.mr;
import java.io.IOException;
import org.apache.hadoop.io.IntWritable;
import org.apache.hadoop.io.Text;
import org.apache.hadoop.mapreduce.Reducer;
/**
 * 本类继承自 Reducer 类，负责重写父类 Reducer 中的 reduce 函数
```

```
    * Reducer< Text, IntWritable, Text, IntWritable > 泛型的参数含义如下
    * 第一个 Text 表示 reduce 函数输入的键值对的键值类型，第一个 IntWritable 表示 reduce 函数输入键值
    * 对的值类型
    * 第二个 Text 表示 reduce 函数输出的 key 类型，第二个 IntWritable 表示 reduce 函数输出
    * 键值对的值类型
    */
public class UidReducer extends Reducer<Text, IntWritable, Text, IntWritable>{
    //定义各个用户搜索次数的变量
    private IntWritable result = new IntWritable();
    /**
     * reduce 函数主要负责对 map 函数处理之后的中间结果做最后处理
     * 参数 key 表示 map 函数处理完后输出的中间结果键值对的键值
     * values 表示 map 函数处理完后输出的中间结果值的列表
     * context 表示 MapReduce 框架的上下文对象，可以存放公共类型的数据，比如 reduce
     * 函数处理完的中间结果可以保存到 context 上下文对象中，再通过输出模
     * 块写到 HDFS 分布式文件系统中
     */
    public void reduce(Text key, Iterable<IntWritable> values, Context context)
            throws InterruptedException, IOException {
        //定义一个整型变量 sum，用来实现各个用户搜索次数的累加
        int sum = 0;
        //循环传入到 reduce 函数的一个键值对的值列表中的数据
        for (IntWritable val : values) {
            sum += val.get();
        }
        //将查询次数大于等于 20 次搜索的用户进行输出
        if(sum>=20){
            //将各个用户搜索次数包装成 IntWritable 类型
            result.set(sum);
            //key 就是某一用户，result 就是该用户搜索的次数
            context.write(key, result);
        }
    }
}
```

至此，我们完成了 map 和 reduce 的代码实现。map 负责将用户产生的一条条数据映射成“键为用户 Uid，值为 1”的键值对，连续不断地输出，经过 Shuffle 的合并排序生成新的键值对。其中，键为合并之后的用户 Uid，值为对相同键合并之后的值的集合列表。这个新键值对传递给 Reduce。Reduce 内部针对每个用户传递过来的键值对列表（key-value List），进行内部的聚合运算，统计出每个用户的值列表（valueList）的和（sum），并生成新的键值对。其中，键为用户 Uid，值为值列表对（valueList）的和，即用户搜索的次数。接下来，通过 MapReduce 提供的 JobAPI 将 map 和 reduce 组织起来，打包运行到 Hadoop 分布式的平台，代码如下。

```
package com.ydh.mr;

import java.io.IOException;

import org.apache.hadoop.conf.Configuration;
import org.apache.hadoop.fs.Path;
import org.apache.hadoop.io.IntWritable;
```

```
import org.apache.hadoop.io.Text;
import org.apache.hadoop.mapreduce.Job;
import org.apache.hadoop.mapreduce.lib.input.FileInputFormat;
import org.apache.hadoop.mapreduce.lib.input.TextInputFormat;
import org.apache.hadoop.mapreduce.lib.output.FileOutputFormat;
import org.apache.hadoop.mapreduce.lib.output.TextOutputFormat;
/**
 *MapReduce 应用程序运行的主类，起名为 Main.class
 */
public class Main {
    //程序运行的入口 main 函数
    public static void main(String[] args) throws IOException,
            ClassNotFoundException, InterruptedException {
        //判断如果运行时函数的参数为 Null 或者数组长度不等于 2，直接退出运行
        if(null == args || args.length != 2) {
            System.err.println("<Usage>: UidCollectot <input> <output>");
            System.exit(1);
        }
        //创建程序运行时输入路径对象
        Path inputPath = new Path(args[0]);
        //创建程序运行时输出路径对象
        Path outputPath = new Path(args[1]);
        //创建 MapReduce 的作业 job 对象，传入配置信息和作业的名字
        Job job = Job.getInstance(new Configuration(),
        Main.class.getSimpleName());
        //设置作业运行的主类程序
        job.setJarByClass(Main.class);
        //设置作业运行时 map 阶段的类对象
        job.setMapperClass(UidMapper.class);
        //设置作业运行时 Reduce 阶段的类对象
        job.setReducerClass(UidReducer.class);
        //设置作业的输入类型格式为文本
        job.setInputFormatClass(TextInputFormat.class);
        //设置作业的输出类型格式为文本
        job.setOutputFormatClass(TextOutputFormat.class);
        //设置作业输出数据格式的 key 类型为 Text
        job.setOutputKeyClass(Text.class);
        //设置作业输出数据格式的 value 类型为 IntWritable
        job.setOutputValueClass(IntWritable.class);
        //设置作业运行时输入文件路径信息
        FileInputFormat.addInputPath(job, inputPath);
        //设置作业运行时结果输出文件路径信息
        FileOutputFormat.setOutputPath(job, outputPath);
        //提交 MapReduce 的作业，等待作业执行完毕
        System.exit(job.waitForCompletion(true) ? 0 : 1);
    }
}
```

至此，我们就完成了搜索引擎数据用户搜索次数的统计分析任务，下面将进行打包，让其运行在集群上，且可以通过 YARN 提供的监控界面对 MapReduce 的作业进行实时监控。

8.2 MapReduce 在集群上的运作

MapReduce 的作业应用程序的运行模式有两种：本地模式和集群模式。本地模式主要用于程序的调试和测试，它的运行利用的是本地单机的 CPU 和内存资源；集群模式主要用于实际生产环境中数据的处理。一般情况下，开发出来的 MapReduce 应用程序要先通过本地代码测试，然后就可以将其打包提交到集群上运行了。本节我们将重点介绍集群模式的运行。

8.2.1 打包作业

① 打开 Eclipse，在其中编写 UidMapper.java、UidReducer.java、Main.java 3 个类，然后单击鼠标右键选中这 3 个类，选择【Export】导出，如图 8-3 所示。

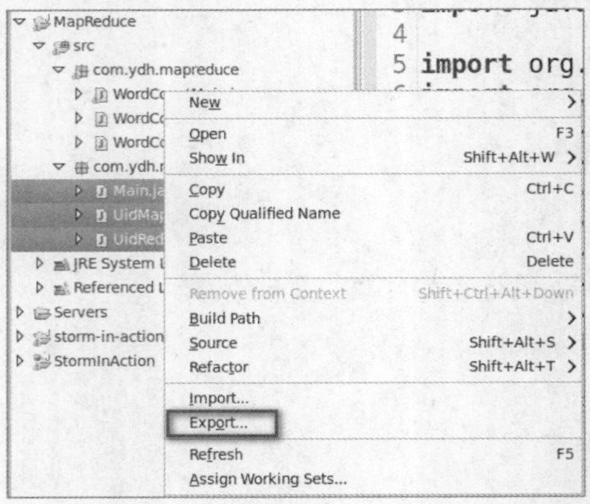

图 8-3

② 选择 Java 目录下的【JAR file】选项，表示将要打包输出的是 JAR 文件，单击【Next】按钮，如图 8-4 所示。

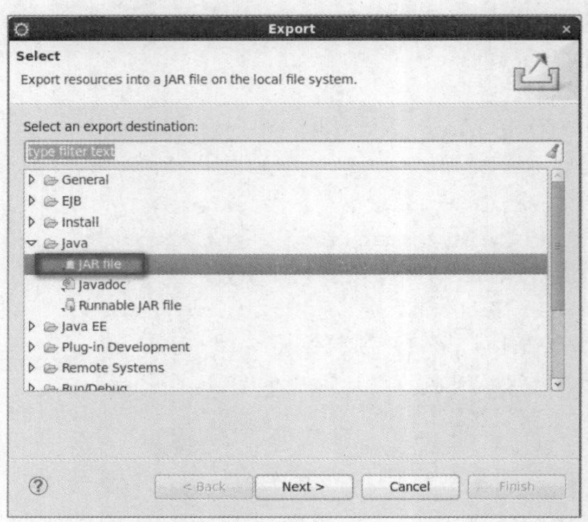

图 8-4

③ 进入 JAR Export 窗口，选择要导出的项目名称为 MapReduce，如图 8-5 所示。选择导出项目中的 classes 文件 com.ydh.mr.UidMapper、com.ydh.mr.UidReduce、com.ydh.mr.Main 和 resource 资源，选择 JAR file 导出文件最终存放的目标位置/home/ydh/main.jar，最后单击【Next】按钮，如图 8-6 所示。

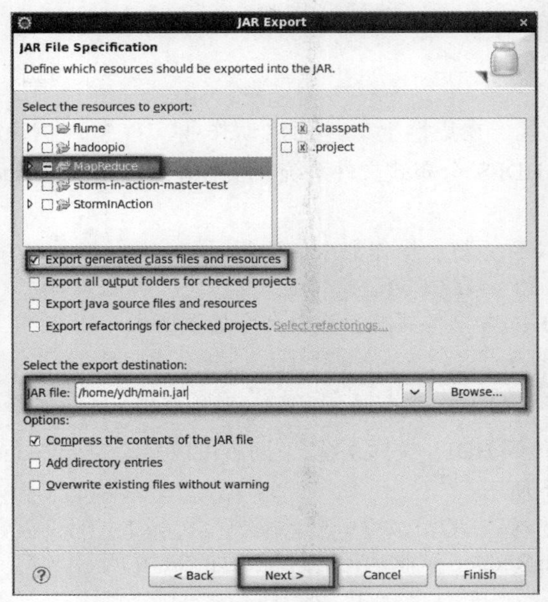

图 8-5

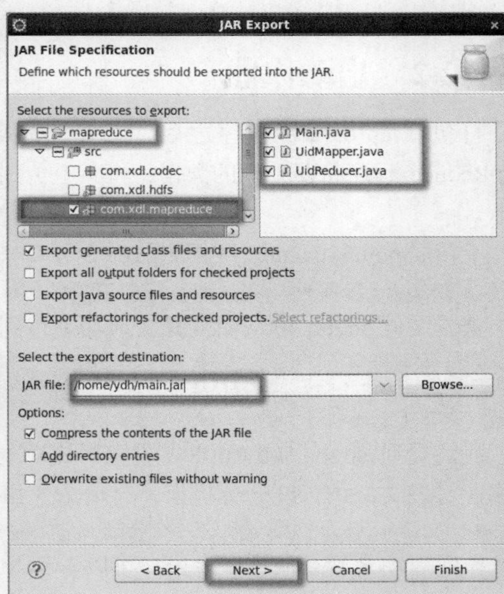

图 8-6

④ 进入 JAR Export 窗口，选中本次作业程序的入口 Main class（主类）为 com.ydh.mr.Main，单击【Finish】按钮，最终完成作业的打包，如图 8-7 所示。

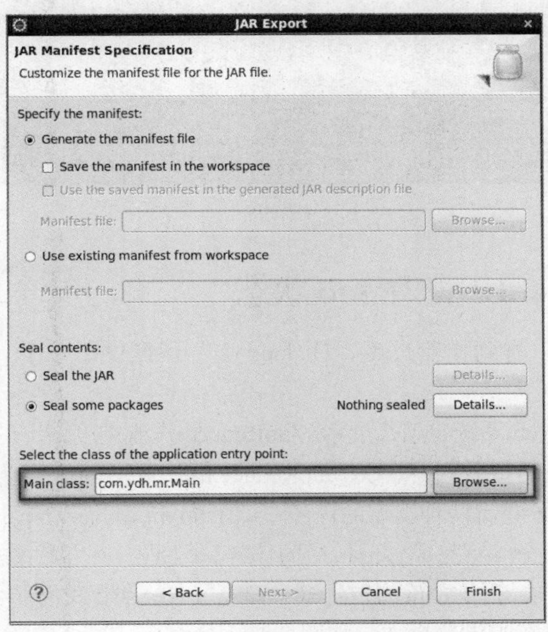

图 8-7

⑤ 现在就可以在设置好的打包输出路径中看到打包之后的 JAR 文件了，如图 8-8 所示。

```
apache-flume-1.5.0-src.tar.gz          kafka 2.10-0.8.1.1.tgz
apache-storm-0.9.3                     main.jar
apache-storm-0.9.3-src                 Music
```

图 8-8

8.2.2 启动作业

打包 MapReduce 程序之后，就要让程序运行在集群上，进而启动作业。首先，要确定 MapReduce 程序将要处理的数据，将其上传到 HDFS 分布式文件系统，然后，启动 MapReduce 作业。

上传 sogou.500w.utf8 数据到 HDFS 分布式文件系统，操作命令如下所示。

```
[ydh@master ~]$ hadoop fs -put ./sogou.500w.utf8 hdfs://master:9000/
```

查看文件 sogou.500w.utf8 是否成功上传到 HDFS 文件系统，查看命令如下所示。

```
[ydh@master ~]$ hadoop fs -ls hdfs://master:9000/
-rw-r--r-- 2 ydh supergroup  573670020 2018-04-22 23:27 hdfs://master:9000/sogou.
500w.utf8
```

我们看到，sogou.500w.utf8 文件已经成功上传到 HDFS 文件系统，下面就可以启动 MapReduce 的作业对该文件进行统计分析了，启动命令如下所示。

```
[ydh@master ~]$ hadoop jar main.jar /sogou.500w.utf8 /uid_output
```

作业启动之后，从控制台窗口可以看到 MapReduce 作业运行的过程，如图 8-9 所示。

```
18/04/22 23:35:56 INFO mapreduce.Job: Running job: job_1524444444913_0001
18/04/22 23:36:12 INFO mapreduce.Job: Job job_1524444444913_0001 running in uber mode : false
18/04/22 23:36:12 INFO mapreduce.Job:  map 0% reduce 0%
18/04/22 23:39:24 INFO mapreduce.Job:  map 1% reduce 0%
18/04/22 23:39:32 INFO mapreduce.Job:  map 5% reduce 0%
18/04/22 23:39:34 INFO mapreduce.Job:  map 79% reduce 0%
18/04/22 23:39:35 INFO mapreduce.Job:  map 93% reduce 0%
18/04/22 23:39:37 INFO mapreduce.Job:  map 100% reduce 0%
18/04/22 23:40:01 INFO mapreduce.Job:  map 100% reduce 13%
18/04/22 23:40:04 INFO mapreduce.Job:  map 100% reduce 20%
18/04/22 23:40:10 INFO mapreduce.Job:  map 100% reduce 67%
18/04/22 23:40:15 INFO mapreduce.Job:  map 100% reduce 75%
18/04/22 23:40:19 INFO mapreduce.Job:  map 100% reduce 91%
18/04/22 23:40:20 INFO mapreduce.Job:  map 100% reduce 100%
18/04/22 23:40:23 INFO mapreduce.Job: Job job_1524444444913_0001 completed successfully
18/04/22 23:40:23 INFO mapreduce.Job: Counters: 49
```

图 8-9

8.2.3 通过 WebUI 查看 Job 状态

除了在控制台中可以看到作业进度，Hadoop 2.0 还提供了一个 WebUI 系统，用来跟踪 MapReduce 作业进度。

我们首先来看这个 Web 系统是怎么展示 MapReduce 作业进度情况的。该 Web 系统的入口路径是 http://master:18088。可以看到，本次 MapReduce 的作业（Job）名为 Main，它此时的状态是 RUNNING，即运行状态。它有两种类型的任务，即 map 和 reduce。map 的任务数是 5 个，已经成功完成了 1 个，剩余 4 个等待完成。reduce 的任务总数是 1 个，未完成的任务数也是 1 个。当所有 map 任务都完成了才会开始 reduce 任务。通过该 WebUI 系统，我们能够清晰地监控 MapReduce 作业的进度，当出错时进行追溯等操作，如图 8-10 所示。

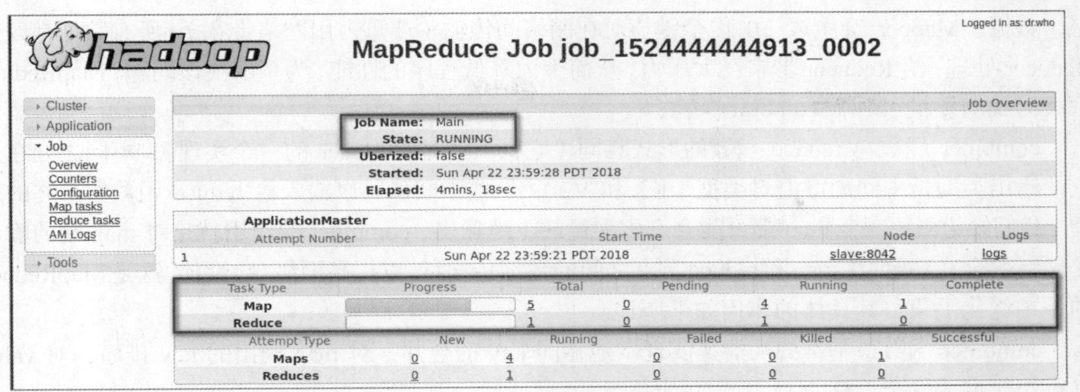

图 8-10

最后，查看本次作业的执行结果信息。第一字段是用户的 Uid，第二字段是该用户搜索的次数，这里已经把搜索次数大于等于 20 次的用户全部筛选出来了，如图 8-11 所示。

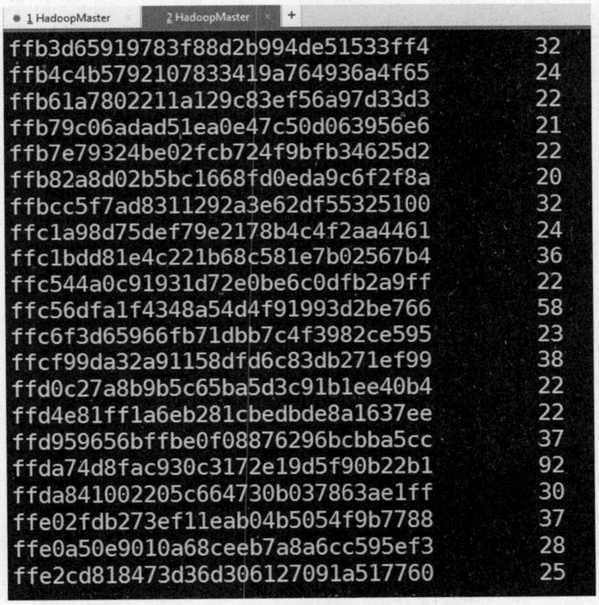

```
1 HadoopMaster    2 HadoopMaster
ffb3d65919783f88d2b994de51533ff4    32
ffb4c4b5792107833419a764936a4f65    24
ffb61a7802211a129c83ef56a97d33d3    22
ffb79c06adad51ea0e47c50d063956e6    21
ffb7e79324be02fcb724f9bfb34625d2    22
ffb82a8d02b5bc1668fd0eda9c6f2f8a    20
ffbcc5f7ad8311292a3e62df55325100    32
ffc1a98d75def79e2178b4c4f2aa4461    24
ffc1bdd81e4c221b68c581e7b02567b4    36
ffc544a0c91931d72e0be6c0dfb2a9ff    22
ffc56dfa1f4348a54d4f91993d2be766    58
ffc6f3d65966fb71dbb7c4f3982ce595    23
ffcf99da32a91158dfd6c83db271ef99    38
ffd0c27a8b9b5c65ba5d3c91b1ee40b4    22
ffd4e81ff1a6eb281cbedbde8a1637ee    22
ffd959656bffbe0f08876296bcbba5cc    37
ffda74d8fac930c3172e19d5f90b22b1    92
ffda841002205c664730b037863ae1ff    30
ffe02fdb273ef11eab04b5054f9b7788    37
ffe0a50e9010a68ceeb7a8a6cc595ef3    28
ffe2cd818473d36d306127091a517760    25
```

图 8-11

8.3　MapReduce 的类型与格式

接下来，将学习 MapReduce 的一些输入输出类型和优化函数，比如 Combiner 函数的应用、Partition 的分区和 MapReduce 的输入格式等。

8.3.1　combiner 函数

通过前面的学习我们已经知道，MapReduce 框架使用 Mapper 将数据处理成一个个键值对，在网络节点间对其进行整理，然后使用 Reducer 处理数据并最终输出。在这个过程中，假如有 10

亿个数据，Mapper 会生成 10 亿个键值对在网络间传输（严重占用网络带宽），所有数据都经过 Reducer 处理，给 Reducer 带来巨大压力，从而大大降低程序的性能。为了解决该问题，MapReduce 框架为我们提供了一个 combiner 函数。

combiner 函数与 reduce 函数的形式相同（它其实就是 Reducer 的一个实现），不同之处在于它的输出类型是中间的键值对类型（K2 和 V2），这些中间值可以输入给 reduce 函数做最终的处理。我们知道，每一个 map 都可能会产生大量的本地输出，combiner 的作用就是对 map 端的输出先做一次合并，减少在 map 和 reduce 节点之间的数据传输量，以提高网络 I/O 性能。这是 MapReduce 的一种优化手段，其具体的作用如下所述。

combiner 函数最基本的功能是实现本地相同 key 的合并，对 map 输出的 key 排序，对 value 进行迭代本地聚合运算。

```
map : (K1, V1) → list(K2, V2)  //map 源源不断的输出许许多多个(K2,V2)
combine : (K2, list(V2)) → list(K2, V2) //combine 进行合并，对 values 做聚合
reduce : (K2, list(V2)) → list(K3, V3) //获得合并聚合后的键值对
```

下面举个例子，让读者感受 combiner 函数的实际应用。如图 8-12 所示，当没有启用 combiner 函数的时候，Map 阶段执行完毕传递给 Reduce 的参数是键值对 cat {1, 1}，其中 values 中的值是两个，当使用 combiner 函数进行聚合运算后，最终传递给 Reduce 的键值对是 cat {2}，values 中值只剩一个，即从 map 阶段传递给 reduce 的数据量少了一半。

```
Example:
    Map 阶段                 Reduce 阶段
    cat   1      ---         cat {1,1}
    cat   1      ---
    dog   1      ---         dog {1,1,1}
    dog   1      ---
    dog   1      ---
    spring  1    ---         spirng {1}
    Map 阶段                 combiner(Map 端)              Reduce 阶段
    cat   1      ---         cat {2}          ---          cat {2}
    cat   1      ---
    dog   1      ---         dog {3}          ---          dog {3}
    dog   1      ---
    dog   1      ---
    spring  1    ---         spring {1}       ---          spring {1}
```

图 8-12

如果 Map 阶段处理的数据量为 10 亿个，则 Reduce 要传递 10 亿个数据，这对网络带宽的压力非常大，reduce 的压力也很巨大。然而使用了 combiner 函数之后，Map 处理完的数据就会减少至 5 亿个，再传递给 Reduce，节省了一半的带宽，同时也减少了 Reduce 一半的压力。这就是 combiner 函数的用途。

需要注意的是，combiner 与 Mapper 和 Reducer 不同，它没有默认的实现，需要显式地设置在 conf 中才有作用。combiner 并不适用于所有的作业，只有操作满足结合律的才可设置 combiner 函数。combiner 操作类似于 opt(opt(1, 2, 3), opt(4, 5, 6))。如果 opt 为求和、求最大值的话，combiner 函数可以使用；但是如果是求平均值的话，则不适用。

combiner 的输出是 Reducer 的输入，如果 combiner 是可插拔的（非必须），那么添加 combiner

绝不能改变最终的计算结果。所以 combiner 只能用于 Reduce 的输入键值对与输出键值对类型完全一致，且不影响最终结果的场景，比如累加、求最大值等。

基于以上理解，combiner 函数可以运用在我们之前学习过的搜索引擎数据统计分析的案例中，用以减少 Mapper 端传递给 Reducer 端的数据量，提高程序处理的性能。

部分代码如下：

```
public class Main {
    //程序运行的入口 main 函数
    public static void main(String[] args) throws IOException,
            ClassNotFoundException, InterruptedException {
        ……
        //设置作业运行的主类程序
        job.setJarByClass(Main.class);
        //设置作业运行时 Map 阶段的类对象
        job.setMapperClass(UidMapper.class);
        //设置启动 combiner 函数，提高程序计算的性能
        job.setCombinerClass(Reducer.class);
        //设置作业运行时 Reduce 阶段的类对象
        job.setReducerClass(UidReducer.class);
        ……
    }
}
```

8.3.2　MapReduce 框架 Partitioner 分区方法

对 MapReduce 编程模型中 Mapper 阶段和 Reducer 阶段的计算已做过详细的介绍，即关于 MapTask 和 ReduceTask 任务个数的设置问题。

在 MapReduce 中，MapTask 任务的个数取决于所处理的数据被切分成输入分片（Split）的个数，有多少个输入分片，就会启动多少个 MapTask 任务。ReduceTask 任务数则取决于输出的数据量或者业务需求，由开发人员手动设置。一般原则是，1GB 左右的数据对应一个 ReduceTask 任务，或者根据业务需求来设定。比如，最终处理结果需要分成多个文件来展示，文件以季度来划分，一个季度形成一个独立的文件，这时候我们会根据季度的个数来设置具体 ReduceTask 任务的个数。

由于每一个 ReduceTask 任务对应一个独立的输出文件，所以当有多个 ReduceTask 任务的时候就会产生一个问题，那就是如何将 Mapper 处理完的结果根据业务需求划分给具体的 ReduceTask 进行处理。

在进行 MapReduce 计算时，有时候需要把最终的输出数据分到不同的文件中，比如按照省份划分的话，需要把同一省份的数据放到一个文件中；按照性别划分的话，需要把同一性别的数据放到一个文件中。最终的输出数据来自 Reducer 任务那么，如果要得到多个文件，意味着有同样数量的 Reducer 任务在运行。Reducer 任务的数据来自 Mapper 任务，也就是说 Mapper 任务要划分数据，将不同的数据分配给不同的 Reducer 任务运行。Mapper 任务划分数据的过程称为分区（Partition）。负责实现划分数据的类被称为 Partitioner。

Partitioner 类的源代码如下，这是 Hadoop 默认的实现方式，源代码如下：

```
package org.apache.hadoop.mapreduce.lib.partition;
import org.apache.hadoop.mapreduce.Partitioner;
/** Partition keys by their {@link Object#hashCode()}. */
public class HashPartitioner<K, V> extends Partitioner<K, V> {
   /** Use {@link Object#hashCode()} to partition. */
```

```
    public int getPartition(K key, V value,
                          int numReduceTasks) {
        //默认使用 key 的 hash 值与整数的上限值 Integer.MAX_VALUE 进行与运算避免出现数据溢出的情况
        return (key.hashCode() & Integer.MAX_VALUE) % numReduceTasks;
    }
}
```

当然，我们也可以自定义自己的分区实现，代码如下：

```
public class WordCountPartitioner extends Partitioner<Text, IntWritable> {
    @Override
    public int getPartition(Text key, IntWritable value, int numPartitions)    {
        // TODO Auto-generated method stub
        int a = key.hashCode()%numPartitions;
        if(a>=0)
            return a;
        else
            return 0;
    }
}
```

WordCountPartitioner 继承自 Partitioner 类重写 getPartition 方法。Text 代表 Map 阶段输出的中间结果键值对中的键类型。IntWritable 代表启动作业时手动设置的 Reduce 任务数的类型。

将刚刚自定义的 WordCountPartitioner 分区类应用到前面的搜索引擎数据统计分析案例中，部分代码如下：

```
public class Main {
    //程序运行的入口 main 函数
    public static void main(String[] args) throws IOException,
            ClassNotFoundException, InterruptedException {
        ......
        //设置 Job 运行的主类程序
        job.setJarByClass(Main.class);
        //设置 Job 运行时 Map 阶段的类对象
        job.setMapperClass(UidMapper.class);
        //设置启动 Combiner 函数，提高程序计算的性能
        job.setCombinerClass(Reducer.class);
        //设置 Map 处理完的中间结果传递到多个 Reduce 时的划分类
        job.setPartitionerClass(WordCountPartitioner.class);
        //设置 Job 运行时 Reduce 阶段的类对象
        job.setReducerClass(UidReducer.class);
        ......
    }
}
```

8.3.3 MapReduce 输入格式

MapReduce 是分布式计算框架，运行在分布式集群中，处理 HDFS 分布式文件系统中的数据。根据处理数据格式的不同，MapReduce 提供了相应的输入格式，比如文本格式、文件格式、二进制格式。另外，MapReduce 有自己处理数据的基本单元，即输入分片（Split）。输入分片的大小一般与 HDFS 分布式文件系统中的数据块的大小对应，但也有不对应的时候。

1. 输入分片与记录

一个输入分片，就是可以被单个 Map 任务操作处理的输入块。每个 Map 操作仅处理一个输入分片，每个输入分片包括多条记录，每个记录都有对应的键值对。Map 任务会针对某个分片每

条记录进行一个一个地处理，也就是一个键值对。输入分片和记录都是逻辑上的。

若在数据库中，一个输入分片可以是一个表的若干行，那么一条记录就是这若干行中的一行。其实 DBInputFormat 就是这么实现的，它是一种能够从关系数据库获取数据的格式。

① JobClient 通过指定的输入文件的格式生成数据分片（InputSplit）。

② 分片不是数据本身，而是可分片数据的引用（要用分片的时候，依据它的应用地址，就可以找到原始文件数据）；一个 InputSplit 包含一个以字节为单位的长度信息以及一组存储位置（即一组主机名）信息。存储位置是为了让 MapReduce 系统将 map 操作放在离存储位置邻近的机器上，而长度是为了将分片单元排序以使得最大的分片单元可以最先得到处理，提高效率。

③ InputFormat 接口负责生成分片。

InputFormat 输入分片接口的源代码位置在 org.apache.hadoop.mapreduce.lib.input 包中，查看当中的 FileInputFormat 类，其中 getSplits（ ）方法用于获取分片的个数，createRecordReader()方法创建了 RecordReader，用来从 InputSplit 中读取记录。源代码如图 8-13 所示。

```
    Public abstract class InputFormat<K, V>{
        Public  abstract  List<InputSplit>  getSplits(JobContext  context)  throws
IOException, InterruptedException;

        Public abstract RecordReader<K,    V>createRecordReader(InputSplitsplit,
TaskAttemptContext context) throws IOException, InterruptedException;
    }
```

图 8-13

JobClient 调用 getSplits()方法，并以 numSplits（如图 8-13 所示，API 传入的上下文 JobContext 对象，必定含有切割的全部需要的数据）为参数传入期望的 map 任务数，这个参数将作为一个参考值。InputFormat 能够返回一个不同于这个值（个数）的单元，在计算好实际分布的个数后，JobClient 将它们发送到 Jobtracker 上，Jobtracker 会根据它们的存储位置信息，将它们调度到对应的 Tasktracker 上运行。

在 Tasktracker 上，map 任务会将输入分片传递到 InputFormat 的 getRecordReader()方法中，从而获得对应的 RecordReader。RecordReader 基本就是记录上的迭代器，map 任务会使用 RecordReader 来读取记录且生成键值对，然后再传递给 map 函数，就可以进行相应的数据处理了。InputFormat 的工作过程如图 8-14 所示。

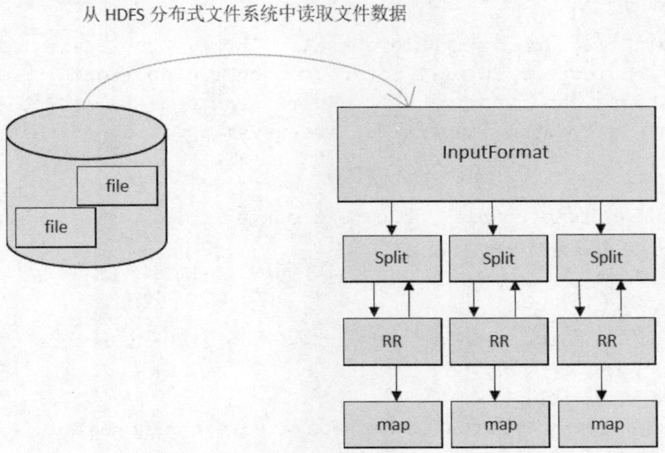

从 HDFS 分布式文件系统中读取文件数据

file
file
InputFormat
Split　Split　Split
RR　RR　RR
map　map　map

图 8-14

InputFormat 的工作过程就是 MapReduce 分布式并行计算框架读取输入数据的过程，其中主要包括输入分片和记录，其具体的编码实现是通过 InputFormat 接口提供的 getSplits 和 RecordReader 方法来完成的。下面我们将要认识几种常见的 MapReduce 输入格式。

2. 文件输入

MapReduce 框架提供了 FileInputFormat 抽象类，专门用来做文件方式的输入。FileInputFormat 抽象类是所有使用文件作为数据源的 InputFormat 实现的基类。FileInputFormat 输入数据格式的分片大小由数据块大小决定，它提供了两个主要功能：一是为输入文件生成分片的实现，把分片分割成行记录的任务，由其子类来完成；二是定义哪些文件包含在一个作业的输入中。FileInputFormat 的源代码如下：

```
package org.apache.hadoop.mapreduce.lib.input;
public abstract class FileInputFormat<K, V> extends InputFormat<K, V> {
   protected long computeSplitSize(long blockSize, long minSize,long maxSize)    {
    return Math.max(minSize, Math.min(maxSize, blockSize));
  }

  /*Generate the list of files and make them into FileSplits.*/
  public List<InputSplit> getSplits(JobContext job) throws IOException {
     long minSize = Math.max(getFormatMinSplitSize(), getMinSplitSize(job));
     long maxSize = getMaxSplitSize(job);
     ......
     long blockSize = file.getBlockSize();
     long splitSize = computeSplitSize(blockSize, minSize, maxSize);
     ......
  }
  /*Get the minimum split size*/
  public static long getMinSplitSize(JobContext job) {
    return job.getConfiguration().getLong(SPLIT_MINSIZE, 1L);
  }

  /*Get the maximum split size.*/
  public static long getMaxSplitSize(JobContext context) {
    return context.getConfiguration().getLong(SPLIT_MAXSIZE,Long.MAX_VALUE);
  }

 /**
  * 判断是否分片
  * Is the given filename splitable? Usually, true, but if the file
  * is stream compressed, it will not be.<code>FileInputFormat</code>
  * implementations can override this and return <code>false</code> to
  * ensure that individual input files are never split-up so that {@link
  * Mapper}s process entire files.
  */
 protected boolean isSplitable(JobContext context, Path filename) {
    return true;//默认需要分片
 }
   /**
   * Sets the given comma separated paths as the list of inputs
   * for the map-reduce job.
   * @param job the job
   * @param commaSeparatedPaths Comma separated paths to be set as
   * the list of inputs for the map-reduce job.
```

```
    */
    public static void setInputPaths(Job job, String commaSeparatedPaths) throws
IOException {
      setInputPaths(job,
   StringUtils.stringToPath( getPathStrings(commaSeparatedPaths)));
    }

    /**
     * Add the given comma separated paths to the list of inputs for
     *  the map-reduce job.
     * @param job The job to modify
     * @param commaSeparatedPaths Comma separated paths to be added to
     *       the list of inputs for the map-reduce job.
     */
    public static void addInputPaths(Job job,  String commaSeparatedPaths)
throws IOException {
      for (String str : getPathStrings(commaSeparatedPaths)) {
        addInputPath(job, new Path(str));
      }
    }

    /**
     * Set the array of {@link Path}s as the list of inputs
     * for the map-reduce job.
     * @param job The job to modify
     * @param inputPaths the {@link Path}s of the input directories/files
     * for the map-reduce job.
     */
    public static void setInputPaths(Job job, Path... inputPaths) throws
IOException {
      Configuration conf = job.getConfiguration();
      Path path =
   inputPaths[0].getFileSystem(conf).makeQualified(inputPaths[0]);
      StringBuffer str = new StringBuffer(StringUtils.escapeString (path.toString()));
      for(int i = 1; i < inputPaths.length;i++) {
        str.append(StringUtils.COMMA_STR);
        path = inputPaths[i].getFileSystem(conf).makeQualified(inputPaths[i]);
        str.append(StringUtils.escapeString(path.toString()));
      }
      conf.set(INPUT_DIR, str.toString());
    }
  }
```

通过以上代码，我们看到 FileInputFormat 提供了对输入文件的切分，并且定义了 MapReduce 作业中所包含的输入文件。

关于文件分片的划分，FileInputFormat 提供了 isSplitable 方法用以判断是否进行切分，它的默认实现是 true；关于分片的获取，FileInputFormat 提供了 getSplits 函数；关于 MapReduce 作业的设置，FileInputFormat 类提供了一组函数 addInputPath (JobConf, Path path)，用以添加单个输入文件路径；函数 addInputPaths(JobConf,String commaSeparatedPaths)用以添加多个文件输入字符串代表的路径信息；函数 setInputPaths(JobConf, Path…　inputPaths)用以设置多个 Path 目录的输入文件路径信息；函数 setInputPaths(JobConf, String commaSeparatedPaths)用以设置多个文件目录输入字符串代表的路径信息。setInputPaths 只支持一个目录作为输入目录，addInputPath 是兼容

setInputPaths 的，也就是说，如果我们调用的是多输入路径函数，但输入数据源只有一个路径，也是能够正常执行的。所以通用期间 FileInputFormat.addInputPaths 是个更好的选择，其也是我们在实战开发中应用最多的一种输入文件路径设置方法。

3. 文本输入

对于文本输入，MapReduce 提供了 TextInputFormat 类，它是默认的 InputFormat，因为在大数据领域，很多时候我们处理的都是文本格式的数据，每条记录代表一行输入。TextInputFormat 的键是 LongWritable 类型的，存储该行在整个文件中的字节偏移量。值是每行的数据内容，为 Text 类型，默认以\n 或回车键作为一行记录。TextInputFormat 继承了 FileInputFormat，所以文本输入也叫文件输入。

例如，有一个输入文件 a.txt，其中包含如下的输入文本内容：

```
On the top of the Crumpetty Tree
The Quangle Wangle sat,
But his face you could not see,
On account of his Beaver Hat.
```

假如 a.txt 被切分为一个分片，这个分片包含 4 行数据记录：

```
(0, On the top of the Crumpetty Tree)
(33, The Quangle Wangle sat)
(57, But his face you could not see)
(89, On account of his Beaver Hat)
```

上面分片中的 4 条记录变成 4 个键值对，键（Key）就是每行前面的那个数字，代表的是存储该行在整个文件中的字节偏移量，值（Value）代表的就是这一行记录的内容。我们把这样文本格式的输入封装在 TextInputFormat 类中。对于分片中的数据键值对，对键的封装类是 KeyValueTextInputFormat，代表的就是 TextInputFormat 的键，即每一行在文件中的字节偏移量，它通常并不是特别有用。

通常情况下，文件中的每一行是一个键值对，键值之间使用某个分界符分隔，比如制表符\t。该属性的默认值是一个制表符。可以通过 key.value.separator.in.input 设置 key 与 value 的分割符，也可以通过编码方式进行设置，代码如下：

```
job.setInputFormatClass(KeyValueTextInputFormat.class);
//默认分隔符就是制表符
//conf.setStrings(KeyValueLineRecordReader.KEY_VALUE_SEPERATOR, "\t")
```

在上面的分片中，行数是 4，在实际开发中我们还可以自定义一个 Mapper 能够处理的行数。MapReduce 的文本输入为我们提供了 NLineInputFormat 类，可以设置每个 mapper 处理的具体行数。通过 mapred.line.input.format.lienspermap 可以进行属性设置，也就是说，NLineInputformat 可以控制在每个 split 分片中数据的行数。所以，NLineInputFormat 与 TextInputFormat 一样，键是文件中行的字节偏移量，值是行本身，主要作用是希望 Mapper 收到固定行数的输入。可以通过编程的方式进行设置，代码如下：

```
String numCount = "100000";
//设置具体输入处理类
job.setInputFormatClass(NLineInputFormat.class);
//设置每个 split 的行数，比如 10 万条，那每个 Mapper 的处理数据量在 10 万条
NLineInputFormat.setNumLinesPerSplit(job, Integer.parseInt(numCount));
```

4. 多种输入

以上介绍的输入方式有文件输入和文本输入等，这些都属于单输入，也就是 MapReduce 框架处理的输入文件是单个或者多个文件进入同一个 Mapper 进行处理。

假设现在有这样一个需求：山东省将要在各大城市建造飞机场，政府提供了两份数据，一份是目前山东省的所有城市，另一份是山东省拥有飞机场的城市，现在请你通过 MapReduce 计算框架统计出山东省目前还没有飞机场的城市。若要统计出没有飞机场的城市，就需要对这两份数据进行连接（Join），然后取交集之后把已经有飞机场的城市剔除。所以，需要写两个 Mapper，分别来读取这两份数据，让这两个 Mapper 处理完的结果连接，进入同一个 Shuffle 之后，再在 Reduce 端进行最终的过滤输出。

要实现以上所描述的需求就需要两个输入 Mapper 的处理。我们把这种输入方式称为一个作业的多种输入。MapReduce 框架提供了一个 MultipleInputs 类来处理多种格式的输入，允许为每个输入路径指定输入格式 InputFormat 和处理的 Mapper。这里要求两个 Mapper 的输入类型是一致的。reducer 看到的是聚集后的 Mapper 输出，并不知道输入是不同的多个 Mapper 产生的。

首先我们来看山东省所有城市的数据 allCity.txt，其文件内容如下：

```
青岛
淄博
烟台
德州
济南
泰安
滨州
莱芜
日照
东营
菏泽
聊城
济宁
临沂
枣庄
威海
潍坊
```

然后，我们来看山东省已经建立飞机场的城市数据 someCity.txt，其文件内容如下：

```
济南 济南机场
青岛 青岛机场
潍坊 潍坊机场
临沂 临沂机场
济宁 济宁机场
威海 威海机场
东营 东营机场
```

接下来，我们将针对这两份数据写两个 Mapper 进行处理，分别是 AllCityMapper.java 和 SomeCityMapper.java，代码如下：

```
/**
```

```
 * AllCityMapper.java 用来处理所有城市的 Mapper 类
 * 处理所有城市的 Mapper，处理完 Mapper 的输出结果为 Key-Value 键值对，其中 Key
 * 是城市的名字，value 是 a_城市名，格式如下所示：
 * <济南，a_济南>
 * <青岛，a_青岛>
 * <德州，a_德州>
 *    ……
 */
public class AllCityMapper extends Mapper<LongWritable, Text, Text, Text>{
   //定义对所有城市处理的标签 "a_"
   public static final String LABEL="a_";
   public void map(LongWritable key, Text value,
org.apache.hadoop.mapreduce.Mapper<LongWritable,Text,Text,Text>.Context   context)
throws java.io.IOException ,InterruptedException {
      //获取城市的名字
      String cityName=value.toString();
      //加上标签，重新输出新的键值对
      context.write(new Text(cityName), new Text(LABEL+cityName));
   };
}

/**
 * SomeCityMapper.java 用来处理已经建立飞机场的城市的 Mapper
 * 处理已经建立飞机场的城市，输出的是一对新的键值对，其中 Key 为城
 * 市名，Value 为 "s_"开头后面跟整行数据，输出格式如下所示：
 * <济南，s_济南     济南飞机场>
 * <青岛，s_青岛     青岛飞机场>
 *  ……
 */
public class SomeCityMapper extends Mapper<LongWritable, Text, Text, Text>{
   //定义处理已建立飞机场的城市数据的前缀信息
   public static final String LABEL="s_";
   public void map(LongWritable key, Text value,
org.apache.hadoop.mapreduce.Mapper<LongWritable,Text,Text,Text>.Context context)
throws java.io.IOException ,InterruptedException {
      //获取一行切分之后的字符串数组信息
      String[] lines = value.toString().split("\t");
      //从字符串数组中获取城市的名字
      String cityName=lines[0];
      //经过处理加上标签之后输出新的键值对
      context.write(new Text(cityName), new Text(LABEL+value.toString()));
   };
}
```

写完 AllCityMapper 和 SomeCityMapper 两个 Mapper 的输入之后，再来写 CityReduce 类，对两个 Mapper 处理之后的输出做 Reduce 阶段的处理，最终结果的统计输出由 CityReduce 来完成，源代码如下：

```
/**
 * AllCityMapper 和 SomeCityMapper 经过 Shuffle 之后的输出格式如下：
 * <济南，{a_济南,s_济南 济南飞机场}>
```

```
 * <德州,{a_德州}>
 * <青岛,{a_青岛,s_青岛 青岛机场}>
 * ……
 * 如果集合中有飞机场，那这个集合中的所有城市将会被过滤掉，把集合中没有飞机
 * 场的城市进行输出就可以了
 */
public class CityReduce extends Reducer<Text, Text, Text, Text>{
  public void reduce(Text key, java.lang.Iterable<Text> values,
org.apache.hadoop.mapreduce.Reducer<Text,Text,Text,Text>.Context context)
throws java.io.IOException ,InterruptedException {
      //定义城市的名字，将其值初始化为 null
      String cityName=null;
      //定义存放城市的集合 List
      List<String> list=new ArrayList<String>();
      //开始循环遍历集合中的元素
      for (Text value : values) {
         //判断集合中的元素如果是以"s_"开头的，则对 cityName 进行初始化
         //否则将该城市名添加到 list 集合中
         if(value.toString().startsWith(SomeCity.LABEL)){
            int index=value.toString().indexOf("_");
            cityName=value.toString().substring(index+1,index+3);
         }else if(value.toString().startsWith(AllCity.LABEL)){
            list.add(value.toString().substring(2));
         }
      }
      /**
       *"s_"开头的都是有飞机场的城市，所以若 cityName 为 null 且 list.size 大
       * 于 0，则是没有飞机场的城市，就是我们要过滤的城市，将其进行输出就可以了
       */
      if(cityName==null&& list.size()>0){
         for (String str : list){
            context.write(new Text(str), new Text(""));
         }
      }
  };
}
```

最后，编写 MapReduce 的入口主函数：写一个 CityMapJoinDemo.java 类，然后在其中添加 Mapper 和 Reducer 处理函数，最后提交 MapReduce 的作业（Job），源代码如下：

```
public class CityMapJoinDemo {
   public static void main(String[] args) throws Exception {
      //判断输入参数是否为 3 个，两个是 Mapper 的输入，第三个是 Reduce 输出
      if(args.length!=3 || args==null){
         System.err.println("Please Input Full Path!");
         System.exit(1);
      }
      //创建作业对象
      Job job = new Job(new Configuration(), "CityMapJoinDemo");
      //设置作业运行的主类
      job.setJarByClass(CityMapJoinDemo.class);
      //添加所有城市文件路径以及其对应的 AllCityMapper 处理
      MultipleInputs.addInputPath(job, new Path(args[0]),
```

```
            TextInputFormat.class, AllCityMapper.class);
        //添加已建立飞机场城市的文件路径以及其对应的 SomeCityMapper 处理
        MultipleInputs.addInputPath(job, new Path(args[1]),
            TextInputFormat.class, SomeCityMapper.class);
        FileOutputFormat.setOutputPath(job, new Path(args[2]));
        //设置处理两个 Mapper 输出结果的 Reducer 处理 CityReduce
        job.setReducerClass(CityReduce.class);
        //设置作业输出类型的 Key 和 Value 的数据类型均为 Text
        job.setOutputKeyClass(Text.class);
        job.setOutputValueClass(Text.class);
        //提交作业，等待执行完毕
        job.waitForCompletion(true);
    }
}
```

最后程序运行的结果如图 8-15 所示。

图 8-15

从运行结果图中可以看出，过滤出来的城市是没有建立飞机场的。

本章总结

本章主要围绕 MapReduce 的编程模型展开，介绍了 MapReduce 的编程思路，分为 Mapper 阶段和 Reducer 阶段，并且介绍了 Mapper 和 Reducer 输入和输出参数的含义，以及开发 MapReduce 应用程序时的设计思路。

其次，介绍了如何在集群上打包运行 MapReduce 应用程序。

最后，介绍了 Mapper 的输入格式，包括文件输入、文本输入和多种输入。实际上，还有二进制输入和数据库输入，但这两种格式相对来说用得较少。

本章习题

1. 简述 MapReduce 编程模型的编程思路。
2. 简述 MapReduce 应用程序在集群上的运行过程。
3. 利用多输入解决飞机场问题，进行代码实现。

第 9 章 MapReduce 编程案例

本章要点

- 数据去重
- 数据排序
- 平均成绩
- 多表关联
- 二次排序

通过前面的学习，我们基本掌握了 MapReduce 应用编程开发流程，本章将通过案例实战，加强我们对 MapReduce 编程模型的掌握程度。本章将列举一些实际工作中经常碰到的数据处理需求，比如数据去重、数据排序、平均成绩、多表关联、二次排序等，通过对该部分的学习，我们将彻底掌握 MapReduce 的编程思想，在实际开发中游刃有余。

9.1 数据去重

“数据去重”是利用并行化思想对数据进行有意义的筛选。统计大数据集上的数据种类个数、从网站日志中计算访问地等庞杂的任务都会涉及数据去重。

9.1.1 实例表述

对数据文件中的数据进行去重。数据文件中的每行都是一个数据，样例输入如下：

```
file1.txt:
2012-3-1 a
2012-3-2 b
2012-3-3 c
2012-3-4 d
2012-3-5 a
2012-3-6 b
2012-3-7 c
2012-3-3 c
file2.txt:
2012-3-1 b
2012-3-2 a
2012-3-3 b
2012-3-4 d
```

```
2012-3-5 a
2012-3-6 c
2012-3-7 d
2012-3-3 c
```

对上面两个文件进行去重之后，结果输出如下：

```
2012-3-1 a
2012-3-1 b
2012-3-2 a
2012-3-2 b
2012-3-3 b
2012-3-3 c
2012-3-4 d
2012-3-5 a
2012-3-6 b
2012-3-6 c
2012-3-7 c
2012-3-7 d
```

9.1.2 设计思路

数据去重的最终目标是让原始数据中出现次数超过一次的数据在输出文件中只出现一次。我们自然而然会想到将同一个数据的所有记录都交给一台 reduce 机器，无论这个数据出现多少次，只要在最终结果中输出一次就可以了。具体就是，reduce 的输入应该以数据作为 key，而对 value-list 没有要求。当 reduce 接收到一个<key，value-list>时，就直接将 key 复制到输出的 key 中，并将 value 设置成空值。

在 MapReduce 流程中，map 的输出<key，value>经过 shuffle 聚集成<key，value-list>后交给 reduce。所以，从设计好的 reduce 输入可以反推出 map 的输出 key 应为数据，value 为任意类型。继续反推，map 输出数据的 key 为数据。而在这个实例中，每个数据代表输入文件中的一行内容，所以 map 阶段要完成的任务就是在采用 Hadoop 默认的作业输入方式之后，将 value 设置为 key，并直接输出（输出中的 value 为任意类型）。map 中的结果经过 shuffle 后交给 reduce。reduce 阶段不会管每个 key 有多少个 value，而是直接将输入的 key 复制为输出的 key，并输出就可以了（输出中的 value 被设置为空）。

9.1.3 程序代码

```
package com.hebut.mr;
import java.io.IOException;
import org.apache.hadoop.conf.Configuration;
import org.apache.hadoop.fs.Path;
import org.apache.hadoop.io.Text;
import org.apache.hadoop.mapreduce.Job;
import org.apache.hadoop.mapreduce.Mapper;
import org.apache.hadoop.mapreduce.Reducer;
import org.apache.hadoop.mapreduce.lib.input.FileInputFormat;
import org.apache.hadoop.mapreduce.lib.output.FileOutputFormat;

public class Dedup {
    //map 将输入中的 value 复制到输出数据的 key 上，并直接输出
    public static class Map extends Mapper<Object,Text,Text,Text>{
        private static Text line=new Text();//每行数据
```

```
        //实现 map 函数
        public void map(Object key,Text value,Context context)
              throws IOException,InterruptedException{
            line=value;
            context.write(line, new Text(""));
        }
    }
    //reduce 将输入中的 key 复制到输出数据的 key 上，并直接输出
    public static class Reduce extends Reducer<Text,Text,Text,Text>{
        //实现 reduce 函数
        public void reduce(Text key,Iterable<Text> values,Context context)
              throws IOException,InterruptedException{
            context.write(key, new Text(""));
        }
    }
    public static void main(String[] args) throws Exception{
        Configuration conf = new Configuration();
        String input = args[0];
        String output = args[1];
        Job job = Job.getInstance(conf, "Data Deduplication");
        job.setJarByClass(Dedup.class);
        //设置 Map、Combine 和 Reduce 处理类
        job.setMapperClass(Map.class);
        job.setCombinerClass(Reduce.class);
        job.setReducerClass(Reduce.class);
        //设置输出类型
        job.setOutputKeyClass(Text.class);
        job.setOutputValueClass(Text.class);
        //设置输入和输出目录
        FileInputFormat.addInputPath(job, new Path(input));
        FileOutputFormat.setOutputPath(job, new Path(output));
        System.exit(job.waitForCompletion(true) ? 0 : 1);
    }
}
```

9.1.4 代码结果

1. 准备数据

我们需要准备 file1.txt 和 file2.txt 文件数据，并把它们上传到 HDFS 分布式文件系统。

```
vim file1.txt #输入 file1.txt 文件的内容
vim file2.txt #输入 file2.txt 文件的内容
hadoop fs -mkdir /dedup
hadoop fs -put ./file1.txt /dedup
hadoop fs -put ./file2.txt /dedup
[xdl@master ~]$ hadoop fs -ls /dedup
-rw-r--r--   2 xdl supergroup        77 2018-05-17 08:49 /dedup/file1.txt
-rw-r--r--   2 xdl supergroup        67 2018-05-17 08:49 /dedup/file2.txt
```

执行命令如图 9-1 和图 9-2 所示。

```
[xdl@master ~]$ hadoop fs -cat /dedup/file1.txt
18/05/17 09:24:13 WARN util.NativeCodeLoader: Un
ur platform... using builtin-java classes where
2012-3-1 a
2012-3-2 b
2012-3-3 c
2012-3-4 d
2012-3-5 a
2012-3-6 b
2012-3-7 c
2012-3-3 c
```

图 9-1

```
[xdl@master ~]$ hadoop fs -cat /dedup/file2.txt
18/05/17 09:24:49 WARN util.NativeCodeLoader: U
ur platform... using builtin-java classes where
2012-3-1 b
2012-3-2 a
2012-3-3 b
2012-3-4 d
2012-3-5 a
2012-3-6 c
2012-3-7 d
2012-3-3 c
```

图 9-2

2. 查看运行结果

导出 JAR 包为 dedup.jar，运行命令如下：

```
[xdl@master ~]$ hadoop jar dedup.jar /dedup /dedup_output
```

查看运行结果文件列表，如图 9-3 所示。

```
[xdl@master ~]$ hadoop fs -ls /deup_output
18/05/17 09:13:42 WARN util.NativeCodeLoader: Unable to load native-hadoop library for
ur platform... using builtin-java classes where applicable
Found 2 items
-rw-r--r--   2 xdl supergroup          0 2018-05-17 09:09 /deup_output/_SUCCESS
-rw-r--r--   2 xdl supergroup        110 2018-05-17 09:09 /deup_output/part-r-00000
```

图 9-3

查看运行结果，如图 9-4 所示。

```
[xdl@master ~]$ hadoop fs -cat /dedup_output/part*
18/05/17 09:26:25 WARN util.NativeCodeLoader: Unable
ur platform... using builtin-java classes where appli
2012-3-1 a
2012-3-1 b
2012-3-2 a
2012-3-2 b
2012-3-3 b
2012-3-3 c
2012-3-4 d
2012-3-5 a
2012-3-6 b
2012-3-6 c
2012-3-7 c
2012-3-7 d
```

图 9-4

9.2 数据排序

“数据排序”是许多实际任务中的首要工作，比如学生成绩评比、数据建立索引等。本节的这个实例和数据去重类似，都是先对原始数据进行初步处理，为进一步的数据操作打好基础。

9.2.1　实例表述

下面对输入的 file1、file2、file3 文件中的数据进行排序。输入文件中的每行内容均为一个数字，即一个数据，这 3 个文件中都存储了多行数据。现在我们要做的是将这 3 个文件中的数据一起加载进来进行数据排序，经过 MapReduce 框架的处理，在结果的输出中要求：每一行输出两个数据，这两个数据的第一个代表的是排序之后的序号，第二个是这个数据本身，即第一个数据代表原始数据在数据集中的位次，第二个数据代表原始数据本身，所以最终的结果如 file4 文件所示。

```
结果输出：file4
序号 数据本身
1    2
2    6
3    15
4    22
5    26
6    32
7    32
8    54
9    92
10   650
11   654
12   756
13   5956
14   65223
```

9.2.2　设计思路

这个实例仅仅要求对输入数据进行排序，熟悉 MapReduce 的读者会很快想到在 MapReduce 过程中就有排序，是否可以利用这个默认的排序，而不需要自己再实现具体的排序呢？答案是肯定的。

但是在使用之前，首先需要了解它的默认排序规则。它是按照 key 值进行排序的，如果 key 为封装 int 的 IntWritable 类型，那么 MapReduce 按照数字大小对 key 排序，如果 key 为封装 String 的 Text 类型，那么 MapReduce 按照字典顺序对字符串排序。

了解了这个细节，我们就知道应该使用封装 int 的 IntWritable 型数据结构了。也就是在 map 中将读入的数据转化成 IntWritable 型，然后作为 key 值输出（value 为任意类型）。reduce 拿到<key，value-list>之后，将输入的 key 作为 value 输出，并根据 value-list 中元素的个数决定输出的次数。输出的 key（即代码中的 linenum）是一个全局变量，它统计当前 key 的位次。需要注意的是，这个程序中没有配置 combiner，即在 MapReduce 过程中不使用 combiner，这主要是因为使用 map 和 reduce 就已经能够完成任务了。

9.2.3　程序代码

```
package com.hebut.mr;
import java.io.IOException;
import org.apache.hadoop.conf.Configuration;
import org.apache.hadoop.fs.Path;
import org.apache.hadoop.io.IntWritable;
```

```
import org.apache.hadoop.io.Text;
import org.apache.hadoop.mapreduce.Job;
import org.apache.hadoop.mapreduce.Mapper;
import org.apache.hadoop.mapreduce.Reducer;
import org.apache.hadoop.mapreduce.lib.input.FileInputFormat;
import org.apache.hadoop.mapreduce.lib.output.FileOutputFormat;
public class Sort {
    //map 将输入中的 value 转化成 IntWritable 类型，作为输出的 key
    public static class Map extends Mapper<Object,Text,IntWritable,IntWritable>{
        private static IntWritable data=new IntWritable();
        //实现 map 函数
        public void map(Object key,Text value,org.apache.hadoop.mapreduce.Mapper.
Context context)
                throws IOException,InterruptedException{
            String line=value.toString();
            data.set(Integer.parseInt(line));
            context.write(data, new IntWritable(1));
        }
    }
    //reduce 将输入中的 key 复制到输出数据的 key 上，
    //然后根据输入的 value-list 中元素的个数决定 key 的输出次数
    //用全局 linenum 来代表 key 的位次
    public static class Reduce extends
            Reducer<IntWritable,IntWritable,IntWritable,IntWritable>{
        private static IntWritable linenum = new IntWritable(1);
        //实现 reduce 函数
        public void reduce(IntWritable key,Iterable<IntWritable> values,Context
context)
                throws IOException,InterruptedException{
            for(IntWritable val:values){
                context.write(linenum, key);
                linenum = new IntWritable(linenum.get()+1);
            }
        }
    }
    public static void main(String[] args) throws Exception{
        String inputFile = args[0];
        String outputFile = args[1];
        Configuration conf = new Configuration();
        Job job = Job.getInstance(conf, Sort.class.getSimpleName());
        job.setJarByClass(Sort.class);
        //设置 Map 和 Reduce 处理类
        job.setMapperClass(Map.class);
        job.setReducerClass(Reduce.class);
        //设置输出类型
        job.setOutputKeyClass(IntWritable.class);
        job.setOutputValueClass(IntWritable.class);
        //设置输入和输出目录
        FileInputFormat.addInputPath(job, new Path(inputFile));
        FileOutputFormat.setOutputPath(job, new Path(outputFile));
        System.exit(job.waitForCompletion(true) ? 0 : 1);
    }
}
```

9.2.4　代码结果

1. 准备数据

我们需要在 Linux 本地文件系统 home 目录下创建 file1.txt、file2.txt 和 file3.txt 文件，然后将这 3 个文件上传到 HDFS 分布式文件系统的/sort 目录下。

```
vim file1.txt //将 file1 中的数据写入该文件
vim file2.txt //将 file2 中的数据写入该文件
vim file3.txt //将 file3 中的数据写入该文件
hadoop fs -mkdir /sort  #在 HDFS 分布式文件系统根目录创建 sort 文件夹
hadoop fs -put /home/ydh/file1.txt /sort
hadoop fs -put /home/ydh/file2.txt /sort
hadoop fs -put /home/ydh/file3.txt /sort
hadoop fs -ls /sort
-rw-r--r--   2 xdl supergroup        25 2018-05-21 07:44 /sort/file1.txt
-rw-r--r--   2 xdl supergroup        15 2018-05-21 07:44 /sort/file2.txt
-rw-r--r--   2 xdl supergroup         8 2018-05-21 07:44 /sort/file3.txt
```

通过以上命令，我们在 Linux 本地创建了 file1.txt、file2.txt、file3.txt 3 个文件，并将它们上传到 HDFS 文件系统的 sort 目录下。通过以下命令查看文件的内容，如图 9-5 ~ 图 9-7 所示。

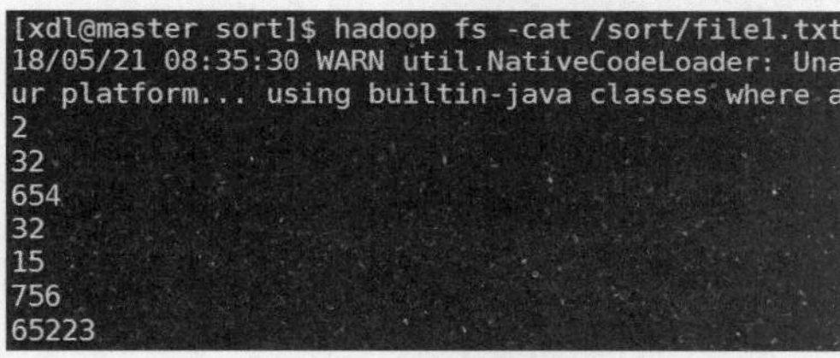

图 9-5

```
[xdl@master sort]$ hadoop fs -cat /sort/file2.txt
18/05/21 08:35:46 WARN util.NativeCodeLoader: Una
ur platform... using builtin-java classes where a
5956
22
650
92
```

图 9-6

```
[xdl@master sort]$ hadoop fs -cat /sort/file3.txt
18/05/21 08:35:52 WARN util.NativeCodeLoader: Una
ur platform... using builtin-java classes where a
26
54
6
```

图 9-7

2. 查看程序运行结果

在 Eclipse 中把 sort.java 程序导出为 sort.jar 文件，运行本次作业的命令如下：

```
[xdl@master ~]$ hadoop jar sort.jar /sort /sort_output
```

查看运行结果，命令如图 9-8 所示。

```
[xdl@master ~]$ hadoop fs -ls /sort_output
18/05/21 08:44:36 WARN util.NativeCodeLoader: Unable to load native-hadoop library
ur platform... using builtin-java classes where applicable
Found 2 items
-rw-r--r--   2 xdl supergroup          0 2018-05-21 08:44 /sort_output/_SUCCESS
-rw-r--r--   2 xdl supergroup         81 2018-05-21 08:44 /sort_output/part-r-00000
```

图 9-8

查看 part-r-00000 结果，文件信息如图 9-9 所示。

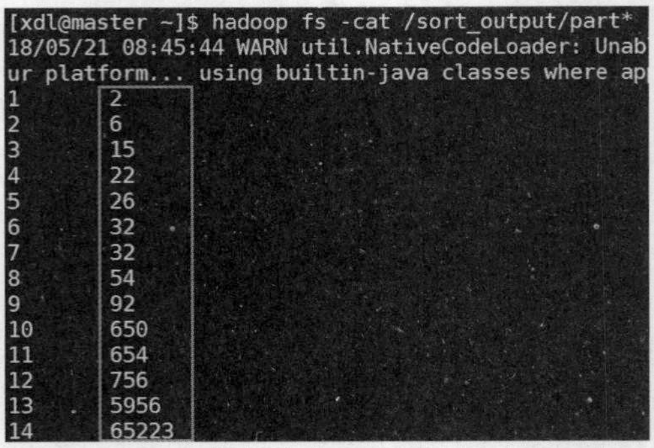

```
[xdl@master ~]$ hadoop fs -cat /sort_output/part*
18/05/21 08:45:44 WARN util.NativeCodeLoader: Unab
ur platform... using builtin-java classes where ap
1	2
2	6
3	15
4	22
5	26
6	32
7	32
8	54
9	92
10	650
11	654
12	756
13	5956
14	65223
```

图 9-9

9.3 平均成绩

本案例的主要目的在于重温经典的 WordCount 例子，可以说，它是在其基础上的微变化版。

9.3.1 实例表述

对输入文件中的数据进行学生平均成绩的计算。输入文件中的每行内容均为一个学生的姓名和其成绩。如果有多门学科，则每门学科为一个文件。要求在输出中每行有两个间隔的数据，第一个代表学生的姓名，第二个代表其平均成绩。

```
math:
张三    88
李四    99
王五    66
赵六    77
Chinese:
张三    78
李四    89
王五    96
赵六    67
English:
张三    80
李四    82
王五    84
赵六    86
样本输出:
张三    82
李四    90
王五    82
赵六    76
```

9.3.2　设计思路

计算学生平均成绩是一个类似于“WordCount”的经典，请读者重温一下开发 MapReduce 程序的流程。程序包括两部分内容：Map 部分和 Reduce 部分。

Map 处理的是一个纯文本文件，文件中的每一行数据表示一个学生的姓名和他的一科成绩。Mapper 处理的数据是由 InputFormat 分解过的数据集，其中 InputFormat 的作用是将数据集切割成小数据集 InputSplit，每一个 InputSlit 将由一个 Mapper 负责处理。

此外，InputFormat 中还提供了一个 RecordReader 的实现，并将一个 InputSplit 解析成<key，value>键值对提供给 map 函数。InputFormat 的默认值是 TextInputFormat，它针对文本文件，按行将文本切割成 InputSlit，并用 LineRecordReader 将 InputSplit 解析成<key，value>键值对，key 是行在文本中的位置，value 是文件中的一行。

Map 的结果会通过 partion 分发到 Reducer 进行处理，以 OutputFormat 输出。

Mapper 最终处理的结果<key，value>，会送到 Reducer 中进行合并。合并的时候，有相同 key 的键值对则送到同一个 Reducer 上。Reducer 是所有用户定制 Reducer 类的基础，它的输入是 key 及其对应的所有 value 的迭代器，同时还有 Reducer 的上下文。Reduce 的结果由 Reducer.Context 的 write 方法输出到文件中。

9.3.3　程序代码

```
package com.hebut.mr;
import java.io.IOException;
import java.util.Iterator;
import java.util.StringTokenizer;
import org.apache.hadoop.conf.Configuration;
import org.apache.hadoop.fs.Path;
import org.apache.hadoop.io.IntWritable;
import org.apache.hadoop.io.LongWritable;
import org.apache.hadoop.io.Text;
import org.apache.hadoop.mapreduce.Job;
import org.apache.hadoop.mapreduce.Mapper;
import org.apache.hadoop.mapreduce.Reducer;
import org.apache.hadoop.mapreduce.lib.input.FileInputFormat;
import org.apache.hadoop.mapreduce.lib.input.TextInputFormat;
import org.apache.hadoop.mapreduce.lib.output.FileOutputFormat;
import org.apache.hadoop.mapreduce.lib.output.TextOutputFormat;
import org.apache.hadoop.util.GenericOptionsParser;

public class Score {
    public static class Map extends
            Mapper<LongWritable, Text, Text, IntWritable> {
        // 实现 map 函数
        public void map(LongWritable key, Text value, Context context)
                throws IOException, InterruptedException {
            // 将输入的纯文本文件的数据转化成 String
            String line = value.toString();
            // 将输入的数据首先按行进行分割
            String[] ss = line.split("\t");
            // 分别对每一行进行处理
```

```
            String strName = ss[0];// 学生姓名部分
            String strScore =ss[1];// 成绩部分
            Text name = new Text(strName);
            int scoreInt = Integer.parseInt(strScore);
            // 输出姓名和成绩
            context.write(name, new IntWritable(scoreInt));
        }
    }

    public static class Reduce extends
            Reducer<Text, IntWritable, Text, IntWritable> {
        // 实现 reduce 函数
        public void reduce(Text key, Iterable<IntWritable> values,
                Context context) throws IOException, InterruptedException {
            int sum = 0;
            int count = 0;
            Iterator<IntWritable> iterator = values.iterator();
            while (iterator.hasNext()) {
                sum += iterator.next().get();// 计算总分
                count++;// 统计总的科目数
            }
            int average = (int) sum / count;// 计算平均成绩
            context.write(key, new IntWritable(average));
        }
    }

    public static void main(String[] args) throws Exception {
        Configuration conf = new Configuration();
        String inpath = args[0];
        String outpath = args[1];
        Job job = Job.getInstance(conf, "Score Average");
        job.setJarByClass(Score.class);
        // 设置 Map、Combine 和 Reduce 处理类
        job.setMapperClass(Map.class);
        job.setCombinerClass(Reduce.class);
        job.setReducerClass(Reduce.class);
        // 设置输出类型
        job.setOutputKeyClass(Text.class);
        job.setOutputValueClass(IntWritable.class);
        // 将输入的数据集分割成小数据块，提供一个 RecordReder 的实现
        job.setInputFormatClass(TextInputFormat.class);
        // 提供一个 RecordWriter 的实现，负责数据输出
        job.setOutputFormatClass(TextOutputFormat.class);
        // 设置输入和输出目录
        FileInputFormat.addInputPath(job, new Path(inpath));
        FileOutputFormat.setOutputPath(job, new Path(outpath));
        System.exit(job.waitForCompletion(true) ? 0 : 1);
    }
}
```

9.3.4　代码结果

1. 准备数据

我们需要创建 math.txt、chinese.txt、english.txt 三个文件，然后将上述样例中的数据分别写入这三个文件中，并将这三个文件上传到 HDFS 分布式文件系统的 score 目录。

```
vim math.txt //将 math.txt 的数据写入
vim chinese.txt //将 chinese.txt 的数据写入
vim english.txt //将 english.txt 的数据写入
hadoop fs -mkdir /score #在 HDFS 文件系统的根目录下创建 score 文件夹
hadoop fs -put /home/ydh/math.txt /score
hadoop fs -put /home/ydh/chinese.txt /score
hadoop fs -put /home/ydh/english.txt.txt /score
```

执行命令，并查看文件内容，如图 9-10 ~ 图 9-13 所示。

```
[xdl@master score]$ hadoop fs -ls /score
18/05/21 20:36:20 WARN util.NativeCodeLoader: Unable to load native-hadoop li
ur platform... using builtin-java classes where applicable
Found 3 items
-rw-r--r--   2 xdl supergroup         40 2018-05-21 20:31 /score/chinese.txt
-rw-r--r--   2 xdl supergroup         40 2018-05-21 20:31 /score/english.txt
-rw-r--r--   2 xdl supergroup         40 2018-05-21 20:31 /score/math.txt
```

图 9-10

```
[xdl@master score]$ hadoop fs -cat /score/math.txt
18/05/21 20:37:51 WARN util.NativeCodeLoader: Unable
ur platform... using builtin-java classes where appl
张三    88
李四    99
王五    66
赵六    77
```

图 9-11

```
[xdl@master score]$ hadoop fs -cat /score/chinese.txt
18/05/21 20:38:03 WARN util.NativeCodeLoader: Unable
ur platform... using builtin-java classes where appli
张三    78
李四    89
王五    96
赵六    67
```

图 9-12

```
[xdl@master score]$ hadoop fs -cat /score/english.txt
18/05/21 20:38:12 WARN util.NativeCodeLoader: Unable
ur platform... using builtin-java classes where appli
张三    80
李四    82
王五    84
赵六    86
```

图 9-13

2. 程序执行结果

将程序代码 Score.java 通过 Eclipse 打成 score.jar 包文件，然后通过如下命令提交到集群运行。

```
hadoop jar /home/ydh/score.jar /score /output_score
```

作业运行完之后，结果如图 9-14 所示。

```
[xdl@master ~]$ hadoop fs -ls /output_score
18/05/21 20:48:45 WARN util.NativeCodeLoader: Unable to load native-hadoop library for
ur platform... using builtin-java classes where applicable
Found 2 items
-rw-r--r--   2 xdl supergroup          0 2018-05-21 20:48 /output_score/_SUCCESS
-rw-r--r--   2 xdl supergroup         40 2018-05-21 20:48 /output_score/part-r-00000
[xdl@master ~]$ hadoop fs -cat /output_score/part-r-00000
18/05/21 20:48:59 WARN util.NativeCodeLoader: Unable to load native-hadoop library for
ur platform... using builtin-java classes where applicable
张三    82
李四    90
王五    82
赵六    76
```

图 9-14

9.4 多表关联

前面的实例都是在数据上进行一些简单处理，为进一步的操作打基础。而“多表关联”这个实例要求从给出的数据中寻找所关心的数据，它是对原始数据包含信息的挖掘。

9.4.1 实例表述

山东省要在各大城市建立飞机场，现在有两份数据，一份数据包含山东省所有的城市，另一份包含山东省已经有飞机场的城市，请统计出目前山东省还没有飞机场的城市。

allCity.txt 山东省所有的城市名如下：

```
青岛
淄博
烟台
德州
济南
泰安
滨州
莱芜
日照
东营
菏泽
聊城
济宁
临沂
枣庄
威海
潍坊
```

someCity.txt 山东省已经有飞机场的城市：

```
济南 济南机场
青岛 青岛机场
潍坊 潍坊机场
临沂 临沂机场
济宁 济宁机场
```

```
威海 威海机场
东营 东营机场
```

样例输出：

统计出山东省没有飞机场的城市如下：

```
德州
日照
枣庄
泰安
淄博
滨州
烟台
聊城
莱芜
菏泽
```

9.4.2 设计思路

我们有两份数据，一份是山东省所有城市的数据，另一份是山东省已经有飞机场的城市数据，我们的需求是，要在山东省尚未建飞机场的城市新建飞机场。为此，我们需要剔除山东省已经建有机场的城市，这就涉及两份数据的连接，我们称其为 MapReduce 的多表连接。

首先为山东省所有城市的数据写一个 AllCityMap 的程序进行映射处理，接着，对山东省已有飞机场的城市数据写一个 SomeCityMap 程序进行映射处理，然后让这两个 map 的处理结果进行连接（Join），进入同一个 shuffle 进行分区、合并、排序，之后在 reduce 端过滤出没有飞机场的城市名。

9.4.3 程序代码

```
package CityMapJoin;

import java.util.ArrayList;
import java.util.List;
import org.apache.hadoop.conf.Configuration;
import org.apache.hadoop.fs.Path;
import org.apache.hadoop.io.LongWritable;
import org.apache.hadoop.io.Text;
import org.apache.hadoop.mapreduce.Job;
import org.apache.hadoop.mapreduce.Mapper;
import org.apache.hadoop.mapreduce.Reducer;
import org.apache.hadoop.mapreduce.lib.input.MultipleInputs;
import org.apache.hadoop.mapreduce.lib.input.TextInputFormat;
import org.apache.hadoop.mapreduce.lib.output.FileOutputFormat;

public class CityMapJoinDemo {
    public static void main(String[] args) throws Exception {
        //判断输入路径
        if(args.length!=3 || args==null){
            System.err.println("Please Input Full Path!");
            System.exit(1);
        }
```

```
            //创建 Job
            Job job = Job.getInstance(new Configuration(), CityMapJoinDemo.class.
getSimpleName());
            job.setJarByClass(CityMapJoinDemo.class);
            //通过 MultipleInputs 输入的方式添加多个 Map 的处理类
            MultipleInputs.addInputPath(job, new Path(args[0]),
                    TextInputFormat.class, AllCity.class);
            MultipleInputs.addInputPath(job, new Path(args[1]),
                    TextInputFormat.class, SomeCity.class);
            FileOutputFormat.setOutputPath(job, new Path(args[2]));

            job.setOutputKeyClass(Text.class);
            job.setOutputValueClass(Text.class);
            //设置 Reducer 阶段的处理类
            job.setReducerClass(CityReduce.class);

            job.waitForCompletion(true);
        }
        //处理所有城市的 map
        //<济南,a_济南>
        //<青岛,a_青岛>
        //<德州,a_德州>
        static class AllCity extends Mapper<LongWritable, Text, Text, Text>{
            public static final String LABEL="a_";
            protected void map(LongWritable key, Text value, org.apache.hadoop.
mapreduce.Mapper<LongWritable,Text,Text,Text>.Context context) throws java.io.
IOException ,InterruptedException {
                String cityName=value.toString();
                context.write(new Text(cityName), new Text(LABEL+cityName));
            };
        }
        //处理只有飞机场的城市
        //<济南,s_济南    济南飞机场>
        //<青岛,s_青岛    青岛飞机场>
        static class SomeCity extends Mapper<LongWritable, Text, Text, Text>{
            public static final String LABEL="s_";
            protected void map(LongWritable key, Text value, org.apache.hadoop.
mapreduce.Mapper<LongWritable,Text,Text,Text>.Context context) throws java.io.
IOException ,InterruptedException {
                String[] lines = value.toString().split("\t");
                String cityName=lines[0];
                context.write(new Text(cityName), new Text(LABEL+value.toString()));
            };
        }
        //经过 shuffle 之后变成:
        //<济南,{a_济南,s_济南    济南飞机场}>
        //<德州,{a_德州}>
        //青岛,{a_青岛,s_青岛    青岛机场}
        static class CityReduce extends Reducer<Text, Text, Text, Text>{
            protected void reduce(Text key, java.lang.Iterable<Text> values,
org.apache.hadoop.mapreduce.Reducer<Text,Text,Text,Text>.Context context) throws
java.io.IOException ,InterruptedException {
                //城市的名字
```

```
            String cityName=null;
            //存放符合条件过滤出来的城市
            List<String> list=new ArrayList<String>();
            for (Text value : values) {
        //如果列表中包含有 s_开头的数据，则表明该数据是已经有飞机场的城市
                if(value.toString().startsWith(SomeCity.LABEL)){
                    int index=value.toString().indexOf("_");
                    cityName=value.toString().substring(index+1,index+3);
                }else if(value.toString().startsWith(AllCity.LABEL)){

                    list.add(value.toString().substring(2));
                }
            }
        //如果城市名为空并且 list 列表中有值，则列表中的值就是符合条件的数据
            if(cityName==null&& list.size()>0){
                for (String str : list){
                    context.write(new Text(str), new Text(""));
                }
            }
        };
    }
}
```

9.4.4　代码结果

1. 准备数据

首先，创建 allCity.txt 和 someCity.txt 文件，然后把上述两份数据分别写入这两个文件中，之后将这两个文件上传到 HDFS 分布式文件系统中，命令如下：

```
vim allCity.txt //创建包含山东省所有城市的数据文件
vim someCity.txt //创建包含山东省有飞机场的城市数据文件
hadoop fs -put ./allCity.txt /   #将 allCity.txt 数据文件上传到 HDFS
hadoop fs -put ./someCity.txt /  #将 someCity.txt 数据文件上传到 HDFS
```

2. 程序运行结果

通过 Eclipse 将源程序打包成 JAR 包 city.jar，然后通过以下命令提交集群进行执行操作：

```
hadoop jar ./city.jar /allCity.txt /someCity.txt /output_city
```

程序运行结果如图 9-15 所示。

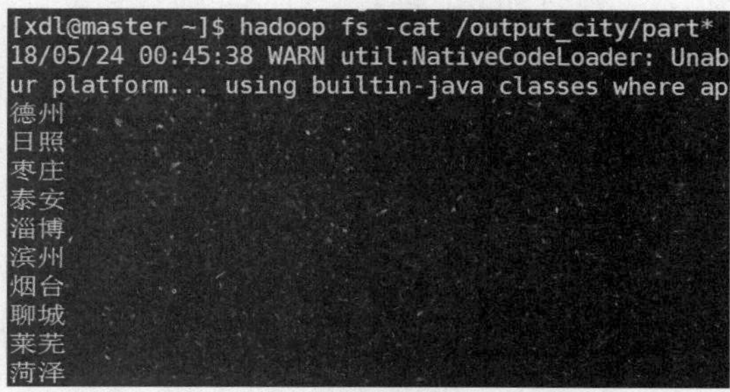

图 9-15

9.5 二次排序

前面我们看到，在 MapReduce 中的 shuffle 阶段会自动进行排序，而且是根据 key 值排序的。也可以先按 key 进行排序，如果 key 相同，再按照 value 进行排序，我们把这种排序方式称为二次排序。

9.5.1 实例描述

现在对学生的考试成绩进行排序，比如数学（Math）和英语（English），先按照数学成绩排序，当数学成绩相同时，再按照英语成绩排序。

输入如下：

```
Math     English
87          76
89          90
74          94
78          67
97          68
78          86
34          64
89          98
97          89
```

样例输出：

```
34          64
74          94
78          67
78          86
87          76
89          90
89          98
97          68
97          89
```

9.5.2 设计思路

从 map 输出到 reduce 输入，称为 shuffle 阶段，在这个阶段会进行分区、合并、排序等操作。如果既要对学生的数学成绩排序又要对学生的英语成绩进行排序，那么我们可以把学生的数学成绩和英语成绩封装为一个对象，即一个新的数据类型。将这个新的数据类型实现大数据 Hadoop 的序列化，然后把这个新的对象作为 key 值，从 map 输出到 reduce，经过 shuffle 排序。

9.5.3 程序代码

首先，自定义封装学生数学成绩和英语成绩的类，代码如下：

```
package MR;

import java.io.DataInput;
import java.io.DataOutput;
import java.io.IOException;
```

```
import org.apache.hadoop.io.WritableComparable;

//自定义 key 应该实现的 WritableComparable 接口
public class NewKey implements WritableComparable<NewKey> {
    long first, second; //first 代表数学成绩，second 代表英语成绩
    //无参的构造方法
    public NewKey() {

    }
    //有参的构造方法
    public NewKey(long first, long second) {
        super();
        this.first = first;
        this.second = second;
    }
    //重写 toString 方法
    @Override
    public String toString() {
        return first + " " + second;
    }
    @Override
    //序列化，将 NewKey 转化成使用流传送的二进制
    public void write(DataOutput out) throws IOException {
        // TODO Auto-generated method stub
        out.writeLong(first);
        out.writeLong(second);
    }

    @Override
    //反序列化，从流中的二进制转换成 NewKey
    public void readFields(DataInput in) throws IOException {
        // TODO Auto-generated method stub
        this.first = in.readLong();
        this.second = in.readLong();
    }

    @Override
    //重写比较的逻辑
    public int compareTo(NewKey o) {
        //key 的比较，先按数学成绩进行比较
        long minute = this.first - o.first;
        if (minute != 0) {
            return (int) minute;
        } else {
            //如果数据成绩相同，再按英语成绩（即 value）进行比较
            return (int) (this.second - o.second);
        }
    }
}
```

根据上面定义的 key 的类型，来实现二次排序的代码如下：

```
package MR;
import java.io.IOException;
```

```
import java.net.URI;

import org.apache.hadoop.conf.Configuration;
import org.apache.hadoop.fs.FileSystem;
import org.apache.hadoop.fs.Path;
import org.apache.hadoop.io.LongWritable;
import org.apache.hadoop.io.NullWritable;
import org.apache.hadoop.io.RawComparator;
import org.apache.hadoop.io.Text;
import org.apache.hadoop.io.WritableComparator;
import org.apache.hadoop.mapreduce.Counter;
import org.apache.hadoop.mapreduce.Job;
import org.apache.hadoop.mapreduce.Mapper;
import org.apache.hadoop.mapreduce.Reducer;
import org.apache.hadoop.mapreduce.lib.input.FileInputFormat;
import org.apache.hadoop.mapreduce.lib.output.FileOutputFormat;
import org.apache.hadoop.mapreduce.lib.partition.HashPartitioner;

public class TwoColDataSort {
    //mapreduce 计算结果的输出文件路径
    private static final String OUTPUT_PATH = "hdfs://master:9000/output_stuscore";
    //mapreduce 计算时的输入文件的路径，也就是学生的数学和英语成绩数据
    private static final String INPUT_PATH = "hdfs://master:9000/stuScore.txt";

    public static void main(String[] args) throws Exception {
        Configuration configuration = new Configuration();

        @SuppressWarnings("deprecation")
        Job job = Job.getInstance(configuration, TwoColDataSort.class.
getSimpleName());
        job.setJarByClass(TwoColDataSort.class)
        FileSystem fileSystem = FileSystem.get(URI.create(OUTPUT_PATH),
                configuration);
        //判断输出文件路径是否已经存在
        if (fileSystem.exists(new Path(OUTPUT_PATH))) {
            fileSystem.delete(new Path(OUTPUT_PATH));
        }

        FileInputFormat.setInputPaths(job, new Path(INPUT_PATH));
        job.setMapperClass(MyMap.class);
        //设置 Map 的输出中介结果类型 key 值为 NewKey 类型
        job.setMapOutputKeyClass(NewKey.class);
        job.setMapOutputValueClass(NullWritable.class);
        //设置 reduce 的个数
        job.setNumReduceTasks(1);

        job.setReducerClass(MyReduce.class);
        job.setOutputKeyClass(LongWritable.class);
        job.setOutputValueClass(NullWritable.class);
        FileOutputFormat.setOutputPath(job, new Path(OUTPUT_PATH));

        job.waitForCompletion(true);

    }
```

```
    public static class MyMap extends
            Mapper<LongWritable, Text, NewKey, NullWritable> {
        @SuppressWarnings("unchecked")
        @Override
        protected void map(LongWritable key, Text value,
                org.apache.hadoop.mapreduce.Mapper.Context context)
                throws IOException, InterruptedException {

            String[] split = value.toString().split("\t");
            long first = Long.parseLong(split[0]);
            long second = Long.parseLong(split[1]);
            //在自定义类中进行比较
            NewKey newKey = new NewKey(first, second);
            context.write(newKey, NullWritable.get());
        }
    }

    public static class MyReduce extends
            Reducer<NewKey, NullWritable, LongWritable, NullWritable> {
        @SuppressWarnings("unchecked")
        protected void reduce(NewKey key, Iterable<NullWritable> values,
                org.apache.hadoop.mapreduce.Reducer.Context context)
                throws IOException, InterruptedException {

            context.write(key, NullWritable.get());

        }
    }
}
```

9.5.4　代码结果

1. 准备数据

首先，准备一份学生的成绩数据，一行文本当中有两列：第一列是数学成绩，第二列是英语成绩。

```
vim stuScore.txt  //新建一个文件，并将学生的成绩添加进去
hadoop fs -put ./stuScore.txt /   # 将 stuScore.txt 上传到 hdfs 文件系统
```

执行命令如图 9-16 所示。

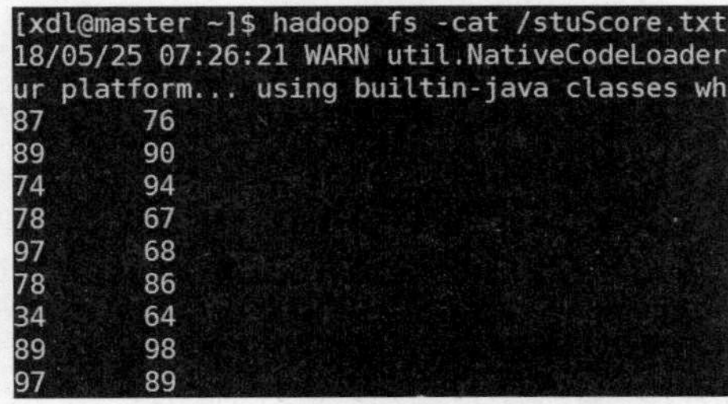

图 9-16

2. 程序运行结果

通过 Eclipse 将上述源代码 NewKey.java 和 TwoColDataSort.java 打包成 JAR 包，形成名为

stuScore.jar 的 JAR 文件。将程序提交到集群中：

```
hadoop jar ./stuScore.jar /stuScore.jar
```

程序结果如图 9-17 所示。

```
[xdl@master ~]$ hadoop fs -cat /output_stuscore/part*
18/05/25 07:44:39 WARN util.NativeCodeLoader: Unable
ur platform... using builtin-java classes where appli
34 64
74 94
78 67
78 86
87 76
89 90
89 98
97 68
97 89
```

图 9-17

从程序输出的运行结果可以看到，当学生的数学成绩相同时，就比较英语成绩，并以从低到高的顺序进行排序。

本章总结

本章介绍了数据去重、数据排序、求平均值、多表关联、二次排序等案例，通过亲手实践这些案例，可以对 MapReduce 编程有更深刻的认识，为以后在实际工作中解决问题打好基础。

本章习题

在自己的机器上进行实操训练。

第 10 章 MapReduce 运行机制与 YARN 平台

本章要点

- 剖析 MapReduce 作业运行机制
- Shuffle 和排序
- 任务的执行
- 作业的调度
- YARN 平台简介
- YARN 平台架构

本章继续介绍 MapReduce 中 Mapper 任务和 Reducer 任务的执行过程；理解 MapReduce 作业的调度；认识 Hadoop 2.0 提供的另一种资源协调系统 YARN 及其架构的实现原理等。通过对这些核心知识点的学习，读者将对 MapReduce 编程模型有更深层次的认识。

10.1 剖析 MapReduce 作业运行机制

本节将学习 MapReduce 作业的运行机制，即从作业的提交、创建和执行的整个过程中，理解各个核心组件的工作原理。

10.1.1 提交作业的方式

MapReduce 框架提供了两种常用的提交作业的方式：一是通过一个简单的方法调用来运行 MapReduce 作业 Job 对象上的 submit()，直接将作业提交到 Hadoop 集群的平台，客户端没有任何日志信息的打印；二是调用 Job 对象上的 waitForCompletion()方法，用于提交之前没有处理过的作业，并等待它完成，客户端会时刻打印作业执行的进度信息，如果出现异常，也会立刻将异常信息打印出来。在开发测试的过程中，waitForCompletion()方法一般用得比较多。

10.1.2 作业的运行组件

第 7 章中已经介绍过 MapReduce 编程模型的架构。MapReduce 框架与 Hadoop 的 HDFS 分布式文件系统一样，都是主从架构，主节点只有一个，从节点可以有多个。我们先来看 Hadoop 1.0 的 MapReduce 架构的核心组件。MapReduce 框架通过某个作业的提交而被启动时，运行在主节点的守护进程就是 JobTracker，运行在各个从节点的守护进程就是 TaskTracker。也就是说，JobTracker 只能有一个，TaskTracker 根据计算节点的个数可以有多个，从而构成主从架构模式。

JobTracker 主要负责接收客户端提交的计算任务，然后把计算任务分配给具体的 TaskTracker 来执行，并监控各个 TaskTracker 的执行情况。一个 MapReduce 集群有一个 JobTracker，一般运行在可靠的硬件上。TaskTracker 通过周期心跳来通知 JobTracker 其当前的健康状态，每一次心跳包含了可用的 map 和 reduce 任务数目、占用的数目以及运行中的任务详细信息。JobTracker 利用一个线程池来同时处理心跳和客户请求。当一个任务被提交时，组成作业的每一个任务的信息都会存储在内存中，在任务运行的时候，这些任务会伴随着 TaskTracker 的心跳而更新，因此几乎可以实时地反映任务进度和健康状况。

TaskTracker 负责执行 JobTracker 分配的计算任务。TaskTracker 由 JobTracker 指派任务，实例化用户程序，在本地执行任务，并周期性地向 JobTracker 汇报状态。在每一个工作节点上永远只会有一个 TaskTracker。TaskTracker 和 DataNode 运行在一台机器上，从而使得每一台物理机器既是一个计算节点，同时也是一个存储节点。每一个 TaskTracker 能够配置的 map 和 reduce 的任务片数（TaskSlot），就代表着每一种任务能被并行执行的数目。

10.1.3 作业的运行解析

下面通过图 10-1 详细介绍 MapReduce 作业运行的具体流程。首先来看 Hadoop 1.0 时代的 MR1 的运行机制，先来理解 MR1，之后学习 MR2 的运行机制就很容易了。

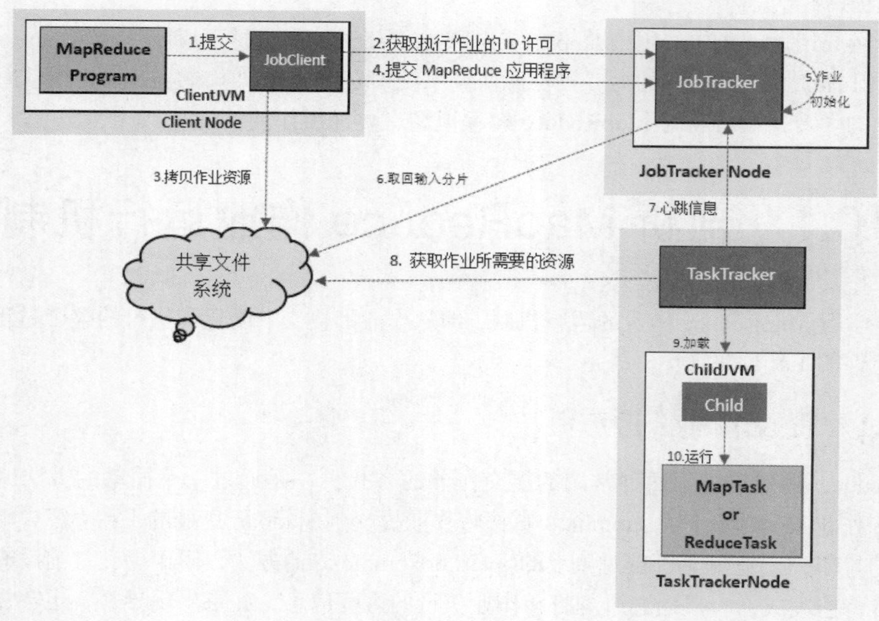

图 10-1

1. 作业提交概述

经过前面章节中 MapReduce 的开发训练，读者已经掌握了如何提交运行一个 Job 的方法。当我们在哪个节点上提交作业时，就会在哪个节点上开启一个 JobClient 客户端对象，该 JobClient 的 runjob()方法就是用于新建 JobClient 实例对象，并调用其 submitjob()方法提交作业。提交作业之后，JobClient 对象的 runjob()方法每秒轮询作业的进度，如果发现作业自上次报告后有所改变，就把作业运行进度报告到控制台。作业完成后，如果成功，就显示作业计数器，进而显示作业执行所花费的时间等相关的信息；如果作业失败，就会把导致作业失败的错误信息记录到控制台。

2. 作业的提交

JobClient 的 submitjob()方法被调用时，意味着作业开始提交，此时，通过调用 JobTracker 的 getNewjobld()方法，JobClient 向 JobTracker 请求获得一个新的作业 ID。如果能获取作业 ID，则可向集群提交作业；但如果获取不到作业 ID，则说明集群此时正在忙碌，无法提供用于执行作业的资源，则本次作业提交失败。

接下来，检查作业的输出说明，MapReduce 要求作业的输出目录不能事先存在。例如，如果没有指定输出目录或输出目录已经存在，作业就不能提交，同时会将错误抛回给 MapReduce 程序客户端。

当输入数据路径不存在时，作业处理分片无法计算，则作业不能提交，同时会将错误信息返回给 MapReduce 程序。

将运行作业所需要的资源（包括作业 JAR 文件、配置文件和计算所得的输入分片）复制到一个以作业 ID 命名的目录下的 JobTracker 的文件系统中。作业 JAR 的副本较多（由 mapred.submit.replication 属性控制，默认值为 10），因此在运行作业的任务时，集群中有很多个副本可供 TaskTracker 访问。

通过调用 JobTracker 的 submitjob()方法，告知 JobTracker 作业准备执行。

3. 作业的初始化

当 JobTracker 接收到 Job 对象的 submitjob()方法的调用后，会把此调用放入一个内部队列，交由作业调度器（Job Scheduler）进行调度，并对其进行初始化。初始化包括创建一个表示正在运行作业的对象，该对象中包括了封装任务和记录信息，以便跟踪任务的状态和进程。

创建任务运行列表，包括 map 任务和 reduce 任务，作业调度器首先从共享文件系统中获取 JobClient 已计算好的输入分片信息，然后为每个分片创建一个 map 任务。其中创建的 reduce 任务数量由 Job 的 mapred.reduce.task 属性决定，或者通过显式编程方式调用 Job 的 setNumReduceTasks()方法设置 reduce 任务的个数，通过作业调度器（Job Schedule）创建相应数量的 reduce 任务。除了 map 和 reduce 任务，还有 setupJob 和 cleanupJob 需要建立，setupJob 方法主要用于 MapReduce 框架在执行 map 任务之前，进行资源的集中初始化工作，若将资源初始化工作放在 map 方法中，就会导致 map 任务在解析每一行输入时都会进行资源初始化工作，导致重复，程序运行效率不高。该方法被 MapReduce 框架仅执行一次。cleanupJob 方法是在 map 任务执行完毕后，用以进行相关变量或资源的释放工作，该方法也被 MapReduce 框架仅执行一次。所以，setupJob()用于创建作业的输出目录和任务的临时工作目录，cleanupJob()用于删除临时工作目录。

4. 作业的分配

TaskTracker 定期发送心跳信息给 JobTracker，告知自己是否还存活，同时也充当 JobTracker 和 TaskTracker 两者之间的消息通道。TaskTracker 定期发送给 JobTracker 的心跳信息中，有一部分是 TaskTracker 告诉 JobTracker 是否已经准备好接收运行新的任务，这样 JobTracker 就可以根据 TaskTracker 发送过来的这一部分心跳信息来决定是否给 TaskTracker 分配新的任务了。

每个 TaskTracker 都会有固定数量的 map 和 reduce 任务槽，数量取决于 TaskTracker 节点 CPU 核的数量和内存大小。JobTracker 会先将 TaskTracker 的所有 map 槽填满，然后才填此 TaskTracker 的 reduce 任务槽。任务槽限定了在某一个 TaskTracker 所在的节点上最多能运行多少个 map 任务和 reduce 任务。

JobTracker 分配 map 任务时会选取与输入分片最近的 TaskTracker，因为要考虑数据本地化，尽量将计算任务靠近分片数据所在的计算节点上。分配 reduce 任务时不需要考虑数据本地化问题。

5. 作业任务的执行

从共享文件系统把作业的 JAR 文件复制到 TaskTracker 所在的文件系统，实现作业的 JAR 文件的本地化。同时，TaskTracker 将应用程序所需要的全部文件从分布式缓存复制到本地磁盘。TaskTracker 会为任务新建一个本地工作目录，并把 JAR 文件中的内容解压到这个文件夹下。TaskTracker 新建一个 TaskRunner 实例来运行该任务，TaskRunner 启动一个新的 JVM 来运行每个 map/reduce 任务。

6. 作业进度和状态的更新

MapReduce 作业通常耗时数分钟到数小时，所以对于用户而言，实时获得作业进展是很重要的。一个作业和它的每个任务都有一个状态（Status），包括作业或任务的状态、map 和 reduce 的进度、作业计数器的值、状态消息或描述等。map 进度标准是处理输入所占比例，reduce 进度标准是 copy\merge\reduce（与 shuffle 的 3 个阶段相对应）对整个进度的比例。Child JVM 有独立的线程，每隔 3 秒检查一次任务更新标志，如果有更新就会报告给此 TaskTracker；TaskTracker 每隔 5 秒给 JobTracker 发一次心跳信息。JobTracker 将合并这些更新，产生一个表明所有运行作业及其任务状态的全局视图。

JobClient 通过每秒查询 JobTracker 来接收最新的作业及其任务状态。

7. 作业完成

当 JobTracker 收到作业最后一个任务已完成的通知后，便把作业的状态设置为“成功”。然后，在 JobClient 查询状态时，便知道任务已成功完成，于是 JobClient 打印一条消息告知用户，之后从 runjob()方法返回。最后，JobTracker 清空作业的工作状态，指示 TaskTracker 也清空作业的工作状态。

10.2 Shuffle 和排序

我们已经知道，MapReduce 编程分为两个阶段：Mapper 和 Reducer。其中，Mapper 负责映射和分发，Reducer 负责聚合和运算。MapReduce 框架可以应对业务需求中各种类型的数据统计处理问题。

但前面已经多次提到，在 MapReduce 框架中有一块代码非常神秘，我们触碰不到，可以说，它是 MapReduce 框架的心脏，帮助我们实现了排序、分组以及合并复杂数据处理的过程。所以在 MapReduce 中，框架会确保 reduce 收到的输入数据是根据 key 排序的。

从 Mapper 输出数据到 Reducer 接收数据，这是一个很复杂的过程，框架处理了所有问题，并提供了很多配置项及扩展点。我们把将 Mapper 的输出作为输入传递给 Reducer 的过程称为 Shuffle。Shuffle 是 MapReduce 框架代码库的一部分，并不断被优化和改进，如图 10-2 所示。

10.2.1 Mapper 端

从图 10-2 中可知，map 函数通过 context.write()开始产生输出数据，不是单纯地将数据写入磁盘。这个过程相当复杂，为了性能，map 输出的数据会写入缓冲区，并进行预排序等工作。

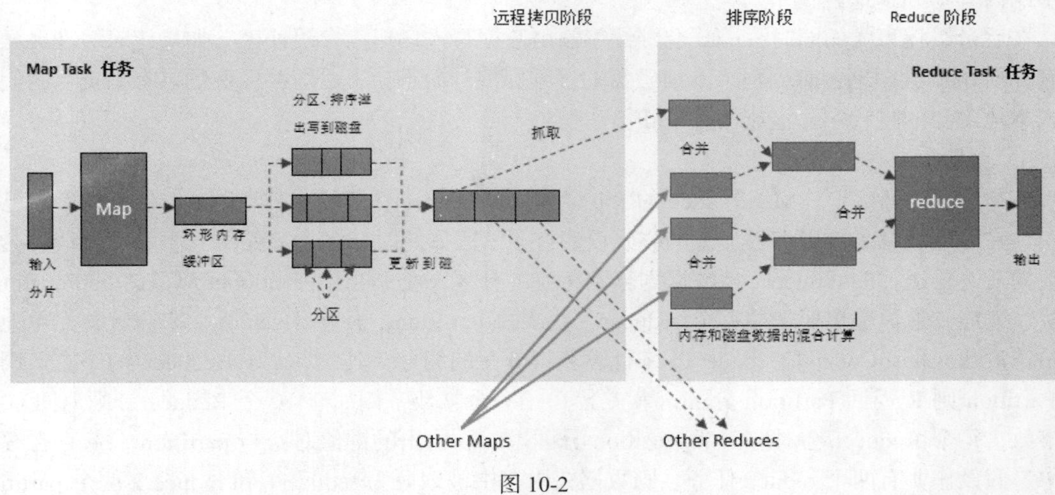

图 10-2

1. 环形内存缓冲区

每个 map 任务都有一个环形内存缓冲区（Buffer），map 将输出写入到这个环形内存缓冲区。Buffer 是内存中一种首尾相连的数据结构，专门用来存储 Key-Value 格式的数据，如图 10-3 所示。

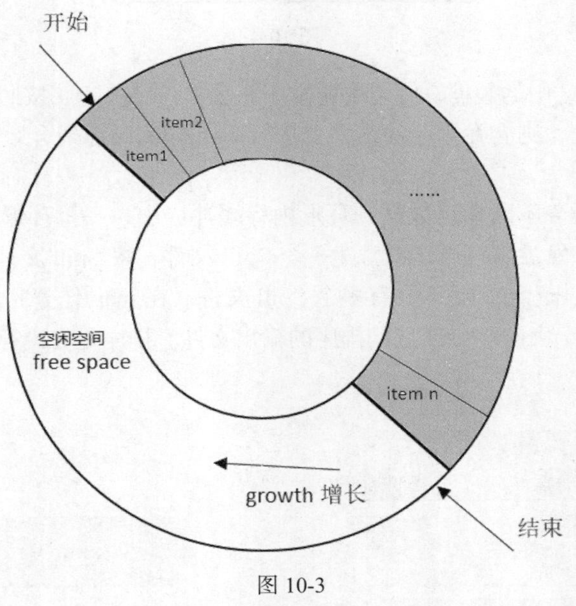

图 10-3

Hadoop 中，环形内存缓冲区其实就是一个字节数组：

```
//MapTask.java
private byte[] kvbuffer; //main output buffer
kvbuffer = new byte[maxMemUsage - recordCapacity];
```

2. 溢出写

默认情况下环形内存缓冲区（Buffer）的大小是 100MB，此值也可以通过 mapreduce.task.io.sort.mb 属性来配置。map 将输出不断写入环形内存缓冲区，一旦缓冲区内容达到阈值的 80%时（其值可通过 mapreduce.map.sort.spill.percent 配置），就会启动一个后台线程，并开始把环形内存缓冲区中的内容写到本地磁盘中。

在后台线程写入的同时，map 会继续将输出数据写入环形内存缓冲区，如果此时缓冲区已经写满，则 map 会阻塞，直到写入本地磁盘的过程完成，而不会覆盖缓冲区中的已有数据。我们把写入本地磁盘的过程叫作溢出写（Spill）。

3. 分区

在写本地磁盘之前，MapReduce 的 Job 会预判断 reduce 任务的个数。reduce 任务的个数已经由用户在处理数据之前以编程显式的方式设置好了。假如此时有多个 reduce 任务，后台线程会根据数据最终要送往的 reducer，把数据划分到相应的分区，通过调用 Partitioner 对象的 getPartition() 方法，就能知道该输出要送往哪个 reducer。默认的 Partitioner 使用 Hash 算法来分区，简单地说就是通过 key.hashCode()值 mode R 来计算获得分区的编号，其中 R 为 Reducer 的个数。调用 getPartition 则 R 返回 Partition 分区，事实上 R 是一个整数，例如有 10 个 Reducer，则返回 0 ~ 9 的整数，每个 Reducer 会对应一个 Partition 分区。map 输出的键值对，与 partition 一起存在缓冲区中。假设作业有两个 reduce 任务，则数据在内存中被划分为 reducer1 和 reducer2 两个 partition 分区的数据，如图 10-4 所示。

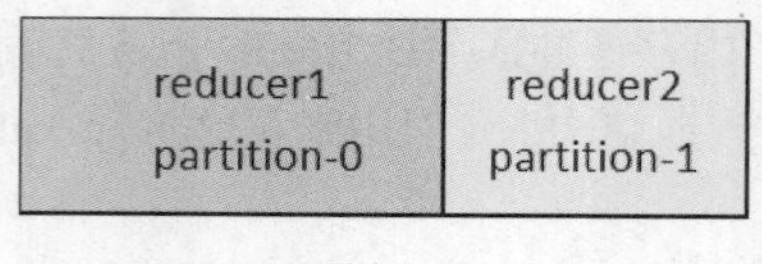

图 10-4

然后，针对每个分区中的数据，使用快速排序算法（QuickSort）按照 Key 进行内部排序。如果设置了 combiner 函数，则会在排序的结果上进行 Combine 局部聚合运算。

4. 合并 Spill 文件

如前所述，map 任务不断输出数据到环形内存缓冲区中，一旦环形内存缓冲区达到溢出写（Spill）阈值时，就会触发溢出写操作，新建一个 Spill 文件，将 Spill 文件写入磁盘。因此在 map 任务写完其最后一个输出记录之后，会有多个 Spill 文件。在 map 任务完成之前，这些 Spill 文件会根据情况被合并成一个大的已分区且已排序的输出文件。排序是在内存排序的基础上进行全局排序，如图 10-5 所示。

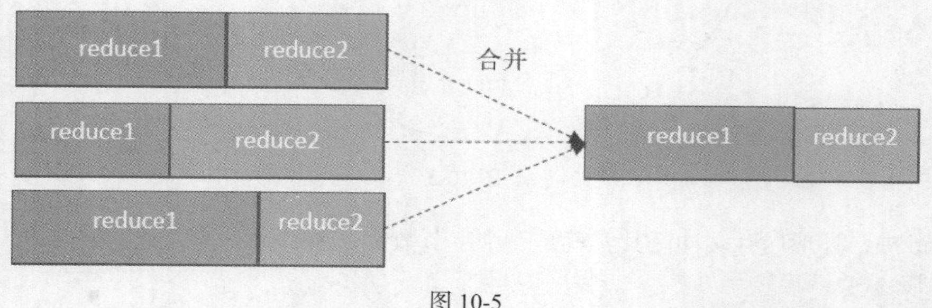

图 10-5

另外，如果已经指定 combiner，并且溢出写次数至少为 3（min.num.spills.for.combine 属性的取值）时，则 combiner 会在输出文件写入磁盘之前运行。运行 combiner 的意义在于使 map 输出更紧凑，使写到本地磁盘和传给 reducer 的数据更少。如果 Spill 文件数量大于 mapreduce.map.

combiner.minspills 配置的数值，那么，在合并文件写入之前，会再次运行 combiner。前面讲过，combiner 可以在输入文件上反复运行，并不影响最终结果。如果 Spill 文件太少，运行 combiner 的收益可能小于调用的代价。mapreduce.task.io.sort.factor 属性配置每次最多合并的文件数默认为 10，即一次最多合并 10 个 Spill 文件。多轮合并之后，最终所有的输出文件被合并为一个大文件。

5. 压缩

在数据量大的时候，写磁盘时压缩 map 输出往往是个很好的主意，因为这样会使写磁盘的速度更快，更节约磁盘空间，并且减少传给 reducer 的数据量。默认情况下，map 的输出是不压缩的，但只要将 mapred.compress.map.output 属性设置为 true，就可以轻松启用此功能。

6. 通过 HTTP 暴露输出结果

map 输出数据完成之后，通过运行一个 HTTP Server 暴露出来，供 reduce 端获取。也就是说，reduce 端通过 HTTP 的方式请求 map 端输出文件的分区。用于响应 reduce 数据请求的线程数量可以自定义配置，默认情况下为机器内核数量的两倍，也可以根据需要，通过 mapreduce.shuffle.max.threads 属性来配置。注意，该配置是针对 NodeManager 的，而不是每个作业都配置。

另外，用于文件分区数据处理的工作线程的数量由任务的 tracker.http.threads 属性控制，这个设置针对的是每个 TaskTracker，而不是每个 map 任务槽，默认值是 40，在运行大型作业的大型集群上，此值可以根据需要调整。当 map 任务完成后，也会通知 JobTracker，以便 reducer 能够及时获取数据。通过缓冲、分区、排序、合并、压缩这一系列过程，Mapper 端的工作就完成了。

10.2.2　Reducer 端

各个 map 任务完成之后，其各个结果写入运行 map 任务的机器磁盘中。Reducer 需要从各个 map 任务输出的内容中提取属于自己的那一部分中间结果，每个 map 任务的完成时间可能是不一样的，reduce 任务在 map 任务结束之后会尽快取走输出结果，因此只要有一个任务完成，reduce 任务就开始复制其输出。我们把这个阶段叫复制阶段（Copy Phase）。那么，Reducer 如何知道要去哪些机器上取数据呢？其实，在 map 阶段进行分区的时候就已经指定好哪些分区是属于哪个 Reducer 的。

Reducer 有少量复制线程，能够并行取得 map 的输出。线程默认是 5 个，但这个默认值可以通过设置 mapred.reduce.parallel.copies 属性来改变。

数据被 Reducer 提走之后，map 机器不会立刻删除数据，这样 reduce 任务执行失败时还能够重新提取，因此 map 的输出数据是在整个作业完成之后才被删除的。也就是说，由于 Reducer 可能失败，因此 TaskTracker 并没有在第一个 Reducer 检索到 map 输出时就立即从磁盘上删除它们。相反，TaskTracker 会等待，直到 JobTracker 告知它可以删除 map 输出，这是作业完成后执行的。

如果 map 输出的数据足够小，它就会被复制到 reduce 任务的 JVM 内存中。mapreduce.reduce.shuffle.input.buffer.percent 配置 JVM 堆内存中有多少比例可以用于存放 map 任务的输出结果。如果数据太大超出限制，它就会被复制到 reduce 的机器磁盘上。

当 reduce 任务的 JVM 内存缓冲区中数据达到配置的阈值时，这些数据会在内存中被合并、写入机器磁盘。如果从 map 任务复制的数据量相当小，它就会被复制到 reduce 任务所在的 TaskTracker 的 JVM 内存缓冲区中。当指定 reduce 任务的缓冲区 JVM 堆内存的最大值后，就可以用 mapred.job.shuffle.input.buffer.percent 来配置 reduce 任务 JVM 堆内存的使用比例，默认值是 0.7，即 70%。对于大数据，这个比例还是小了些，0.8 ~ 0.9 比较合适（前提是 reduce 函数不会疯狂占用内存）。通过该项属性的配置，我们能够为 reduce 任务分配足够的堆内存空间，为后面的内存中合并排序提供堆内存空间的保障。

1. 内存中的合并

JVM 堆内存的一部分用于存放来自 map 任务的输入，在此基础之上，配置一个比例，当数据超过这个比例时，开始合并数据。比如，将用于存放 map 输出的内存设置为 500MB，并将 mapreduce.reduce.shuffle.merger.percent 配置为 0.66，则当内存中的数据达到 330MB 的时候，会触发合并写入，此时后台会启动线程（通常是 Linux native process），对内存中的数据进行 merge sort 处理，并写到 reduce 节点的本地磁盘；或者当从 map 节点取过来的文件个数达到由 mapred.inmem.merge.threshold（默认是 1000）指定的个数之后，也会启动后台线程，把内存中的数据进行 merge sort 处理，然后写入 reduce 节点的本地磁盘。这里，优先判断第一个配置项，其次才判断第二个阈值。从实际经验来看，mapred.job.shuffle.merge.percent 默认值偏小，完全可以设置为 0.8 ~ 0.9；第二个默认值为 1000，如果 map 输出的数据很大，默认值 1000 反倒不好，应该小一些，如果 map 输出的数据不大，则可以设置为 2000 或者以上。

2. 复制过程中的合并

在数据从 map 任务所在磁盘复制到 reduce 任务所在磁盘的过程中，后台线程会把这些文件合并为更大的有序文件。如果 map 的输出结果已经进行了压缩，则在合并过程中，需要先在内存中进行解压缩后。这里的合并只是为了减少最终合并的工作量，也就是在 map 输出还在复制时，就开始进行一部分合并工作。合并的过程同样会进行全局排序。

3. 磁盘中的合并

当所有 map 输出都复制完毕之后，reduce 任务会合并来自 map 阶段的有序输出，最终数据合并为一个排序的文件，作为 reduce 任务的输入。其实这个合并过程是一轮一轮进行的，直到最后一轮的合并结果直接推送给 reduce 任务作为输入，节省了磁盘操作的一个来回，即合并是循环进行的。需要注意的是，最后进行合并的 map 输出，可能来自合并后写入磁盘的文件，也可能来自内存缓冲，因为在最后写入内存的 map 输出可能没有达到触发合并的阈值，所以还留在内存中。因此，上述每一轮合并，并不一定合并平均数量的文件数，原则是使整个合并过程中写入磁盘的数据量最小，为了达到这个目的，需要最终一轮尽可能多地合并数据，因为最后一轮的数据直接作为 reduce 的输入，无须写入磁盘再读出。因此，让最终一轮合并的文件数量达到 mapreduce.task.io.sort.factor 配置的最大文件数。

假设现在有 50 个 map 输出文件，而合并系数 merge factor 是默认值 10（由 mapreduce.task.io.sort.factor 属性设置，与 map 的合并类似），合并将进行 5 轮，最终一轮确保合并 10 个文件，其中 4 个来自前 4 轮的合并结果，因此原始的 50 个文件中留出 6 个给最终一轮，如图 10-6 所示。

前 4 轮合并后的数据都是写入磁盘中的，注意，最后的两格标明了这些数据可能直接来自内存缓冲区。

最后一次合并后传递给 reduce 任务。合并后的文件作为输入传递给 Reducer，Reducer 针对每个 key 及其排序的数据调用 reduce 函数。产生的 reduce 输出一般写入 HDFS，其中，第一个 reduce 输出文件的副本写入当前运行 reduce 的机器，其他副本按照常规的 HDFS 数据写入原则来选址。HDFS 分布式文件系统数据写入原则如图 10-7 所示。

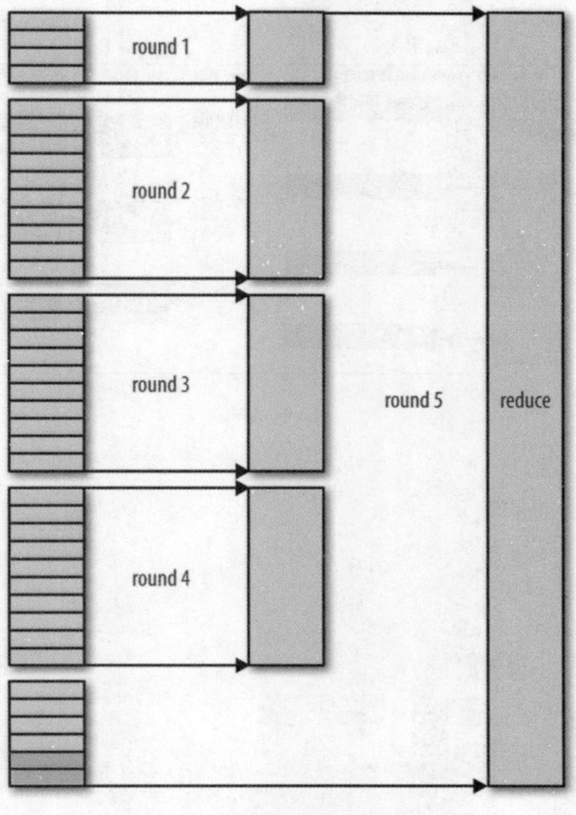

图 10-6

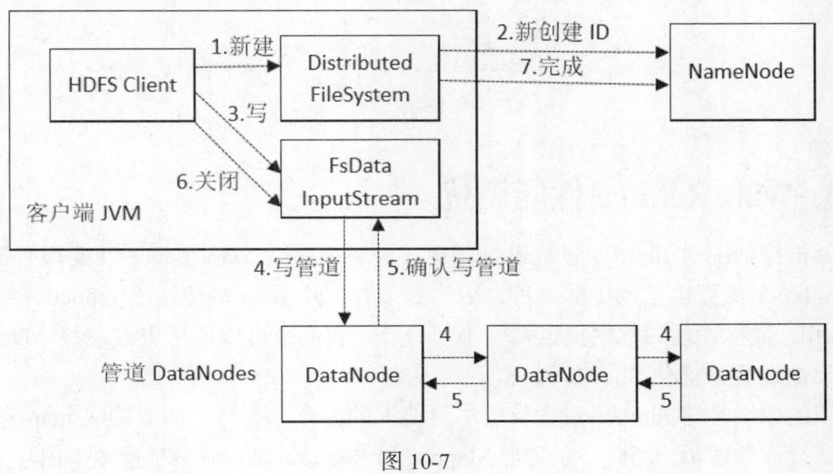

图 10-7

从 map 机器提取结果，合并之后，传递给 reduce 完成最后工作，如图 10-8 所示。

最后，我们把整个 Shuffle 过程梳理一遍：数据从 map 输出、缓存、分区、合并、排序、写入 map 输出数据到本地磁盘，然后 reduce 远程复制、合并、排序、写入 reduce 输出数据到本地磁盘，最终合并输出到 HDFS 分布式文件系统，如图 10-9 所示。

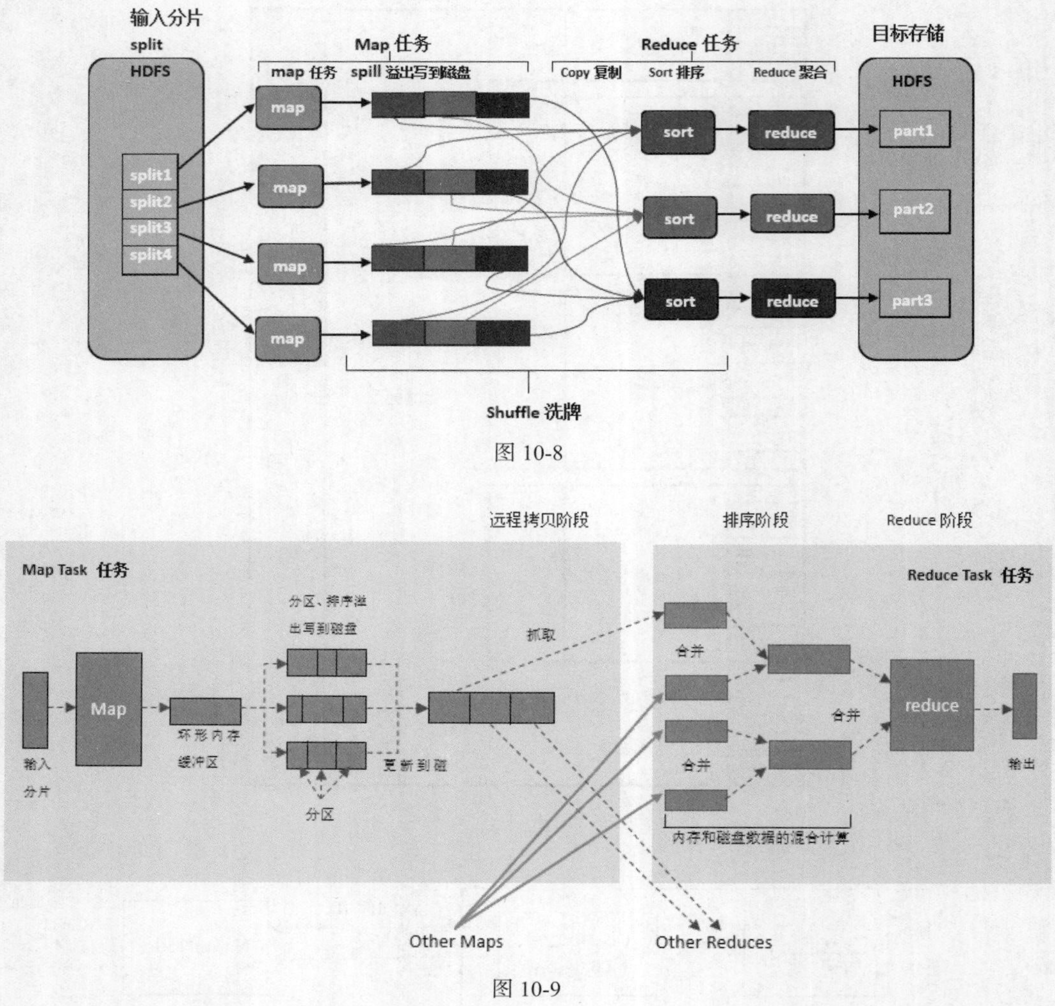

图 10-8

图 10-9

10.2.3 MapReduce 性能调优

如果能够根据情况对 Shuffle 过程进行调优，这对于提高 MapReduce 性能很有帮助。前面我们介绍过 combiner 函数也是调优的一种，因为有了它，从 map 端传递给 reduce 端的数据量会大大减少，Shuffle 过程处理的数据量也就变小。另外，我们还可以通过更改一些 MapReduce 框架自带的默认参数配置来优化 Shuffle 过程。

一个通用的原则是给 Shuffle 过程分配尽可能大的内存，当然，需要确保 map 和 reduce 有足够的内存来运行业务逻辑。因此，在实现 Mapper 和 Reducer 时，应该尽量减少内存的使用，例如避免在 map 中不断对数据进行多次叠加计算，应让 map 的处理逻辑简单直接。

运行 map 和 reduce 任务的 JVM，内存通过 mapred.child.java.opts 属性来设置，将内存设置得尽可能大。容器的内存大小通过 mapreduce.map.memory.mb 和 mapreduce.reduce.memory.mb 来设置，默认值都是 1024MB。

1. map 端优化

在 map 端，避免写入多个 spill 文件，最好只有一个 spill 文件。通过估计 map 的输出大小，设置合理的 mapreduce.task.io.sort.*属性，使得 spill 文件数量最小。例如尽可能调大 mapreduce.task.io.sort.mb。

map 端相关的配置属性如表 10-1 所示。

表 10-1

属性名	值类型	默认值	说明
mapreduce.task.io.sort.mb	int	100	用于 map 输出排序的内存大小
mapreduce.map.sort.spill.percent	float	0.80	开始 spill 的缓冲池阈值
mapreduce.task.io.sort.factor	int	10	合并文件数最大值，与 reduce 共用
mapreduce.map.combine.minspills	int	3	运行 combiner 的最低 spill 文件数
mapreduce.map.out.compress	boolean	false	输出是否压缩
mapreduce.map.out.compress	类名	DefaultCodec	压缩算法
mapreduce.shuffle.max.threads	int	0	服务于 reduce 提取结果的线程数量

2. reduce 端优化

在 reduce 端，如果能够让所有数据都保存在内存中，可以达到最佳性能。通常情况下，内存都保留给 reduce 函数，但是如果 reduce 函数对内存需求不是很高，则将 mapreduce.reduce.merge.inmem.threshold（触发合并的 map 输出文件数）设为 0，mapreduce.reduce.input.buffer.percent（用于保存 map 输出文件的堆内存比例）设为 1.0，可以达到很好的性能提升。

reduce 端相关属性如表 10-2 所示。

表 10-2

属性名	值类型	默认值	说明
mapreduce.reduce.shuffle.parallelcopies	int	5	提取 map 输出的 copier 拷贝线程数
mapreduce.reduce.shuffle.maxfetchfailures	int	10	提取 map 输出最大尝试次数，超出后报错
mapreduce.task.io.sort.factor	int	10	合并文件数最大值，与 map 共用
mapreduce.reduce.shuffle.input.buffer.percent	float	0.70	复制阶段用于保存 map 输出的堆内存比例
mapreduce.reduce.shuffle.merge.percent	float	0.66	开始 spill 的缓冲池比例阈值
mapreduce.reduce.shuffle.inmem.threshold	int	1000	开始 spill 的 map 输出文件数阈值，小于等于 0 表示没有阈值，此时只由缓冲池比例来控制
mapreduce.reduce.input.buffer.percent	float	0.0	reduce 函数开始运行时，内存中的 map 输出所占的堆内存比例不得高于这个值，默认情况下内存都用于 reduce 函数，也就是 map 输出都写入磁盘

10.3 任务的执行

本节重点介绍 map 任务与 reduce 任务的执行过程，也就是 map 及 reduce 任务如何启动和运行，以及出现错误如何处理。

1. 任务执行环境

Hadoop MapReduce 框架为 map 或 reduce 任务提供运行环境所需要的相关信息。例如，map 任务可以知道它处理的文件的名称、路径、大小等。map 或 reduce 任务可以得知任务的尝试次数，即任务能够得到执行的次数。任务执行环境的属性配置信息可以从作业的配置信息中获得，通过为 Mapper 或 Reducer 提供一个 Configuration 对象（其中，配置信息作为参数设置），便可获得这一信息。

2. 任务预测执行

任务的预测执行也叫任务的推测执行，是 MapReduce 框架的一种容错机制，保证每个任务都能够得到最终成功的执行，除了那些数据损坏或者程序 Bug 问题导致任务执行失败的情况。MapReduce 模型将作业分解成 map 和 reduce 任务，然后并行运行任务，以使作业的整体执行时间少于各个任务顺序执行的时间，这样就使得作业的执行时间对运行缓慢的任务非常敏感。也就是说，MapReduce 的 Job 中 map 任务之间并发执行，reduce 任务之间并发执行，如果出现执行慢的任务，就会显得格外突出。这是因为当只运行一个缓慢的任务时，会使整个作业所用的时间远远长于执行其他任务的时间。当一个作业由几百或几千个任务组成时，常常会出现少数“拖后腿”的任务。

当硬件或软件出现问题时，可能会导致任务执行缓慢，Hadoop 不会去诊断或修复问题，而是去启动另一个相同的任务，这就是“推测执行”机制。在这种机制里，对于出现问题的任务，我们重新开启一个，而不会去针对这个问题进行诊断或者修复，原因很简单，那就是时间、开销的问题。如果问题能够解决，那么万事大吉；如果解决不了，那么浪费了时间，还会使整个作业的执行延期。因此综合考虑，重新开启一个一模一样的任务继续运行，最后哪个任务先执行完就以哪个为最终的结果，是比较明智的一种解决方案。

注意，如果同时启动两个重复的任务，它们会互相竞争，导致推测执行无法工作，这对集群资源是一种浪费。所以，只有在一个作业的所有任务都启动之后才启动推测执行的任务，并且只针对那些已运行了一段时间（至少一分钟）且相对进度较慢的任务。最后，当一个任务完成时，另一个重复的任务就被中止了。也就是说，如果原任务先完成，推测任务就会被终止，反之亦然。

预测执行是一种优化措施，它并不能使作业的运行完全可靠。如果有一些软件缺陷会造成任务挂起或运行速度缓慢，那么依靠推测执行来避免这些问题显然是不明智的，因为该软件缺陷同样会影响推测任务的执行。所以应该修复软件缺陷，才能保证新的推测任务正常运行。

3. 任务对 JVM 的重用

MapReduce 框架中所有的 map 或者 reduce 任务都在它们自己的 JVM 上运行，以区分其他正在运行的任务。为每个任务启动一个新的 JVM 耗时大约 1 秒钟，对于运行 1 分钟左右的作业而言，这个额外消耗是微不足道的。但是，对于大量超短任务（通常是 map 任务）的作业或初始化时间长的作业，它们如果能对后续的任务重用 JVM，就可以体现出性能上的优势。

启用任务重用 JVM 后，任务不会同时运行在一个 JVM 上，JVM 顺序运行各个任务。然而，TaskTracker 可以一次性运行多个任务，但都是在独立的 JVM 内存中运行。控制任务 JVM 重用的属性是 mapred.job.reuse.jvm.num.tasks，用于指定每个 JVM 运行的最大任务数，默认值为 1。如果该属性设置为–1，则意味着同一作业中的任务可以共享同一个 JVM，数量不限。JobConf 中的 setNumTasksToExecutePerjvm()方法也可以用于设置这个属性。

4. 跳过坏记录

大型数据中经常会由于各种问题导致文件数据中的某些记录损坏，为此 MapReduce 允许在处理 map 阶段时跳过损坏的输入记录。

如果只是少量的记录损坏，不会造成显著影响，但如果由于记录损坏而抛出一个运行时异常，则会导致任务失败从而重新运行任务。一个任务连续失败 4 次，那么对应的整个作业就会被标记为失败状态。如果问题出在数据本身，即使重新运行任务，仍然会导致失败。

因此，在 Mapper 和 Reducer 代码中检测出坏记录并忽略它，或抛出一个异常来中止作业运行，还可以使用计数器来计算作业中的坏记录总数。

如果实在无法在 Mapper 或 Reducer 中修复记录，那么就可以使用 Hadoop 的【Skipping Mode】选项，此时任务将正在处理的记录报告给 TaskTracker。任务失败时，TaskTracker 重新运行该任务，跳过导致任务失败的记录。

10.4　作业的调度

10.3 节中介绍了 MapReduce 的一个作业中 map 和 reduce 任务的执行环境、执行方式、JVM 应用以及跳过已坏数据块的处理等。本节我们将学习作业的调度。

在实际生产环境中，一个 Hadoop 集群往往需要同时运行多个 MapReduce 类型的作业。比如，一个公司中有多个部门，每个部门都有数据处理的需求，甚至在部门内部，根据业务的需求不同，需要同时向集群提交多个作业。当多个作业到达集群时，就会遇到作业调度问题。

MapReduce 框架提供了 3 个调度器，默认调度器是先进先出调度器（FIFO），还有两个多用户调度器，分别是公平调度器（Fail Scheduler）和计算能力调度器（Capacity Scheduler）。

10.4.1　先进先出调度器

先进先出调度器（FIFO）按照作业提交的顺序调度运行作业，每个作业都会使用整个集群，因此作业必须等待，直到轮到自己运行。在 FIFO 中设置作业优先级是无效的，即使是高优先级的作业，也要等待先进入队列的低优先级作业执行完毕后才能执行。

使用 FIFO 调度器时，某些任务会持续占用资源，队列中的作业只能等待，如此一来就降低了集群的效率。此时，就需要使用公平调度器或计算能力调度器了。

10.4.2　公平调度器

公平调度器（Fair Scheduler）的目标是让用户的每个作业公平地共享集群资源。如果只有一个作业在运行，它就会得到集群的所有资源。随着来自多个用户提交的作业越来越多，空闲的任务槽会让每个用户公平共享集群。即使当前某个用户的长时间作业正在运行，其他用户的短时间作业也可在合理的时间内完成。

在默认情况下，每个用户都有自己的作业池。提交作业数量多的用户，并不会获得更多集群资源。可以用 map 和 reduce 的任务槽数量设定作业池的最小容量，也可以设置每个池的权重。

公平调度器支持抢占式机制，如果一个作业池在特定的一段时间内未得到公平的资源共享，调度器就会中止其他作业池得到过多资源的任务，释放一部分任务槽资源，以便把任务槽让给运行资源不足的作业池。

要想使用公平调度器，需要将其 JAR 文件放在 Hadoop 的类路径(classpath lib 目录)下，随后设置 mapred.jobtracker.taskscheduler 属性为:org.apache.hadoop.mapred.FairScheduler。

10.4.3 计算能力调度器

针对多用户调度，计算能力调度器（Capacity Scheduler）采用的方法稍有不同。Hadoop 集群由多队列组成，类似于 Fair Scheduler 的任务池，这些队列是层次结构的（因此，一个队列可能是另一个队列的孩子），每个队列都有一定的分配能力。这一点与 Fair Scheduler 类似，只不过在每个队列内部，作业根据 FIFO 方式（优先级）进行调度。本质上，Capacity Scheduler 允许用户或组织（使用队列进行定义）为每个用户或组织模拟一个独立的使用 FIFO Scheduling 的 MapReduce 集群。相比之下，Fair Scheduler（实际上支持优先级作业池内的 FIFO 作业调度，使其类似于能力调度）强制每个池内公平共享，使运行的作业共享池的资源。

10.5 YARN 平台简介

Apache Hadoop YARN（Yet Another Resource Negotiator）是一个通用资源管理系统，可为上层应用提供统一的资源管理和调度服务，为集群在利用率、资源统一管理和数据共享等方面带来了巨大好处。

10.5.1 YARN 的诞生

在 Hadoop 1.0 向 Hadoop 2.0 发展的过程中，引入了一个独立的模块 YARN，旨在解决 MapReduce 架构中存在的以下问题。

1. 无法支撑更多的计算模型

Hadoop 1.0 有一个致命缺陷，就是 MapReduce 架构无法支持更多的计算模型。在 Hadoop 集群资源中，只支持固定的计算模型，如果人们未来开发了新的计算模型，Hadoop 1.0 是不支持的，如果要支持，就需要针对新模型开发相对应的资源协调系统。

2. 主服务的压力过大

在 Hadoop 1.0 中，与 MapReduce 应用程序相关的以及与 Hadoop 集群资源管理相关的逻辑全部放在一个服务中，那就是前面多次提到的 JobTracker 进程，它既要负责应用程序作业的调度和监控，又要负责应用程序计算时所需集群资源的分配与协调，这样就使得 JobTracker 所在主服务器的压力过大，从而限制了系统的扩展性。

YARN 的出现则解决了以上所描述的问题。Hadoop 2.0 将支持更多的计算模型，MapReduce 也升级到了 MapReduce 2，使得 JobTracker 的压力得到分解，集群的扩展性得到大大提高。

10.5.2 YARN 的工作原理

YARN 通过创建一个全局的 ResourceManager（RM）和若干个针对应用程序的 ApplicationMaster（AM），拆分了 JobTracker 的集群资源管理功能与作业调度/监控功能。这里的应用程序是指传统的 MapReduce 作业或作业有向无环图（DAG）。也就是说，如果我们向 Hadoop 集群中提交多个 MapReduce 作业，每一个作业就会产生一个应用程序 ApplicationMaster 对象。

YARN 采用的架构也是主从架构，我们看到 YARN 在主节点 Master 上的守护进程是 ResourceManager，在从节点上的守护进程是 NodeManager。ResourceManager 负责整个集群资源的管理，而 NodeManager 只负责自己本节点上的资源管理。并且 YARN 也有心跳机制，

NodeManager 会每隔 3 秒周期性地向 ResourceManager 汇报其节点上资源的使用情况，这样每个运行在从节点上的NodeManager都会向运行在主节点上的ResourceManager汇报其资源使用情况，这样一来，ResourceManager 就掌握了集群中所有从节点上的资源使用情况，进而达到对这个集群计算资源的管控。所以，YARN 分层结构的本质是 ResourceManager，这个实体进程控制着整个集群的资源，并管理着所有应用程序所需基础计算资源的分配。ApplicationMaster 是提交作业应用程序的实体，它会向 ResourceManager 申请应用程序在运行时所需要的资源，一旦申请到就相当于从 ResourceManager 拿到了资源令牌，此时它会立刻与 NodeManager 通信，让其为应用程序具体的任务分配计算资源。在此上下文中，ApplicationMaster 承担了以前 TaskTracker 的一些角色，ResourceManager 承担了 JobTracker 的角色。

ApplicationMaster 负责管理 YARN 平台中应用程序的实例，协调来自 ResourceManager 的资源，并通过 NodeManager 监视 CPU、内存等资源的使用情况。

NodeManager 主要负责集群中各个从节点的资源管理，并为使用资源者提供服务，即管理它所在的本节点上的资源及资源的使用情况，为客户端应用程序开辟计算资源容器，这里的容器英文名为 Container，是 NodeManager 为资源的使用者开辟的。MapReduceV1 通过插槽管理 map 和 reduce 任务的执行，而 NodeManager 管理抽象容器（Container），这些容器代表着可供一个特定应用程序使用的针对每个节点的资源。YARN 继续使用 HDFS 层。HDFS 的主要 NameNode 用于元数据存储访问服务，而 DataNode 主要用于数据的存储。

要使用 YARN 平台，首先需要一个来自客户端的应用程序向 YARN 发起，也就是向 YARN 的主节点 ResourceManager 发起请求。ResourceManager 协商一个容器的必要资源，启动一个 ApplicationMaster 来表示已提交的应用程序。通过使用一个资源请求协议，ApplicationMaster 协商每个节点上供应用程序使用的资源容器。执行应用程序时，ApplicationMaster 监视容器直到完成。当应用程序完成时，ApplicationMaster 从 ResourceManager 注销其容器，执行周期就完成了。

10.6 YARN 平台架构

YARN 可以看成是主从架构，主要由 ResourceManager、NodeManager、ApplicationMaster 和 Container 构成。ResourceManager 可以看成是主节点，负责对各个 NodeManager 上的资源进行统一管理和调度；NodeManager 相当于从节点，如图 10-10 所示。

ResourceManager 是主节点 Master 上一个独立运行的进程，负责集群统一的资源管理、调度、分配等；它支持可插拔的资源调度器，自带 FIFO 调度器、公平调度器和计算能力调度器。

NodeManager 是从节点 Slave 上一个独立运行的进程，负责定期将本节点上的资源使用情况上报给 ResourceManager，并接收来自 ApplicationMaster 的命令以及启动/回收 Container（YARN 中对资源的抽象）。

ApplicationMaster 是运行在从节点上的组件，负责管理单个应用程序，它向 ResourceManager 申请资源，并使用这些资源启动内部的任务，同时负责任务的运行监控和容错等。

Container 是对资源的抽象，它封装了某个节点上的 CPU、内存等资源，ApplicationMaster 只有获得 Container 后才能启动相应的 map 或者 reduce 任务。另外，ApplicationMaster 本身也在一个 Container 中运行。ApplicationMaster 向 ResourceManager 申请 Container，由 ResourceManager 中的资源调度器异步分配给 ApplicationMaster；Container 的运行是由 ApplicationMaster 向资源所

在的 NodeManager 发起的，Container 运行时需提供内部执行的任务命令（可以使用任何命令，比如 Java、Python、C++进程启动命令均可），以及该命令执行所需的环境变量和外部资源（比如词典文件、可执行文件、JAR 包等）。另外，一个应用程序所需的 Container 分为两大类：一类是运行 ApplicationMaster 的 Container，它由 ResourceManager 向内部的资源调度器申请，用户提交应用程序时，可指定唯一的 ApplicationMaster 所需的资源；另一类是运行各类任务的 Container，它由 ApplicationMaster 向 ResourceManager 申请，并通过 ApplicationMaster 与 NodeManager 通信来启动。

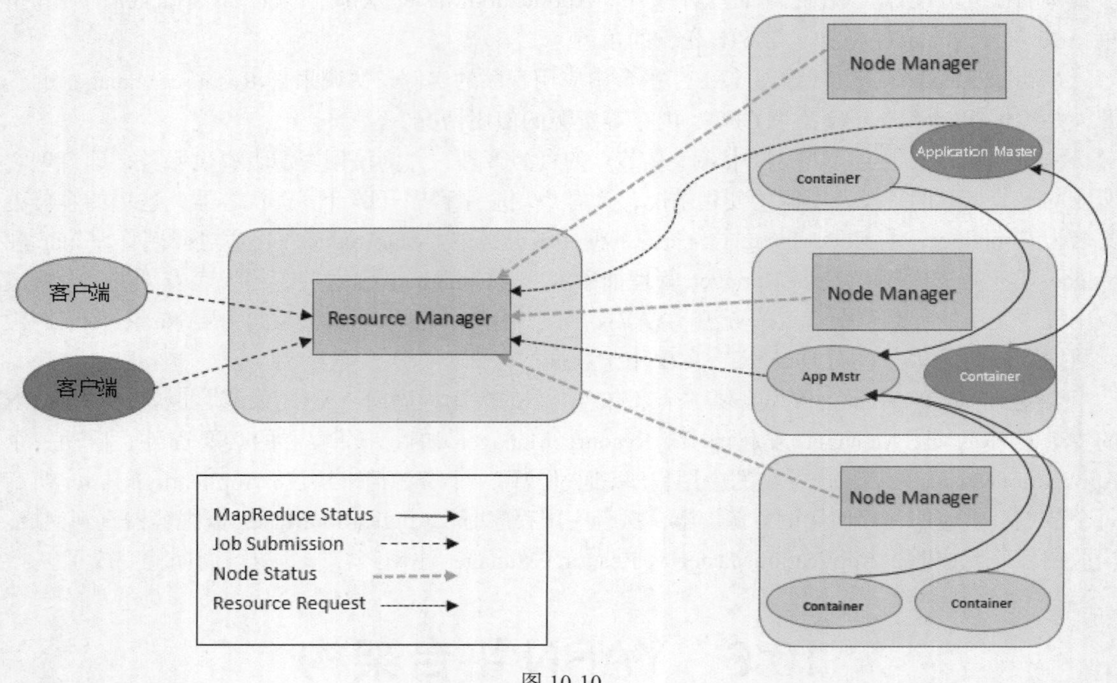

图 10-10

Client 向 ResourceManager 提交的每一个应用程序都必须有一个 ApplicationMaster，它经过 ResourceManager 分配资源后，运行于某一个从节点的 Container 中。具体的任务同样也运行于某一个从节点的 Container 中。ResourceManager、NodeManager、ApplicationMaster 乃至普通的 Container 之间都是通过 RPC 机制通信的。

这里概述一遍整个流程。用户将应用程序提交到 ResourceManager 上，ResourceManager 为应用程序申请资源并与某个 NodeManager 通信以启动 ApplicationMaster。之后，ApplicationMaster 与 ResourceManager 通信，为内部要执行的任务申请资源，得到资源后，将与 NodeManager 通信，以启动对应的任务。所有任务运行完成后，ApplicationMaster 向 ResourceManager 注销，整个应用程序运行结束。

在 Hadoop 2.0 中，YARN 是如何为 MapReduce 2 的作业提交分配资源并调度任务的呢？如图 10-11 所示。

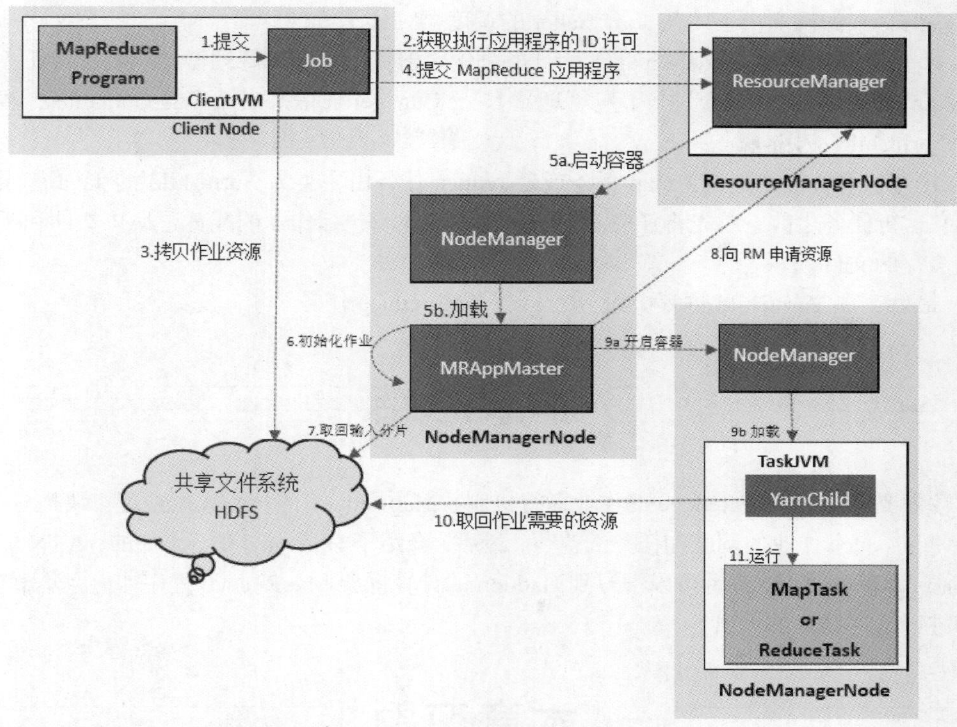

图 10-11

① 作业提交：MapReduce 2 中通过底层调用 runJob()提交作业。

② ClientProtocol：MapReduce 2 实现了 ClientProtocol，通过将 mapreduce.framework.name 属性值设置为 yarn 来启动。从资源管理器 ResourceManager（而不是 JobTracker）获取新的作业 ID，它标志该作业提交是否能得到集群的运行权，在 YARN 命名法中它是一个应用程序 ID。

③ 计算资源的预备：作业客户端检查作业的输出说明，计算输入分片（虽然有选项 yarn.app.mapreduce.am.compute-splits-in-cluster 在集群上产生分片，可以使具有多个分片的作业从中受益），并将作业资源（包括作业 JAR、配置和分片信息）复制到 HDFS。

④ 提交作业：通过调用资源管理器 ResourceManager 上的 submitApplication()方法提交作业。

⑤ 分配容器并创建应用程序：ResourceManager 收到调用它的 submitApplication()消息后，便将请求传递给调度器。调度器分配一个容器，然后 ResourceManager 在 NodeManager 的管理下在容器中启动应用程序的 ApplicationMaster 进程。

⑥ 作业初始化：MapReduce 作业的 ApplicationMaster 是一个 Java 应用程序，它的主类是 MRAppMaster。当作业被初始化时，MRAppMaster 类的实例对象就会被创建，通过该对象保持对作业进度和状态的跟踪。

⑦ 计算输入分片：接下来，MRAppMaster 接收来自共享文件系统的在客户端计算的输入分片，对每一个分片创建一个 map 任务对象以及由 mapreduce.job.reduces 属性确定的多个 reduce 任务对象。

⑧ 向 ResourceManager 申请任务执行资源容器：作业应用程序 ApplicationMaster 对象会为该作业中的所有 map 任务和 reduce 任务向 ResourceManager 请求计算资源容器。附带心跳信息的请求包括每个 map 任务的数据本地化信息，特别是输入分片所在的主机和相应的机架信息。调度器

使用这些信息来做调度决策（与 JobTracker 的调度器一样）。

⑨ 节点资源管理器 NodeManager 为任务分配容器：一旦资源管理器的调度器为任务分配了容器，ApplicationMaster 就通过与节点管理器 NodeManager 通信来启动容器 Container，然后在其中启动 YarnChild 应用进程。

⑩ 任务执行资源本地化：map 任务或者 reduce 任务由主类为 YarnChild 的 Java 应用程序执行。在它运行任务之前，首先将任务需要的资源本地化，包括作业的配置、JAR 文件和所有来自分布式缓存的文件。

⑪ 最后，在 YarnChild 进程中运行 map 任务或 reduce 任务。

本章总结

本章主要介绍了 MapReduce 的作业运行机制、MapReduce 的核心数据处理模块机 Shuffle 和排序、MapReduce 作业的调度和任务的执行，最后，介绍了 Hadoop 2.0 新添加的 YARN 资源管理系统。通过本章的学习，读者可以学习到 Hadoop 的计算框架 MapReduce 程序如何在集群中提交、运行和进行最终结果的输出等。

本章习题

1．简述 MapReduce 编程模型的 Shuffle 过程。
2．常见的作业调度有哪几种？
3．简述 YARN 的工作原理。
4．简述 MapReduce 在 YARN 上的运行机制。

第 11 章 汽车销售数据统计分析项目

本章要点

- 数据概况
- 项目实战

本章将介绍一个大数据项目案例：汽车销售数据统计分析项目。通过这个项目，加深对 HDFS 分布式文件系统和 MapReduce 分布式并行计算框架的理解，熟练掌握和应用，并且体验大数据企业实战项目的开发过程，积累实际项目开发的经验。

11.1 数据概况

汽车是消费者支出的重要组成部分，同时能很好地反映出消费者对经济前景的信心。通常，汽车销售情况是了解一个区域经济循环强弱情况的第一手资料，为随后的零售额和个人消费支出提供了很好的预示作用。所以，对汽车销售数据的统计分析非常重要，能够帮助我们了解区域经济的发展和变化，为经济的发展做出宏观的指导。

本数据来源于一个真实项目，数据项包括时间、销售地点、邮政编码、车辆类型、车辆型号、制造厂商名称、排量、油耗、功率、发动机型号、燃料种类、车外廓长宽高、轴距、前后车轮、轮胎规格、轮胎数、载客数、所有权、购买人等相关信息，如图 11-1 所示。

1	省	月	市	区县	年	车辆型号	制造商	品牌	车辆类型	所有权	使用性质	数量	发动机型号	排量	功率	燃料种类	车长	车宽	车高	厢长
2	山西省	3	朔州市	朔城区	2013	LZW645	上汽通用五	五菱	小型普通客	个人	非营运	1	L3C	8424	79	汽油	4490	1615	1900	
3	山西省	3	晋城市	城区	2013	EQ6450	东风小康汽	东风	小型普通客	个人	非营运	1	DK13-06	1587	74	汽油	4500	1680	1960	
4	山西省	12	长治市	长治城区	2013	BJ6440	北汽银翔汽	北京	小型普通客	个人	非营运	1	BJ415A	1500	75		4440			
5	山西省	12	长治市	长治城区	2013	DXK644	东风小康汽	东风	小型普通客	个人	非营运	1	DK15	1499	85	汽油	4365	1720	1770	
6	山西省	12	长治市	长治城区	2013	DXK644	东风小康汽	东风	小型普通客	个人	非营运	1	DK13-08	1299	70.5	汽油	4365	1720	1770	
7	山西省	12	长治市	长治城区	2013	EQ6420	东风小康汽	东风	小型普通客	单位	非营运	1	BG13-20	1300	60.5	汽油	4180	1635	1960	
8	山西省	12	长治市	长治城区	2013	GHT640	贵州航天成	航天	小型普通客	单位	非营运	1	HH412Q/P-	1200	63	汽油	4010	1620	1915	
9	山西省	12	长治市	长治城区	2013	GHT640	贵州航天成	航天	小型普通客	单位	非营运	1	HH412Q/P-	1200	63	汽油	4010	1620	1915	
10	山西省	12	长治市	长治城区	2013	GHT640	贵州航天成	航天	小型普通客	单位	非营运	1	HH412Q/P-	1206	63	汽油	4010	1620	1915	
11	山西省	12	长治市	长治城区	2013	GHT640	贵州航天成	航天	小型普通客	单位	非营运	1	HH412Q/P-	1206	63	汽油	4010	1620	1915	
12	山西省	12	长治市	长治城区	2013	GHT640	贵州航天成	航天	小型普通客	单位	非营运	1	HH412Q/P-	1206	63	汽油	4010	1620	1915	
13	山西省	12	长治市	长治城区	2013	GHT640	贵州航天成	航天	小型普通客	单位	非营运	1	HH412Q/P-	1206	63	汽油	4010	1620	1915	
14	山西省	12	长治市	长治城区	2013	GHT640	贵州航天成	航天	小型普通客	单位	非营运	1	HH412Q/P-	1206	63	汽油	4010	1620	1915	
15	山西省	12	长治市	长治城区	2013	GHT640	贵州航天成	航天	小型普通客	单位	非营运	1	HH412Q/P-	1206	63	汽油	4010	1620	1915	
16	山西省	12	长治市	长治城区	2013	GHT640	贵州航天成	航天	小型普通客	单位	非营运	1	HH412Q/P-	1206	63	汽油	4010	1620	1915	
17	山西省	12	长治市	长治城区	2013	GHT640	贵州航天成	航天	小型普通客	单位	非营运	1	HH412Q/P-	1206	63	汽油	4010	1620	1915	
18	山西省	12	长治市	长治城区	2013	GHT640	贵州航天成	航天	小型普通客	单位	非营运	1	HH412Q/P-	1206	63	汽油	4010	1620	1915	
19	山西省	12	长治市	长治城区	2013	GHT640	贵州航天成	航天	小型普通客	单位	非营运	1	HH412Q/P-	1206	63	汽油	4010	1620	1915	
20	山西省	12	长治市	长治城区	2013	GHT640	贵州航天成	航天	小型普通客	单位	非营运	1	HH412Q/P-	1206	63	汽油	4010	1620	1915	
21	山西省	12	长治市	长治城区	2013	GHT640	贵州航天成	航天	小型普通客	单位	非营运	1	HH412Q/P-	1206	63	汽油	4010	1620	1915	
22	山西省	12	长治市	长治城区	2013	GHT640	贵州航天成	航天	小型普通客	单位	非营运	1	HH412Q/P-	1206	63	汽油	4010	1620	1915	
23	山西省	12	长治市	长治城区	2013	GHT640	贵州航天成	航天	小型普通客	个人	非营运	1	HH412Q/P-	1206	63	汽油	4010	1620	1915	
24	山西省	12	长治市	长治城区	2013	HKL660	江苏九龙汽	大马	中型普通客	个人	非营运	1	JE4D28A	2776	103	柴油	5990	1880	2285	
25	山西省	12	长治市	长治城区	2013	HNQ612	湖南汽车车	邦乐	大型普通客	单位	公路客运	1	WP12.375E	11596	276	柴油	12000	2550	3945	0
26	山西省	12	长治市	长治城区	2013	JX6580	江铃汽车股	江铃全顺	小型普通客	单位	非营运	1	DURATORQ4	2402	103	柴油	5780	2000	2360	0
27	山西省	12	长治市	长治城区	2013	KLQ686	金龙联合汽	金龙	大型普通客	单位	公路客运	1	YC6J220-	6500	162	柴油	8556	2450	3365	
28	山西省	12	长治市	长治城区	2013	LCK666	中通客车控	中通	大型普通客	单位	公路客运	1	NQ120N4	3759	92	天然气	6620	2240	2820	
29	山西省	12	长治市	长治城区	2013	LCK666	中通客车控	中通	大型普通客	单位	公路客运	1	NQ120N4	3759	92	天然气	6620	2240	2820	
30	山西省	12	长治市	长治城区	2013	LCK666	中通客车控	中通	大型普通客	单位	公路客运	1	NQ120N4	3759	92	天然气	6620	2240	2820	

图 11-1

11.2 项目实战

本节包含具体的项目需求、设计思路、程序设计以及程序运行结果等信息。

站在汽车行业市场的角度，我们可以统计分析不同使用类型的车辆的销售额分布，还可以年份作为统计维度，统计出某一年内各个月份的汽车销售分布，以此判断出销售量较大的月份，进而展开促销活动等。此外，我们还可以统计某一年某个区域内各个市县的销售额分布等诸多特征。

11.2.1 统计乘用车辆和商用车辆的数量和销售额分布

1. 设计思路

首先，写一个 Mapper 来映射输出所有的乘用车辆和商用车辆的记录。然后，写一个 reduce 统计出乘用车辆和商用车辆各自的数量，写入一个 map 的映射集合中，其中 key 为车辆类型，value 为车辆类型的数量。同时，定义一个成员变量，统计乘用车辆和商用车辆的总和。最后，重写 reduce 中的 cleanup 方法，在其中计算出乘用车辆和商用车辆各自的销售额分布，然后输出到 HDFS 分布式文件系统中。

2. 程序代码

```
package com.xdl.car1;
import java.util.HashMap;
import java.util.Map;
import java.util.Set;
import org.apache.hadoop.conf.Configuration;
import org.apache.hadoop.fs.Path;
import org.apache.hadoop.io.DoubleWritable;
import org.apache.hadoop.io.IntWritable;
import org.apache.hadoop.io.LongWritable;
import org.apache.hadoop.io.Text;
import org.apache.hadoop.mapreduce.Job;
import org.apache.hadoop.mapreduce.Mapper;
import org.apache.hadoop.mapreduce.Reducer;
import org.apache.hadoop.mapreduce.lib.input.FileInputFormat;
import org.apache.hadoop.mapreduce.lib.output.FileOutputFormat;
/*
 *根据汽车所属（个人，商用）来进行划分
 *计算乘用车和商用车各自的数量，以及各自所占的比重
 */
class CountMap extends Mapper<LongWritable, Text, Text, LongWritable> {
   public void map(
         LongWritable key,
         Text value,
         org.apache.hadoop.mapreduce.Mapper<LongWritable,Text,Text,LongWritable>.
Context context)
         throws java.io.IOException, InterruptedException {
      String[] owns = value.toString().trim().split(",");
      if (null != owns && owns.length > 10 && owns[10] != null) {
         if (owns[10].equals("非营运")) {
            context.write(new Text("乘用车辆"), new LongWritable(1));
         } else {
```

```
                context.write(new Text("商用车辆"), new LongWritable(1));
            }
        }
    };
}
/*
 *统计乘用车辆和商用车辆的数量以及它们的总量
 */
class CountReduce extends Reducer<Text, LongWritable, Text, DoubleWritable> {
    Map<String, Long> maps = new HashMap<String, Long>();
    double all = 0; //准备存放非营运的乘用车辆和营运的商用车辆的总和

    public void reduce(
            Text key,
            java.lang.Iterable<LongWritable> values,
            org.apache.hadoop.mapreduce.Reducer<Text, LongWritable, Text,
DoubleWritable>.Context context)
            throws java.io.IOException, InterruptedException {
        long sum = 0;
        for (LongWritable val : values) {
            sum += val.get();
        }
        all += sum;    // 求出车辆的总数
        maps.put(key.toString(), sum);
    };

    protected void cleanup(
            org.apache.hadoop.mapreduce.Reducer<Text, LongWritable, Text,
DoubleWritable>.Context context)
            throws java.io.IOException, InterruptedException {
        Set<String> keySet = maps.keySet();
        //循环 Set 集合中的乘用车辆和商用车辆数量
        for (String str : keySet) {
            long value = maps.get(str);
            //用乘用车辆数除以总量，用商用车辆数除以总量。求出各自的比例
            double percent=value/all;
            //输出的 key 为车辆类型，value 的值为该车辆类型的占比
            context.write(new Text(str), new DoubleWritable(percent));
        }
    };
}
public class CountKind1 {
    public static void main(String[] args) throws Exception {
        Configuration conf = new Configuration();
        //创建 Job 并设置 Job 运行的主类
        Job job1 = Job.getInstance(conf, CountKind1.class.getName());
        job1.setJarByClass(CountKind1.class);
        //设置 Job 运行时的 Mapper 和 Reducer
        job1.setMapperClass(CountMap.class);
        job1.setReducerClass(CountReduce.class);
        //设置 Map 的中间输出结果
        job1.setMapOutputKeyClass(Text.class);
        job1.setMapOutputValueClass(LongWritable.class);
```

```
        //设置 Job 的输出类型
        job1.setOutputKeyClass(Text.class);
        job1.setOutputValueClass(DoubleWritable.class);
        //设置 Job 处理的输入文件路径和输出文件路径
        FileInputFormat.addInputPath(job1, new Path(args[0]));
        FileOutputFormat.setOutputPath(job1, new Path(args[1]));
        //提交 Job
        job1.waitForCompletion(true);
    }
}
```

3. 运行结果

将上述代码在 Eclipse 中打包为 CountCar.jar，接下来，将数据 Cars.csv 上传到 Hadoop 分布式文件系统 HDFS 的根目录下，之后提交本次 Job 程序，命令如下：

```
hadoop jar ./CountCar.jar /Cars.csv /car11
```

运行结果如图 11-2 所示。

```
[wuhuan@master ~]$ hadoop fs -cat /car11/par*
17/10/05 19:50:08 WARN util.NativeCodeLoader:
商用车辆        0.05526738385891114
乘用车辆        0.9447326161410888
[wuhuan@master ~]$
```

图 11-2

11.2.2　统计某年每个月的汽车销售数量的比例

1. 设计思路

通过一个 Mapper 映射输出每个月份的汽车销售记录，再通过一个 reduce 计算出每个月份的销售总数，同时将所有月份的销售数量进行累加，然后用每个月份的汽车销售总数除以各个月份的销售总和，这样就计算出了每个月的汽车销售数量的比例。

2. 程序代码

```
package com.xdl.car1;
import java.util.HashMap;
import java.util.Map;
import java.util.Set;
import org.apache.hadoop.conf.Configuration;
import org.apache.hadoop.fs.Path;
import org.apache.hadoop.io.DoubleWritable;
import org.apache.hadoop.io.IntWritable;
import org.apache.hadoop.io.Text;
import org.apache.hadoop.mapreduce.Job;
import org.apache.hadoop.mapreduce.Mapper;
import org.apache.hadoop.mapreduce.Reducer;
import org.apache.hadoop.mapreduce.lib.input.FileInputFormat;
import org.apache.hadoop.mapreduce.lib.output.FileOutputFormat;

/**
 * 映射输出每个月份的汽车销售数量
 * key 为月份，value 为该月份的汽车销售数量
 **/
class MouthMap extends Mapper<Object, Text, Text, IntWritable> {
    public void map(
```

```
            Object key,
            Text value,
            org.apache.hadoop.mapreduce.Mapper<Object, Text, Text,
IntWritable>.Context context)
            throws java.io.IOException, InterruptedException {
        String[] str = value.toString().trim().split(",");
        if (str != null && str.length == 39 && str[1] != null) {
            // str[1]为月份,str[11]为数量
            context.write(new Text(str[1]),
                    new IntWritable(Integer.parseInt(str[11])));
        }
    };
}
/**
 * 统计出每个月份的销售数量，输出为映射对，放到 Map 的数据结构中
 * 同时计算出所有月份的汽车销售总数
 **/
class MouthReduce extends Reducer<Text, IntWritable, Text, DoubleWritable> {
    //存放每个月份的汽车销售个数，key 为月份，value 为该月份的销售数
    public Map<String, Integer> map = new HashMap<String, Integer>();
    int all = 0; // 统计汽车的销售总数

    public void reduce(
            Text key,
            java.lang.Iterable<IntWritable> value,
            org.apache.hadoop.mapreduce.Reducer<Text, IntWritable, Text,
DoubleWritable>.Context context)
            throws java.io.IOException, InterruptedException {
        int count = 0;
        for (IntWritable con : value) {
            count += con.get();
        }
        all += count;
        map.put(key.toString(), count);
    };

    protected void cleanup(
            org.apache.hadoop.mapreduce.Reducer<Text, IntWritable, Text,
DoubleWritable>.Context context)
            throws java.io.IOException, InterruptedException {
        Set<String> keys = map.keySet();
        for (String key : keys) {
            int value = map.get(key);    //获取每个月份对应的数量
            double percent = value*1.0/all;    //求出每个月的销售比例
            context.write(new Text(key), new DoubleWritable(percent));
        }
    };
}
public class MouthCount2 {
    public static void main(String[] args) throws Exception {
        Configuration conf = new Configuration();
        //创建 Job
        Job job = Job.getInstance(conf, MouthCount2.class.getName());
        job.setJarByClass(MouthCount2.class);
```

```
        job.setMapperClass(MouthMap.class);
        job.setReducerClass(MouthReduce.class);

        job.setMapOutputKeyClass(Text.class);
        job.setMapOutputValueClass(IntWritable.class);
        job.setOutputKeyClass(Text.class);
        job.setOutputValueClass(DoubleWritable.class);

        FileInputFormat.addInputPath(job, new Path(args[0]));
        FileOutputFormat.setOutputPath(job, new Path(args[1]));

        job.waitForCompletion(true);
    }
}
```

3. 运行结果

首先，通过 Eclipse 将上述程序打成 JAR 包，即 car_month.jar，然后通过如下命令提交 Job 作业应用程序。

```
hadoop jar car_month.jar /Cars.csv /car12
```

程序的运行结果如图 11-3 所示，这样就计算出了每个月份的销售数量的占比。

```
[wuhuan@master ~]$ hadoop fs -cat /car12/par*
17/10/05 22:06:30 WARN util.NativeCodeLoader:
3       0.09353064254859611
2       0.062297516198704106
10      0.10974622030237581
1       0.1572455453563715
7       0.06347867170626349
6       0.05057032937365011
5       0.04829238660907127
4       0.06703901187904968
9       0.072269843412527
8       0.06651592872570194
11      0.10373920086393089
12      0.1052747030237581
[wuhuan@master ~]$
```

图 11-3

11.2.3 统计某个月份各市区县的汽车销售的数量

1. 设计思路

首先以市+区县为单位来统计各个市及市下各个区县的销售数量，然后，以市为维度统计各个市的汽车的销售数量。

2. 程序代码

```
package com.xdl.car1;
import org.apache.hadoop.conf.Configuration;
import org.apache.hadoop.fs.Path;
import org.apache.hadoop.io.IntWritable;
import org.apache.hadoop.io.Text;
import org.apache.hadoop.mapreduce.Job;
import org.apache.hadoop.mapreduce.Mapper;
import org.apache.hadoop.mapreduce.Reducer;
import org.apache.hadoop.mapreduce.lib.input.FileInputFormat;
import org.apache.hadoop.mapreduce.lib.output.FileOutputFormat;

/**
 * 以市+区县为单位映射出各个市及市下各个区县
```

```
     * 在 4 月份的汽车销售记录数
     **/
    class AreaMap extends Mapper<Object, Text, Text, IntWritable> {
        protected void map(
                Object key,
                Text value,
                org.apache.hadoop.mapreduce.Mapper<Object, Text, Text,
IntWritable>.Context context)
                throws java.io.IOException, InterruptedException {
            String[] str = value.toString().trim().split(",");
            //str[1]月份，过滤出 4 月份的汽车销售数据
            if (str != null && str.length == 39 && str[1].equals("4")) {
                //str[2]市，str[3]区县，str[11]汽车销售数量
                context.write(new Text(str[2] + "," + str[3]), new IntWritable(
                        Integer.parseInt(str[11])));
            }
        };
    }
    /**
     * 统计出各个市、区县在 4 月份的汽车销售总数
     **/
    class AreaReduce extends Reducer<Text, IntWritable, Text, IntWritable> {
        protected void reduce(
                Text key,
                java.lang.Iterable<IntWritable> values,
                org.apache.hadoop.mapreduce.Reducer<Text, IntWritable, Text,
IntWritable>.Context context)
                throws java.io.IOException, InterruptedException {
            int count = 0;
            for (IntWritable val : values) {
                count += val.get();
            }
            context.write(key, new IntWritable(count));
        };
    }

    /**
     * 将 job1 的输出结果，作为 job2 的输入结果，以市为单位进行映射
     * 各个市的汽车销售数量
     **/
    class AreaMap2 extends Mapper<Object, Text, Text, IntWritable> {
        protected void map(
                Object key,
                Text value,
                org.apache.hadoop.mapreduce.Mapper<Object, Text, Text,
IntWritable>.Context context)
                throws java.io.IOException, InterruptedException {
            //对 value 进行拆分，str[0] 是市+区县 ，str[1]是各个市区县的汽车销售数量
            String[] str = value.toString().trim().split("\t");
            if(str!=null && str.length > 1){
                //拆分出市和区县
                String[] shi = str[0].split(",");
                if (shi != null && shi.length > 1) {
                    //key 为市，value 为市销售数量
```

```
                context.write(new Text(shi[0]),
                        new IntWritable(Integer.parseInt(str[1])));
            }
        }

    };
}
/**
 * 统计出各个市的汽车销售总数量
 */
class AreaReduce2 extends Reducer<Text, IntWritable, Text, Text> {
    protected void reduce(
            Text key,
            java.lang.Iterable<IntWritable> values,
            org.apache.hadoop.mapreduce.Reducer<Text, IntWritable, Text, Text>.Context
context)
            throws java.io.IOException, InterruptedException {
        int count = 0;
        for (IntWritable val : values) {
            count += val.get();
        }
        //key 为市，value 为每个市的销售总额
        context.write(key, new Text(""+count));
    };
}

public class AreaCount3 {
    public static void main(String[] args) throws Exception {
        Configuration conf = new Configuration();

        //job1 用来统计 市+区县的汽车销售数量
        Job job1 = Job.getInstance(conf, AreaCount3.class.getName());
        job1.setJarByClass(AreaCount3.class);

        job1.setMapperClass(AreaMap.class);
        job1.setReducerClass(AreaReduce.class);

        job1.setMapOutputKeyClass(Text.class);
        job1.setMapOutputValueClass(IntWritable.class);

        job1.setOutputKeyClass(Text.class);
        job1.setOutputValueClass(IntWritable.class);

        FileInputFormat.addInputPath(job1, new Path(args[0]));
        FileOutputFormat.setOutputPath(job1, new Path(args[1]));

        job1.waitForCompletion(true);


        //job2 用来统计以市为单位的各个市的总销售数量
        Job job2 = Job.getInstance(conf, AreaCount3.class.getName());
        job2.setJarByClass(AreaCount3.class);

        job2.setMapperClass(AreaMap2.class);
        job2.setReducerClass(AreaReduce2.class);
```

```
        job2.setMapOutputKeyClass(Text.class);
        job2.setMapOutputValueClass(IntWritable.class);
        job2.setOutputKeyClass(Text.class);
        job2.setOutputValueClass(Text.class);

        FileInputFormat.addInputPath(job2, new Path(args[1]));
        FileOutputFormat.setOutputPath(job2, new Path(args[2]));

        job2.waitForCompletion(true);
    }
}
```

3. 运行结果

将上述源程序打成 JAR 包，即 car_fourmonth.jar，然后通过下面的命令将程序提交到集群中进行计算：

```
hadoop jar car_fourmonth.jar /Cars.csv /car131 /car132
```

程序运行结果如图 11-4 和图 11-5 所示。

```
[wuhuan@master ~]$ hadoop fs -cat /car131/par*
17/10/05 23:29:35 WARN util.NativeCodeLoader: 
临汾市,临汾市    42
临汾市,乡宁县    5
临汾市,侯马市    25
临汾市,古县      8
临汾市,吉县      16
临汾市,大宁县    6
临汾市,安泽县    10
临汾市,尧都区    44
临汾市,曲沃县    20
临汾市,永和县    3
临汾市,汾西县    4
临汾市,洪洞县    50
临汾市,浮山县    7
临汾市,翼城县    16
临汾市,蒲县      3
临汾市,襄汾县    30
临汾市,隰县      7
临汾市,霍州市    20
吕梁市,市辖区    270
大同市,南郊区    29
大同市,城区      61
大同市,大同县    79
大同市,大同市    126
大同市,天镇县    9
大同市,左云县    20
大同市,广灵县    5
大同市,新荣区    6
大同市,浑源县    20
大同市,灵丘县    17
大同市,矿区      18
大同市,阳高县    30
太原市,太原市    928
```

图 11-4

```
[wuhuan@master ~]$ hadoop fs -cat /car132/par*
17/10/05 23:30:51 WARN util.NativeCodeLoader: Un
临汾市   316
吕梁市   270
大同市   420
太原市   928
忻州市   253
晋中市   402
晋城市   299
朔州市   92
运城市   418
长治市   432
阳泉市   143
```

图 11-5

11.2.4　用户数据市场分析——统计买车的男女比例

1. 设计思路

根据性别统计汽车的销售数量，首先通过一个 Mapper 映射出男性和女性各自的汽车销售记录，再通过一个 reduce 统计出男性和女性各自的汽车销售数量以及男和女的汽车销售数据总和。如此一来，我们用男性销售汽车数量除以总销售数量就可以计算出购车男女比例，程序代码如下所示。

2. 程序代码

```
package com.xdl.car2;
import java.util.HashMap;
import java.util.Map;
import java.util.Set;
import org.apache.hadoop.conf.Configuration;
import org.apache.hadoop.fs.Path;
import org.apache.hadoop.io.IntWritable;
import org.apache.hadoop.io.Text;
import org.apache.hadoop.mapreduce.Job;
import org.apache.hadoop.mapreduce.Mapper;
import org.apache.hadoop.mapreduce.Reducer;
import org.apache.hadoop.mapreduce.lib.input.FileInputFormat;
import org.apache.hadoop.mapreduce.lib.output.FileOutputFormat;

/**
 * 以男和女映射出各自购买汽车的记录
 **/
class SexMap extends Mapper<Object, Text, Text, IntWritable> {
    public void map(
            Object key,
            Text value,
            org.apache.hadoop.mapreduce.Mapper<Object, Text, Text,
IntWritable>.Context context)
            throws java.io.IOException, InterruptedException {
        String[] str = value.toString().split(",");
        //根据性别过滤出购买汽车的记录
        if (str!=null && str.length==39 && str[38]!=null && (str[38].equals("男性")||
str[38].equals("女性"))) {
            //key 为性别男或女，value 值为 1
            context.write(new Text(str[38]), new IntWritable(1));
        }
    };
}
/**
 * 统计出男性购买车的总数，女性购买车的总数
 * 统计出男性和女性购买车辆的总数
 **/
class SexReduce extends Reducer<Text, IntWritable, Text, Text> {
    Map<String, Integer> map = new HashMap<String, Integer>();
    int sum = 0;

    public void reduce(
            Text key,
            java.lang.Iterable<IntWritable> values,
            org.apache.hadoop.mapreduce.Reducer<Text, IntWritable, Text, Text>.Context
context)
            throws java.io.IOException, InterruptedException {
        int count = 0;
        for (IntWritable val : values) {
            count += val.get();
        }
        //男女购买车辆的总数
```

```
            sum += count;
            //男性和女性分别购买车辆的数量
            map.put(key.toString(), count);
        };

        //计算出男性购买车辆的占比，女性购买车辆的占比
        public void cleanup(
                org.apache.hadoop.mapreduce.Reducer<Text, IntWritable, Text, Text>.Context
context)
                throws java.io.IOException, InterruptedException {
            Set<String> keySet = map.keySet();
            //分别用男性或者女性购买车辆数除以男女购买总数
            for (String key : keySet) {
                int value = map.get(key);
                double percent = value*1.0/sum;
                context.write(new Text(key), new Text(""+percent));
            }
        };
    }

    public class Sex {
        public static void main(String[] args) throws Exception{
            Configuration conf = new Configuration();
            //创建 Job
            Job job = Job.getInstance(conf,Sex.class.getName());
            job.setJarByClass(Sex.class);
            //将 Mapper 和 Reducer 实现类设置到 Job 中
            job.setMapperClass(SexMap.class);
            job.setReducerClass(SexReduce.class);
            //设置 Mapper 的输出中间结果的 key 类型和值类型
            job.setMapOutputKeyClass(Text.class);
            job.setMapOutputValueClass(IntWritable.class);
            job.setOutputKeyClass(Text.class);
            job.setOutputValueClass(Text.class);
            //为 Job 添加输入文件的路径和计算结果的输出文件的路径。
            FileInputFormat.addInputPath(job, new Path(args[0]));
            FileOutputFormat.setOutputPath(job, new Path(args[1]));
            //提交运行 Job
            job.waitForCompletion(true);
        }
    }
```

3. 运行结果

首先在 Eclipse 中将上述源程序打包为 car_sex.jar 文件，然后通过如下命令提交应用程序。

```
Hadoop jar car_sex.jar /Cars.csv /car210
```

作业运行结果如图 11-6 所示。

```
[wuhuan@master ~]$ hadoop fs -cat /car210/par*
17/10/06 11:00:30 WARN util.NativeCodeLoader: U
女性     0.29893406760477725
男性     0.7010659323952227
[wuhuan@master ~]$
```

图 11-6

11.2.5 统计不同所有权、型号和类型汽车的销售数量

1. 设计思路

我们需要按照车辆所有权、车辆型号和车辆类型这三个维度统计汽车的销售数量，只要把数据按照这三个维度进行分组，分组之后再统计出每个组中的销售数量总和即可。

2. 程序代码

```
package com.xdl.car2;
import org.apache.hadoop.conf.Configuration;
import org.apache.hadoop.fs.Path;
import org.apache.hadoop.io.IntWritable;
import org.apache.hadoop.io.Text;
import org.apache.hadoop.mapreduce.Job;
import org.apache.hadoop.mapreduce.Mapper;
import org.apache.hadoop.mapreduce.Reducer;
import org.apache.hadoop.mapreduce.lib.input.FileInputFormat;
import org.apache.hadoop.mapreduce.lib.output.FileOutputFormat;
/**
 * 按照车辆型号、车辆类型和车辆所有权进行映射，输出各个汽车的销售数量
 **/
class MessageMap extends Mapper<Object, Text, Text, IntWritable> {
   public void map(
         Object key,
         Text value,
         org.apache.hadoop.mapreduce.Mapper<Object, Text, Text,
IntWritable>.Context context)
         throws java.io.IOException, InterruptedException {
      String[] str = value.toString().trim().split(",");
      if (str != null && str.length == 39 && str[5].trim() != null
            && str[8].trim() != null && str[9].trim() != null) {
         //str[5] 车辆的型号，str[8]车辆的类型， str[9] 车辆的所有权
         context.write(new Text(str[5] + "\t" + str[8] + "\t" + str[9]),
               new IntWritable(1));
      }
   };
}
/**
 * 统计不同型号、类型和所有权的汽车的销售数量
 **/
class MessageReduce extends Reducer<Text, IntWritable, Text, Text> {
   public void reduce(
         Text key,
         java.lang.Iterable<IntWritable> values,
         org.apache.hadoop.mapreduce.Reducer<Text, IntWritable, Text, Text>.Context
context)
         throws java.io.IOException, InterruptedException {
      int sum = 0;
      //统计不同车辆型号、车辆类型和车辆所有权的车辆销售数量
      for (IntWritable val : values) {
         sum += val.get();
      }
      context.write(key, new Text(""+sum));
   };
```

```
    }
    public class Message {
        public static void main(String[] args) throws Exception {
            Configuration conf = new Configuration();
            Job job = Job.getInstance(conf, Message.class.getName());
            job.setJarByClass(Message.class);
            job.setMapperClass(MessageMap.class);
            job.setReducerClass(MessageReduce.class);
            //设置Mapper的中间结果的Key类型和Value类型
            job.setMapOutputKeyClass(Text.class);
            job.setMapOutputValueClass(IntWritable.class);
            job.setOutputKeyClass(Text.class);
            job.setOutputValueClass(Text.class);
            //设置本次Job运行时的输入文件的路径和输出文件的路径
            FileInputFormat.addInputPath(job, new Path(args[0]));
            FileOutputFormat.setOutputPath(job, new Path(args[1]));
            //运行Job应用程序
            job.waitForCompletion(true);
        }
    }
```

3. 运行结果

在 Eclipse 中，需要将上述源代码打包为 car_type.jar 文件，然后通过如下命令提交到集群中进行统计运算。

```
hadoop jar car_type.jar /Cars.csv /car22
```

程序运行结果如图 11-7 所示。

```
[wuhuan@master ~]$ hadoop fs -cat /car22/par*
17/10/06 12:11:32 WARN util.NativeCodeLoader:
BJ6390AHZ1A      小型普通客车      个人      906
BJ6400AJW1A      小型普通客车      个人      4
BJ6400AJZ1A      小型普通客车      个人      34
BJ6400L3R        小型普通客车      个人      1298
BJ6400L3R2       小型普通客车      个人      119
BJ6400L3R2A      小型普通客车      个人      1
BJ6400L3R2N      小型普通客车      个人      10
BJ6400V3R        小型普通客车      个人      94
BJ6400V3R1       小型普通客车      个人      10
BJ6440BKV1A      小型普通客车      个人      15
BJ6440BKV1A1     小型普通客车      个人      84
BJ6450L3R        小型普通客车      个人      7
BJ6516B1DAA-S1   小型普通客车      个人      3
BJ6516B1DVA-X    小型普通客车      个人      5
BJ6516B1DVA-X1   小型普通客车      个人      13
BJ6516B1DWA-X    小型普通客车      个人      3
BJ6516MD2VA-V1   小型普通客车      个人      1
BJ6536B1DAA-S1   小型普通客车      个人      1
BJ6536B1DDA-S2   中型普通客车      个人      1
BJ6536B1DVA-X    小型普通客车      个人      5
BJ6536B1DVA-X1   小型普通客车      个人      12
BJ6536B1DWA-X    小型普通客车      个人      4
BJ6536B1DWA-X1   中型普通客车      个人      12
BJ6546B1DDA-XB   中型普通客车      个人      1
BJ6546B1DVA      中型普通客车      个人      1
BJ6546BDDVA-X5   小型普通客车      个人      1
BJ6546MD2VA-V1   小型普通客车      个人      3
CA6371A4         小型普通客车      个人      34
CA6374A1         小型普通客车      个人      175
CA6390B7         小型普通客车      个人      1
CA6390E 小型普通客车      个人      74
CA6393E 小型普通客车      个人      28
CA6400A4         小型普通客车      个人      6
```

图 11-7

11.2.6 统计不同车型的用户的年龄和性别

1. 设计思路

对每个类型的汽车按照用户年龄段和性别进行数量统计，我们给年龄设置一个区间，如图 11-8 所示。

年龄	数量
0-10	1
11-20	2
21-30	3
31-40	4
41-50	5
51-60	6
61-70	7
71-80	8

图 11-8

2. 程序代码

```
package com.xdl.car2;
import org.apache.hadoop.conf.Configuration;
import org.apache.hadoop.fs.Path;
import org.apache.hadoop.io.IntWritable;
import org.apache.hadoop.io.Text;
import org.apache.hadoop.mapreduce.Job;
import org.apache.hadoop.mapreduce.Mapper;
import org.apache.hadoop.mapreduce.Reducer;
import org.apache.hadoop.mapreduce.lib.input.FileInputFormat;
import org.apache.hadoop.mapreduce.lib.output.FileOutputFormat;
/**
 * 按照车辆类型、用户年龄区间和性别来映射出汽车的销售数据
 **/
class UserMap extends Mapper<Object, Text, Text, IntWritable> {
   public void map(
         Object key,
         Text value,
         org.apache.hadoop.mapreduce.Mapper<Object, Text, Text, IntWritable>.
Context context)
         throws java.io.IOException, InterruptedException {
      String[] str = value.toString().trim().split(",");
      if (str != null && str.length == 39 && str[8] != null && str[37] != null
            && str[37].matches("^\\d*$") && str[38] != null) {
         //用车辆上牌年份-用户的出生年 str[37]就可计算用户的年龄
         int age = str[4]-Integer.parseInt(str[37]);
         int range1 = age/10*10;        //求出年龄所属区间
         int range2 = range1+10;        //年龄区间我们设置为 10
         context.write(new Text(str[8] + "," + (range1+"-"+range2) + "," + str[38]),
               new IntWritable(1));
      }
   };
}
/**
 * 按照车辆的类型、用户的年龄段和性别统计出车辆的销售数量
```

```
  **/
 class UserReduce extends Reducer<Text, IntWritable, Text, Text> {
    public void reduce(
          Text key,
          java.lang.Iterable<IntWritable> values,
          org.apache.hadoop.mapreduce.Reducer<Text, IntWritable, Text, Text>.Context
context)
          throws java.io.IOException, InterruptedException {
       int sum = 0;
       for (IntWritable val : values) {
          sum += val.get();
       }
       //key 车辆类型+年龄阶段+性别， value 销售的数量
       context.write(key, new Text(""+sum));
    };
 }

 public class User {
    public static void main(String[] args) throws Exception{
       Configuration conf = new Configuration();
       //创建 Job 对象
       Job job = Job.getInstance(conf, User.class.getName());
       job.setJarByClass(User.class);
       //设置 Job 运行的 Mapper 和 Reducer
       job.setMapperClass(UserMap.class);
       job.setReducerClass(UserReduce.class);
       //设置 Mapper 的中间输出结果键值对的类型
       job.setMapOutputKeyClass(Text.class);
       job.setMapOutputValueClass(IntWritable.class);
       job.setOutputKeyClass(Text.class);
       job.setOutputValueClass(Text.class);
       //设置 Job 运行时的输入路径和结果的输出路径
       FileInputFormat.addInputPath(job, new Path(args[0]));
       FileOutputFormat.setOutputPath(job, new Path(args[1]));
       //提交运行 Job
       job.waitForCompletion(true);
    }
 }
```

3. 运行结果

在 Eclipse 中将上述源程序打包成 JAR 文件 car_year_sex.jar ，然后通过如下命令提交到集群中运行。

```
hadoop jar car_year_sex.jar /Cars.csv /car2311
```

程序运行结果如图 11-9 所示。

11.2.7　统计分析不同车型销售数据

1. 设计思路

我们的需求是统计某一个月份各个类型车辆的总销售量，在这里，我们以 9 月份为例进行统计，那么需要过滤出 9 月份的汽车总销售数组，然后按照类型分组，最后针对每组中的数据进行统计即可。

```
[wuhuan@master ~]$ hadoop fs -cat /car2311/pa*
17/10/06 13:20:09 WARN util.NativeCodeLoader: U
,100-110,男性   314
,50-60,女性     1
,50-60,男性     4
,60-70,女性     16
,60-70,男性     14
,70-80,女性     93
,70-80,男性     105
,80-90,女性     627
,80-90,男性     930
,90-100,女性    206
,90-100,男性    733
中型专用校车,100-110,男性       1
中型普通客车,100-110,男性       35
中型普通客车,50-60,女性 1
中型普通客车,70-80,女性 10
中型普通客车,70-80,男性 9
中型普通客车,80-90,女性 56
中型普通客车,80-90,男性 76
中型普通客车,90-100,女性        16
中型普通客车,90-100,男性        43
中型越野客车,80-90,男性 1
大型普通客车,100-110,男性       6
大型普通客车,70-80,男性 2
大型普通客车,80-90,女性 2
大型普通客车,80-90,男性 4
大型普通客车,90-100,男性        7
小型普通客车,100-110,男性       5607
小型普通客车,30-40,女性 1
小型普通客车,30-40,男性 2
小型普通客车,40-50,女性 3
小型普通客车,40-50,男性 7
小型普通客车,50-60,女性 35
小型普通客车,50-60,男性 35
小型普通客车,60-70,女性 197
小型普通客车,60-70,男性 281
```

图 11-9

2. 程序代码

```
package com.xdl.car3;
import org.apache.hadoop.conf.Configuration;
import org.apache.hadoop.fs.Path;
import org.apache.hadoop.io.IntWritable;
import org.apache.hadoop.io.Text;
import org.apache.hadoop.mapreduce.Job;
import org.apache.hadoop.mapreduce.Mapper;
import org.apache.hadoop.mapreduce.Reducer;
import org.apache.hadoop.mapreduce.lib.input.FileInputFormat;
import org.apache.hadoop.mapreduce.lib.output.FileOutputFormat;
/**
 * 按照某一月份和汽车类型映射出汽车的销售数量
 **/
class MouthMap extends Mapper<Object, Text, Text, IntWritable> {
   protected void map(
          Object key,
          Text value,
          org.apache.hadoop.mapreduce.Mapper<Object, Text, Text,
IntWritable>.Context context)
          throws java.io.IOException, InterruptedException {
       String[] str = value.toString().trim().split(",");
       //str[1] 月份，我们就可以过滤出 9 月份的汽车销售数据
       if (str != null && str.length==39 && str[7] != null && str[1].equals("9")) {
          //key 值为：str[1] 月份，str[7] 汽车类型
```

```
            context.write(new Text(str[1]+"\t-"+str[7]), new IntWritable(1));
        }
    };
}

/**
 * 统计出 9 月份不同类型车辆的总销售额
 **/
class MouthReduce extends Reducer<Text, IntWritable, Text, Text> {
    protected void reduce(
            Text key,
            java.lang.Iterable<IntWritable> values,
            org.apache.hadoop.mapreduce.Reducer<Text, IntWritable, Text, Text>.Context
context)
            throws java.io.IOException, InterruptedException {
        int sum = 0;
        for (IntWritable val : values) {
            sum += val.get();
        }
        // key 为 9 月份不同类型的车辆，value 为销售数量
        context.write(key, new Text(""+sum));
    };
}

public class Mouth {
    public static void main(String[] args) throws Exception{
        Configuration conf = new Configuration();
        //创建 Job 对象
        Job job = Job.getInstance(conf, Mouth.class.getName());
        job.setJarByClass(Mouth.class);
        //设置 Job 的 Mapper 和 Reducer 类
        job.setMapperClass(MouthMap.class);
        job.setReducerClass(MouthReduce.class);
        //设置 Mapper 输出结果的键值对类型
        job.setMapOutputKeyClass(Text.class);
        job.setMapOutputValueClass(IntWritable.class);
        job.setOutputKeyClass(Text.class);
        job.setOutputValueClass(Text.class);
        //设置 Job 运行的输入路径和输出路径
        FileInputFormat.addInputPath(job, new Path(args[0]));
        FileOutputFormat.setOutputPath(job, new Path(args[1]));
        //提交运行 Job 作业
        job.waitForCompletion(true);
    }
}
```

3. 运行结果

在 Eclipse 中将上述源程序打包为 car_month_type.jar 文件，然后通过如下命令提交到集群中运行。

```
hadoop jar car_month_type.jar /Cars.csv /car311
```

程序的运行结果如图 11-10 所示。

```
[wuhuan@master ~]$ hadoop fs -cat /car311/par*
17/10/06 13:45:16 WARN util.NativeCodeLoader: U
9       -一汽佳星       1
9       -东风   255
9       -五菱   3264
9       -依维柯 1
9       -力帆   4
9       -北京   250
9       -吉奥   1
9       -大通   1
9       -奥路卡 24
9       -宇通   1
9       -少林   2
9       -开瑞   26
9       -昌河   3
9       -江淮   3
9       -江铃全顺       19
9       -神剑   2
9       -福田   4
9       -航天   9
9       -解放   12
9       -金旅   4
9       -金杯   38
9       -金龙   2
9       -长安   357
[wuhuan@master ~]$
```

图 11-10

11.2.8 通过不同类型（品牌）汽车销售情况统计发动机型号和燃料种类

1. 设计思路

若要统计不同品牌车辆的各个发动机型号和燃油种类，那么需要按照品牌、发动机型号和燃油种类进行分组，然后将分组之后的内容输出即可。

2. 程序代码

```
package com.xdl.car3;
import org.apache.hadoop.conf.Configuration;
import org.apache.hadoop.fs.Path;
import org.apache.hadoop.io.IntWritable;
import org.apache.hadoop.io.Text;
import org.apache.hadoop.mapreduce.Job;
import org.apache.hadoop.mapreduce.Mapper;
import org.apache.hadoop.mapreduce.Reducer;
import org.apache.hadoop.mapreduce.lib.input.FileInputFormat;
import org.apache.hadoop.mapreduce.lib.output.FileOutputFormat;
/**
 * 按照车辆品牌、发动机型号和燃油种类分组
 **/
class LogoMap extends Mapper<Object, Text, Text, IntWritable> {
    protected void map(
            Object key,
            Text value,
            org.apache.hadoop.mapreduce.Mapper<Object, Text, Text,
IntWritable>.Context context)
            throws java.io.IOException, InterruptedException {
        String[] str = value.toString().trim().split(",");
        if (str != null && str.length == 39 && str[7] != null && str[12] != null && str[15] !=
null) {
            //str[7] 车辆品牌  str[12] 发动机型号   str[15] 燃油种类
```

```
            context.write(new Text(str[7]+"\t"+str[12]+"\t"+str[15]), new
IntWritable(1));
         }
      };
   }

   /**
    *   通过 Reduce 进行组内去重
    **/
   class LogoReduce extends Reducer<Text, IntWritable, Text, Text> {
      protected void reduce(
            Text key,
            java.lang.Iterable<IntWritable> values,
            org.apache.hadoop.mapreduce.Reducer<Text, IntWritable, Text, Text>.Context
context)
            throws java.io.IOException, InterruptedException {
         int sum = 0;
         for (IntWritable val : values) {
            sum += val.get();
         }
         //key 为车辆品牌 发动机型号 燃油种类
         context.write(key, new Text(""));
      };
   }

   public class Logo {
      public static void main(String[] args) throws Exception{
         Configuration conf = new Configuration();
         //创建 Job 对象
         Job job = Job.getInstance(conf, Logo.class.getName());
         //设置 Job 运行的主类
         job.setJarByClass(Logo.class);
         //设置 Job 的 Mapper 类和 Reducer 类
         job.setMapperClass(LogoMap.class);
         job.setReducerClass(LogoReduce.class);
         //设置 Mapper 的中间结果键值对的类型
         job.setMapOutputKeyClass(Text.class);
         job.setMapOutputValueClass(IntWritable.class);
         job.setOutputKeyClass(Text.class);
         job.setOutputValueClass(Text.class);
         //设置 Job 的输入文件和结果的输出文件路径
         FileInputFormat.addInputPath(job, new Path(args[0]));
         FileOutputFormat.setOutputPath(job, new Path(args[1]));
         //提交运行 Job
         job.waitForCompletion(true);
      }
   }
```

3. 运行结果

在 Eclipse 中将以上应用程序打包成 car_engine.jar 文件，然后通过如下命令将应用程序提交到集群中运行。

```
hadoop jar car_engine.jar /Cars.txt /car232
```

通过命令行接口 hadoop fs –cat /car232/part* 查看程序的运行结果，如图 11-11 所示。

```
东风	DK12-01 汽油
东风	DK13	汽油
东风	DK13-02 汽油
东风	DK13-06 汽油
东风	DK13-08
东风	DK13-08 天然气
东风	DK13-08 汽油
东风	DK13-09 汽油
东风	DK15	汽油
东风	EQ465i-40	汽油
东风	NQ120N4 天然气
东风	YC4F100-30	柴油
东风	YC4FA115-40	柴油
东风	ZD30D13-4N	柴油
东风	ZG24	汽油
中誉	272924	汽油
中通	YZ4DA7-30	柴油
五菱		汽油
五菱	L2B
五菱	L2B	汽油
五菱	L2Y	天然气
五菱	L2Y	汽油
五菱	L3C	汽油
五菱	LAQ	汽油
五菱	LCU	天然气
五菱	LCU	汽油
五菱	LCU	电
五菱	LD6
五菱	LD6	汽油
五菱	LJ465QR1E6
五菱	LJ465QR1E6	天然气
五菱	LJ465QR1E6	汽油
五菱	LJ465QR1E6	混合动力
五菱	LJ465QR1E6	电
五菱	LJY	天然气
五菱	LJY	汽油
五菱	LJY	混合动力
```

图 11-11

11.2.9 统计同排量不同品牌汽车的销售量

1. 设计思路

从题目的要求我们看到，需要统计的是排量相同而品牌不同的车辆的销售情况，那么就需要按照车辆排量和品牌进行分组，注意，先按排量，再按品牌进行分组。然后，统计每组的汽车销售数量即可。

2. 程序代码

```
package com.xdl.car3;
import org.apache.hadoop.conf.Configuration;
import org.apache.hadoop.fs.Path;
import org.apache.hadoop.io.IntWritable;
import org.apache.hadoop.io.Text;
import org.apache.hadoop.mapreduce.Job;
import org.apache.hadoop.mapreduce.Mapper;
import org.apache.hadoop.mapreduce.Reducer;
import org.apache.hadoop.mapreduce.lib.input.FileInputFormat;
import org.apache.hadoop.mapreduce.lib.output.FileOutputFormat;
/**
 * 按照排量和品牌进行映射输出汽车的销售数量
 **/
class PriceMap extends Mapper<Object, Text, Text, IntWritable> {
    protected void map(
```

```
            Object key,
            Text value,
            org.apache.hadoop.mapreduce.Mapper<Object, Text, Text,
IntWritable>.Context context)
            throws java.io.IOException, InterruptedException {
        String[] str = value.toString().trim().split(",");
        if (str != null && str.length == 39 && str[7] != null && str[13] != null) {
            //str[13] 排量  str[7]品牌
            context.write(new Text("排量: "+str[13]+"\t"+str[7]), new IntWritable(1));
        }
    };
}
/**
 * 统计按照排量和品牌映射输出的汽车的销售数量
 **/
class PriceReduce extends Reducer<Text, IntWritable, Text, Text> {
    protected void reduce(
            Text key,
            java.lang.Iterable<IntWritable> values,
            org.apache.hadoop.mapreduce.Reducer<Text, IntWritable, Text, Text>.Context
context)
            throws java.io.IOException, InterruptedException {
        int sum = 0;
        for (IntWritable val : values) {
            sum += val.get();
        }
        //key 汽车的排量+品牌
        context.write(key, new Text(""+sum));
    };
}

public class Price {
    public static void main(String[] args) throws Exception{
        Configuration conf = new Configuration();
        //创建 Job 对象
        Job job = Job.getInstance(conf, Price.class.getName());
        //设置程序运行的主类
        job.setJarByClass(Price.class);
        //设置 Job 运行时的 Mapper 类和 Reducer 类
        job.setMapperClass(PriceMap.class);
        job.setReducerClass(PriceReduce.class);
        //设置 Mapper 输出的中间结果 key 类型和 value 的类型
        job.setMapOutputKeyClass(Text.class);
        job.setMapOutputValueClass(IntWritable.class);
        //设置 Job 运行结束后的输出键值对的类型
        job.setOutputKeyClass(Text.class);
        job.setOutputValueClass(Text.class);
        //设置 Job 运行时的输入文件的路径
        FileInputFormat.addInputPath(job, new Path(args[0]));
        //设置 Job 运行完毕后作业的输出文件路径地址
        FileOutputFormat.setOutputPath(job, new Path(args[1]));
        //提交 Job 的运行
        job.waitForCompletion(true);
```

```
        }
    }
```

3. 运行结果

在 Eclipse 中将上述源程序打包成 car_out.jar 文件，通过如下命令提交到集群中进行计算。

```
hadoop jar car_out.jar /Cars.csv /car33
```

程序运行结果如图 11-12 所示。

```
[wuhuan@master ~]$ hadoop fs -cat /car33/par*
17/10/06 14:03:20 WARN util.NativeCodeLoader:
排量：1.5L      欧诺     135
排量：1000      东风     165
排量：1000      北京     826
排量：1012      东风     1
排量：10338     五菱     2023
排量：1050      东风     44
排量：1051      奥路卡   6
排量：1053      飞碟     2
排量：11120     东风     1
排量：1149      五菱     3
排量：1173      开瑞     31
排量：11946     东风     6
排量：11946     北京     2
排量：11946     福田     1
排量：1199               5
排量：1199      北京     142
排量：1200      航天     1
排量：1205      众泰     8
排量：1206      东风     19
排量：1206      五菱     8676
排量：1206      五菱宏光         1807
排量：1206      吉奥     4
排量：1206      神剑     9
排量：1206      航天     28
排量：1210               1
排量：1210      东风     68
排量：1210      长安     2
排量：1243      长安     616
排量：1244      奥路卡   69
排量：1297      开瑞     1
排量：1298      一汽佳星         3
排量：1298      东南     3
排量：1298      东风     40
```

图 11-12

本章总结

本章通过汽车销售项目让读者感受了企业实际大数据项目的开发流程，通过 MapReduce 分布式计算框架完成了汽车销售数据各个指标的统计和分析。读者可以将本项目的每一个开发步骤在自己的机器集群上进行实操练习，充分掌握 MapReduce 分布式并行计算框架的应用开发。

本章习题

在自己的机器上完成上述项目的每一个需求开发流程。